无人机中继通信系统航迹优化

刘海涛　李冬霞　王　磊　著

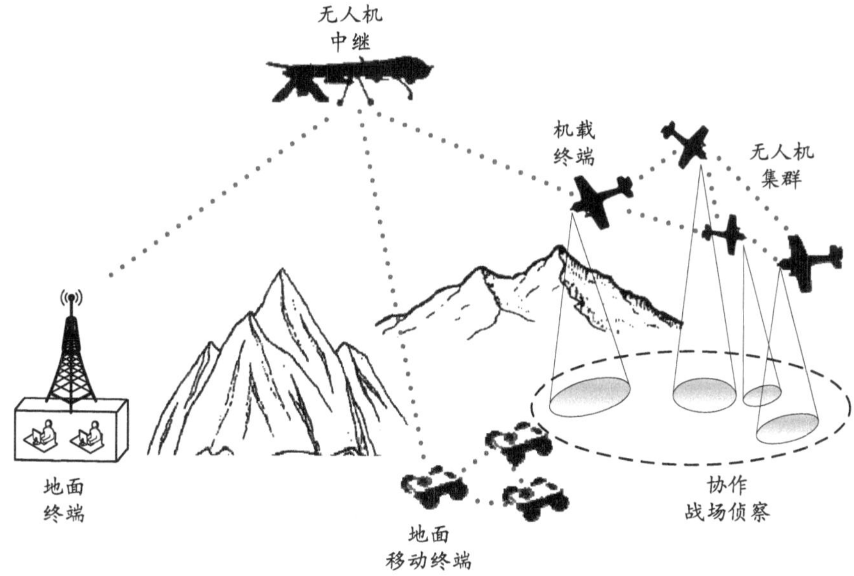

科学出版社
北　京

内 容 简 介

无人机中继通信系统是一种中继通信载荷部署在机动飞行无人机中的无线中继通信系统。通过无人机的中继实现地面节点与地面节点、飞机节点与地面节点、飞机节点与飞机节点之间的远距离无线通信。本书以中继无人机的航迹优化问题为核心，介绍点对点无人机中继通信系统、空时分组编码的无人机中继通信系统、共信道干扰环境下无人机中继通信系统、直接序列码分多址无人机中继通信系统、正交频分复用无人机中继通信系统、无人机级联中继通信系统、无人机中继广播通信系统、无人机中继保密通信系统的航迹优化方法。

本书结构严谨、逻辑清晰、语言简练，可作为高等院校航空通信专业本科生及研究生的参考书，也可供航空通信及航空电子领域的科技工作者参考。

图书在版编目（CIP）数据

无人机中继通信系统航迹优化 / 刘海涛，李冬霞，王磊著. —北京：科学出版社，2023.6

ISBN 978-7-03-074151-6

Ⅰ. ①无… Ⅱ. ①刘… ②李… ③王… Ⅲ. ①无人驾驶飞机-无线电接力通信-航迹控制 Ⅳ. ①V249.122

中国版本图书馆 CIP 数据核字（2022）第 236686 号

责任编辑：赵丽欣 王会明 / 责任校对：王万红
责任印制：吕春珉 / 封面设计：东方人华平面设计部

科 学 出 版 社 出版
北京东黄城根北街 16 号
邮政编码：100717
http://www.sciencep.com
北京中科印刷有限公司 印刷
科学出版社发行 各地新华书店经销
*
2023 年 6 月第 一 版 开本：787×1092 1/16
2023 年 6 月第一次印刷 印张：11 1/2
字数：272 000

定价：110.00 元

（如有印装质量问题，我社负责调换〈中科〉）
销售部电话 010-62136230 编辑部电话 010-62134021

前　言

在无人机中继通信系统中，中继通信载荷部署在机动飞行的无人机中，通过无人机的中继实现地面节点与地面节点、飞机节点与地面节点、飞机节点与飞机节点之间的远距离无线通信。与地面固定无线中继通信相比，无人机中继通信具有通信距离远、部署灵活、中继位置灵活可控、构建迅捷、维护成本低等多方面的优势，因此无人机中继通信在军用与民用领域获得了广泛的应用。

由于中继通信载荷部署在机动飞行的无人机中，这为无人机中继通信系统带来了一系列特殊的问题，其中一个代表性问题是中继无人机的航迹优化。中继无人机航迹优化问题可表述为：在中继无人机机动飞行过程中，如何寻找一条最优飞行路径，以保障无人机中继通信系统链路传输的可靠性。

本书是中国民航大学航空移动通信实验室近五年研究成果的结晶，是无人机中继通信系统航迹优化问题研究的一个总结。

全书共 9 章，主要内容如下。

第 1 章首先概要介绍了无人机中继通信的基础知识，随后对无人机中继通信系统航迹优化问题的研究现状进行综述。

针对点对点无人机中继通信系统的航迹优化问题，第 2 章介绍了两种无人机中继通信传输方案及航迹优化方法：单天线无人机中继通信系统传输方案及航迹优化方法，以及基于波束成形的无人机中继通信传输方案及航迹优化方法。

为提高点对点无人机中继通信系统链路传输的可靠性，第 3 章介绍了两种基于空时分组编码的无人机中继传输方案。首先介绍了基于空时分组编码的无人机中继通信系统，并以链路遍历容量最大化准则为基础，给出了中继无人机的航迹优化方法；随后介绍了基于协作空时分组编码的无人机中继通信系统，并以中断概率最小化准则为基础，给出了中继无人机的航迹优化方法。

针对共信道干扰恶化无人机中继通信系统链路传输可靠性的问题，第 4 章介绍了两种无人机航迹优化方法。首先以译码转发无人机中继通信系统为研究对象，以链路中断概率最小化准则为基础，给出了共信道干扰环境下中继无人机的航迹优化方法；随后以放大转发无人机中继通信系统为研究对象，以基站节点解调器输出信干噪比最大化准则为基础，给出了共信道干扰环境下中继无人机的航迹优化方法。

围绕频率选择性衰落信道无人机中继通信系统航迹优化问题，第 5 章介绍了直接序列码分多址无人机中继通信系统的航迹优化。分别介绍了平坦衰落信道 DS-CDMA 无人机中继通信系统和频率选择性衰落信道无人机中继通信系统，然后以中断概率最小化准则为基础，给出了中继无人机的航迹优化方法。

针对频率选择性衰落信道无人机中继通信系统航迹优化问题，第 6 章介绍了正交频分复用无人机中继通信系统的航迹优化。首先介绍了无人机中继通信系统模型及无人机中继通信系统的中断概率；随后以系统中断概率最小化准则为基础，给出了一种联合功率分配与无人机航迹的优化方法。

为解决无人机级联中继通信系统的航迹优化问题，第 7 章介绍了两种优化方法。首先以基于放大转发协议的无人机级联中继通信系统为研究对象，基于级联中继链路遍历容量最大化准则，给出了联合航迹优化方法和分步航迹优化方法；随后以基于译码转发协议的无人机级联中继广播通信系统为研究对象，基于最大用户中断概率最小化准则，给出了联合航迹优化方法与分步航迹优化方法。

针对无人机中继广播通信系统的航迹优化问题，第 8 章介绍了两种无人机中继广播通信系统的无人机部署及航迹优化方法。首先介绍了用户节点固定部署情况下，固定翼无人机中继广播通信系统的航迹优化问题，并以平均中断概率最小化和最大-最小化准则为基础，给出中继无人机的航迹优化方法；随后介绍了用户节点机动部署情况下，固定翼无人机中继广播通信系统的航迹优化问题，并以加权遍历容量和最大化准则为基础，给出了中继无人机的航迹优化方法。

第 9 章介绍了无人机中继保密通信系统的航迹优化问题。首先介绍了无人机中继保密通信的系统模型；随后以保密容量最大化准则为基础，介绍了联合无人机发射功率及航迹的优化方法。

本书由刘海涛、李冬霞及王磊共同撰写。其中，刘海涛撰写了第 1～5 章，李冬霞撰写了第 6～8 章，王磊撰写了第 9 章。

本书得到了国家自然科学基金项目（项目编号：U1633108）及国家重点研发计划项目（项目编号：2016YFB0502402）的资助。

在撰写本书过程中，作者还得到了中国民航大学航空移动通信实验室多位研究生的无私帮助，他们是赵文强、李春鸣、顾新宇、方晓钰、刘晓畅、黄金凤和宋思雨，在此表示衷心感谢。

限于作者的水平，书中不当之处在所难免，敬请广大读者批评指正。

目　　录

第 1 章　无人机通信系统

1.1　概　　述

无人机（unmanned aerial vehicle，UAV）通信系统是一个包含无人机节点的无线通信网络[1]。为便于叙述，将无人机及其搭载的通信载荷视为一个整体，统称为无人机节点。无人机节点在无线通信网络中承担 4 种不同类型的角色。

1）作为网络的终端节点，通过空-地链路、空-空链路或者卫星链路实现无人机节点与其他终端节点的数据通信。

2）作为网络的空中中继节点，扩展地面通信网络、空-地通信网络及空-空通信网络的覆盖。

3）作为网络的空中无线接入节点，为覆盖区域内大量的地面终端节点提供无线接入服务。

4）作为空中路由交换节点，与其他无人机节点一起协同组成航空自组织网络。

按照无人机节点在无线通信网络中承担角色的不同，无人机通信系统进一步分为 4 类[2]：无人机用户通信系统（UAV user communication system）、无人机基站通信系统（UAV base station communication system）、无人机自组织网络（UAV ad hoc network）及无人机中继通信系统（UAV relay communication system）。

1. 无人机用户通信系统

图 1-1 显示了无人机用户通信系统。在无人机用户通信系统中，无人机节点作为网

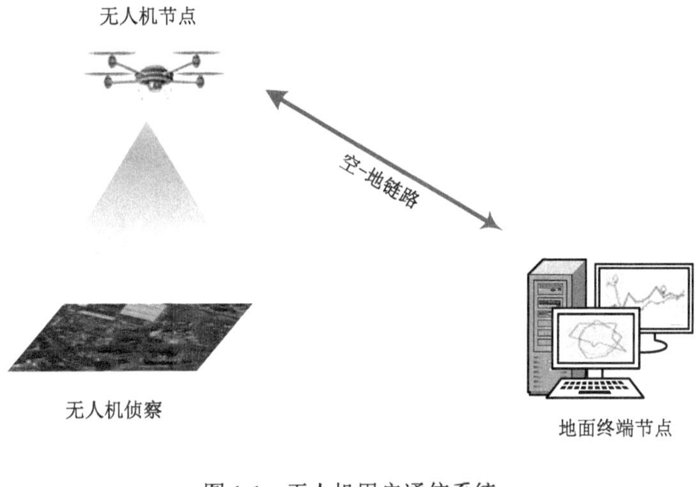

图 1-1　无人机用户通信系统

络的终端节点，通过空-地链路、空-空链路或者卫星链路等，实现无人机节点与其他终端节点的双向通信功能[3-6]。

无人机用户通信系统传输业务类型包括无人机采集数据（视频图像、静止图片、其他类型数据）、遥测/遥控数据等。无人机用户通信系统的典型应用场景包括无人机环保监测、无人机交通监视、无人机植保、无人机测绘、无人机资源普查与监控、无人机野生动物保护及无人机物流运输等。

与无线通信系统相比，无人机用户通信系统的技术挑战性体现在以下方面。

1）无人机飞行高度较低，空-地信道传播特性复杂。

2）无人机机动飞行，导致空-地信道呈现时变的特性。

3）无人机携带能量受限，空-地通信需要采用能量效率更高的传输方法。

4）如何利用无人机的机动飞行特性，提高空-地链路传输的可靠性。

无人机用户通信系统需解决以下关键技术问题[2]。

1）无人机空-地信道传播特性及空-地信道建模。

2）面向无人机空-地信道的高能量效率、高可靠性传输技术。

3）无人机通信系统资源分配与优化。

4）无人机最优部署及无人机航迹优化等。

2. 无人机基站通信系统

图 1-2 显示了无人机基站（base station，BS）通信系统。在无人机基站通信系统中，系统的基站部署在空中机动飞行的无人机中，无人机基站节点为覆盖区域内众多终端节点提供无线接入服务[7-9]。无人机基站通信系统传输业务类型包括话音数据、视频数据、图像数据、网页面浏览及文件传输等。

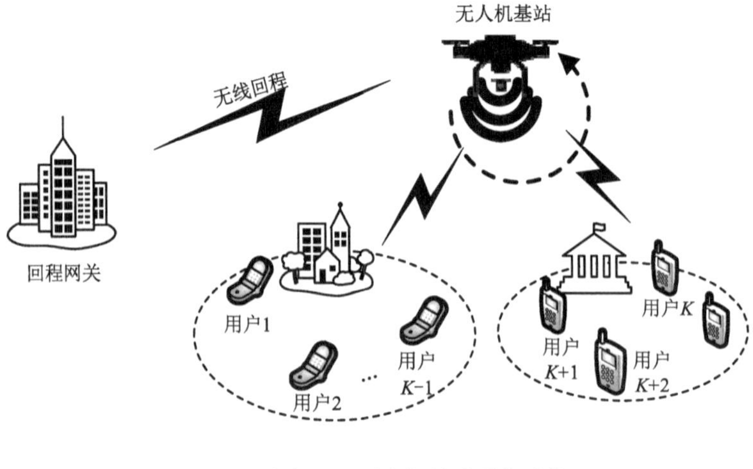

图 1-2 无人机基站通信系统

与地面固定基站相比，无人机基站具有部署迅捷、覆盖范围广、对环境变化适应能力强等多方面的优势，因此无人机基站通信系统获得业界和学术界的广泛关注。无人机基站通信系统的典型应用场景包括陆地移动通信的应急通信保障、地面网络覆盖的扩展及无网络覆盖区域的无线接入服务等。

由于基站部署在空中机动飞行的无人机中，这也为无人机基站通信系统带来了一系列技术挑战[2]。

1）面向无人机空-地信道的高能量效率、高可靠性传输技术。

2）无人机基站资源分配及终端调度。

3）无人机基站干扰管理。

4）无人机最优部署及无人机航迹优化等。

3. 无人机自组织网络

图 1-3 显示了无人机自组织网络。在无人机自组织网络中，多个无人机节点协作形成一个空中飞行的无线自组织网络[10-11]。其中，无人机节点既可作为网络的终端节点，也可作为网络的路由交换节点。

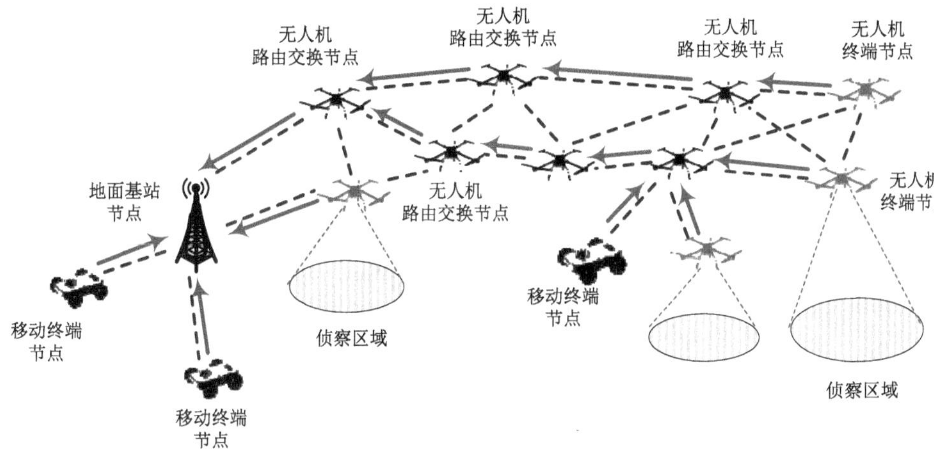

图 1-3　无人机自组织网络

除了具备无线自组织网络的自组织、自恢复及高抗毁等优点外，无人机自组织网络还具备构建迅捷、覆盖范围广、对环境变化适应能力强等多方面的优势，因此近年来无人机自组织网络获得国内外学术界和业界的广泛关注。无人机自组织网络的典型应用场景包括军事应用（战场数据传输、战场感知与数据传输）、应急通信服务和灾难恢复（地面隔离网络的连接）、地面网络的回程传输、陆地偏远地区及越洋航空器数据通信等。

与陆地无线自组织网络相比，无人机自组织网络也存在一系列特殊的问题，如航空信道快速时变、网络拓扑结构快速变化、无人机最优部署及无人机航迹优化等。无人机自组织网络需解决的关键技术问题[2]如下。

1）无人机空-空高效、可靠传输技术。

2）无人机自组织网络的多址接入技术。

3）无人机自组织网络的路由技术。

4）无人机自组织网络的移动切换方法。

5）无人机优化部署及无人机航迹优化等。

4. 无人机中继通信系统

图 1-4 显示了无人机中继通信系统。在无人机中继通信系统中，中继载荷部署在空中机动飞行的无人机中，利用无人机节点的中继功能实现地面终端与地面终端、机载终端与地面终端、机载终端与机载终端之间的信息传输。与地面固定无线中继通信系统相比，无人机中继通信系统具有通信距离远、部署灵活、中继位置可控、构建迅捷、维护成本低等多方面的优势[12-13]，因此其在军用及民用领域获得广泛应用。

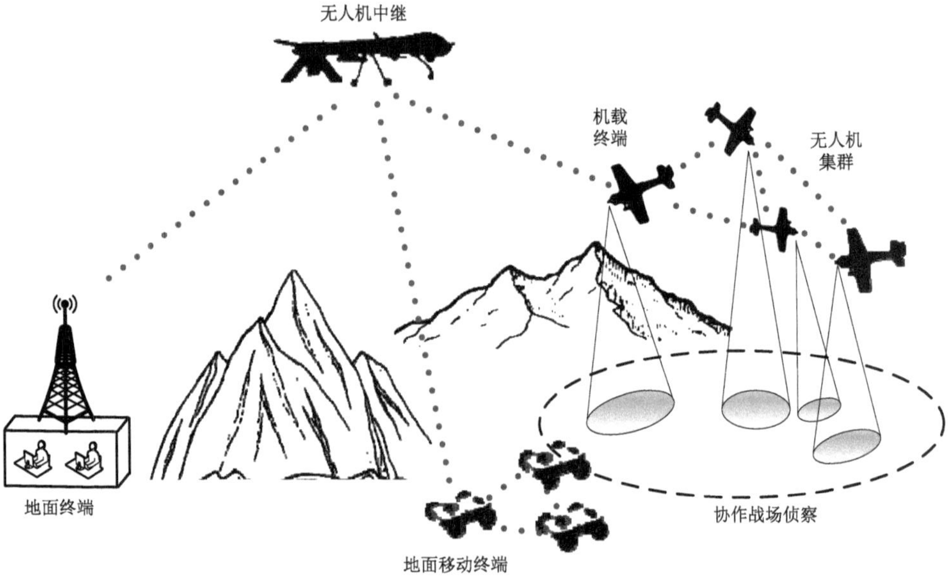

图 1-4 无人机中继通信系统

与地面固定无线中继通信系统相比，无人机中继通信系统也存在一系列特殊问题[2]，如面向航空信道的高效、可靠传输技术，无人机中继策略及资源分配，中继无人机的最优部署及无人机的航迹优化等。

1.2 无人机中继通信系统航迹优化研究现状

中继无人机的航迹优化是无人机中继通信系统一个最有特色的问题。中继无人机的航迹优化问题可表述为：在中继无人机机动飞行过程中，如何寻找一条最优的飞行路径，以保障无人机中继通信系统链路传输可靠性，或保障无人机中继通信网络的高连通性。

近年来，围绕无人机中继通信系统的航迹优化问题，国内外开展了大量研究。这些研究分为 6 个领域：点对点无人机中继通信系统的航迹优化、无人机级联中继通信系统的航迹优化、多址接入无人机中继通信系统的航迹优化、无人机中继广播通信系统的航迹优化、无人机中继保密通信系统的航迹优化及无人机辅传感器数据采集系统的航迹优化。下面分别介绍各个领域的研究进展。

1. 点对点无人机中继通信系统

点对点无人机中继通信系统由 3 个节点组成：源节点、目的节点和无人机中继节点。其中，源节点与目的节点位于地面，可采用固定方式部署，也可采用机动方式部署，中继通信载荷位于空中机动飞行的无人机中。此外，源节点与目的节点之间距离遥远，二者无法建立通信链路，必须通过无人机中继节点建立中继通信链路。

针对源节点与目的节点均固定部署的情况，为了提高中继无人机的能量利用率，文献[14]给出了中继无人机能量效率的计算方法，并以中继无人机能量效率最大化（energy efficiency maximization）准则为基础，提出了中继无人机盘旋半径的计算方法。文献[15]研究了中继无人机转发功率及飞行航迹对中继链路吞吐量的影响，并以中继链路吞吐量最大化（throughput maximization）准则为基础，提出了一种联合无人机功率分配与无人机航迹的优化方法。文献[16]首先给出中继无人机的能量效率（energy efficiency）计算方法，并以中继无人机能量效率最大化准则为基础，提出了中继无人机盘旋半径与飞行速度的联合优化方法。

以无人机携带中继传输系统为研究对象，文献[17]以中继链路吞吐量最大化准则为基础，提出了联合无人机功率分配与航迹的优化方法。以链路中断概率最小化（outage probability minimization）准则为基础，文献[18]通过梯度下降和极值原理提出了联合无人机功率分配与无人机航迹的优化方法。

针对源节点机动部署的情况，为了提高源节点与日的节点链路传输的可靠性，文献[19]提出了源节点采用发射波束成形，目的节点采用接收波束成形的无人机中继传输方案，并以两跳链路输出信噪比（signal-noise ratio，SNR）最大化准则为基础，给出了源节点及目的节点波束成形权矢量的计算方法，同时给出中继无人机的航迹优化方法。针对相同问题，作者[20]提出基于空时分组编码的无人机中继传输方案，并基于有限混合期望最大化（finite mixture expectation maximization，FM-EM）算法给出了链路中断概率与遍历容量的计算方法，并以两跳链路遍历容量最大化准则为基础，给出了中继无人机的航迹优化方法。

2. 无人机级联中继通信系统

在无人机中继通信系统中，当源节点与目的节点之间的距离较远时，仅通过单个无人机的中继无法建立源节点与目的节点的通信链路，此时可考虑使用多个无人机以级联中继方式建立源节点与目的节点的通信链路，从而形成无人机级联中继通信系统[21-26]。与单无人机中继通信系统（single input single output，SISO）相比，无人机级联中继通信系统的航迹优化问题影响因素更多，航迹优化问题也更加复杂。

围绕着无人机级联中继通信系统的航迹优化问题，国内外研究现状如下：为克服无线传感器网络连通性差的问题，文献[21]首次提出了利用多个无人机以级联中继的方式来改善无线传感器网络的连通性。为了提高无人机级联中继通信系统的链路容量，文献[22]基于人工势场法（artificial potential field）提出了中继无人机的运动控制方法。为了提高无人机级联中继通信系统的链路性能，文献[23]提出了利用梯度估计的方法来控制级联无人机的运动。以端到端吞吐量最大化准则（maximization of the end-to-end throughput）为基础，文献[24]提出了中继无人机功率分配及无人机航迹优化方法。为解决无人机级联中继通信系统的旋翼无人机的最佳部署问题，文献[25]以级联中继链路输出信噪比最大化准则为基础，提出了旋翼无人机最优部署方法。为解决源节点机动部署时无人机级联中继通信系统的航迹优化问题，文献[26]基于遍历容量最大化准则（maximization of ergodic capacity）提出了级联无人机联合优化及分步优化方法，并利用FM-EM 算法给出了无人机级联中继通信系统的链路中断概率。

3. 多址接入无人机中继通信系统

多址接入无人机中继通信系统由多个用户节点、无人机中继节点及基站节点组成。其中，用户节点与基站节点位于地面，用户节点可固定部署，或采用机动方式部署，基站节点采用固定部署。另外，用户节点与基站节点之间的距离遥远，用户节点必须通过无人机的中继才可接入基站节点。多址接入无人机中继通信系统的航迹优化的核心问题为：根据各用户节点的位置与运动状态，优化中继无人机的部署或无人机飞行航迹，以保证系统各个用户节点公平、可靠地接入基站节点。

围绕着多址接入无人机中继通信系统的航迹优化问题，相关研究如下：针对采用频分多址的无人机中继通信系统的航迹优化问题，文献[12]首先引入了用户节点至无人机中继节点的归一化遍历传输速率（ergodic normalized transmission rate），并以归一化遍历传输速率最大化准则为基础，提出了中继无人机航向角的优化方法。为解决时分多址无人机中继通信系统的航迹优化问题，文献[27]利用预测滤波器估计各用户节点下一时刻的位置，然后以上行链路平均和速率最大化（average uplink sum rate）及比例公平（proportional fair）准则为基础，提出了中继无人机最佳航向角的计算方法。文献[28]研究了码分多址无人机中继通信系统的航迹优化问题，以链路中断概率最小化准则提出了中继无人机的航迹优化方法。假设用户节点沿直线分布，且无人机以固定高度和速度绕用户节点盘旋飞行，文献[29]提出了循环多址接入方法，并以最小吞吐量最大化准则为基础，提出了用户节点接入时间分配方法。

4. 无人机中继广播通信系统

无人机中继广播通信系统由基站节点、中继无人机节点及多个用户节点组成。其中，基站节点与用户节点位于地面，基站节点以固定方式部署，各个用户节点可灵活采用固定方式部署，或机动方式部署。此外，假设基站节点与各用户节点之间的距离遥远，必须通过无人机的中继才可建立基站节点至各个用户节点的广播通信链路。无人机中继广播通信系统航迹优化的核心问题为：根据各用户节点位置和运动状态，优化中继无人机的飞行航迹，以保证基站节点-中继无人机-各个用户节点广播通信链路的可靠性。

围绕着无人机中继广播通信系统的航迹优化问题，相关研究如下：针对基于旋翼无人机中继广播通信系统的航迹优化问题，文献[30]分别以最恶劣链路中断概率（worst case outage probability）最小化准则及链路平均中断概率（average outage probability）最小化准则为基础，提出了两种旋翼无人机位置部署及无人机功率分配方法。针对基于固定翼无人机中继广播通信系统的航迹优化问题，以用户节点最小遍历容量（minimum ergodic capacity）最大化准则为基础，文献[31]提出了一种低复杂度无人机航向角控制方法。为了提高无人机广播中继通信系统链路的连通性，文献[32]给出了用户节点中断概率的近似公式，并以所有用户节点的平均中断概率最小化准则为基础，提出了中继无人机的航迹优化方法。针对相同问题，以无人机中继广播链路加权和遍历容量（weighted sum ergodic capacity）最大化准则为基础，文献[33]进一步提出了一种新的中继无人机航迹优化方法。以用户节点最小平均吞吐量（minimum average throughput）最大化准则为基础，文献[34]提出了联合无人机航迹优化与功率分配方法。以用户节点最小平均速率（minimum average rate）最大化准则为基础，文献[35]提出了用户节点调度、无人机航迹及无人机发射功率的优化方法。针对正交频分多址（orthogonal frequency division multiple access，OFDMA）无人机中继广播系统的航迹优化问题，文献[36]以用户节点最小平均吞吐量最大化准则为基础，利用迭代参数辅助块坐标下降技术，提出了中继无人机航迹优化及频率资源分配方法。文献[37]分析了两用户无人机中继广播通信系统的容量区域（capacity region），并研究了中继无人机传输方案及飞行策略对信道容量的影响。

5. 无人机中继保密通信系统

无人机中继保密通信系统由源节点、无人机中继节点、目的节点和窃听节点组成。其中，源节点、目的节点与窃听节点均位于地面，可采用固定方式部署，也可采用机动方式部署，中继通信载荷部署在固定翼无人机或旋翼无人机中。此外，假设源节点与目的节点之间的距离遥远，源节点必须通过无人机中继节点才能建立与目的节点之间的中继通信链路，窃听节点通过接收中继无人机转发的信号，从而窃听源节点向目的节点传输的信息。无人机中继保密通信系统航迹优化的核心问题为：优化中继无人机的部署位置或无人机的飞行航迹，以保障源节点-无人机中继节点-目的节点通信链路的可靠性，且最大限度地防止窃听节点截获信息。

围绕着无人机中继保密通信系统的航迹优化问题，相关研究如下：为了保证无人机中继安全通信系统合法用户的正常通信，同时最大限度地防止非法用户窃听，文献[38]以目的节点安全速率（secrecy rate）最大化准则为基础，提出了中继无人机的航迹优化方法。针对相同问题，文献[39]以目的节点累积安全速率（accumulated secrecy rate）最大化准则为基础，提出了一种联合无人机航迹优化、中继功率控制及带宽分配的方法。文献[40]以目的节点安全速率最大化准则为基础，通过交替优化技术和序列凸规划方法，给出了中继无人机航迹及中继功率控制方法。针对相同问题，文献[41]也开展了类似的研究。文献[42]以保密容量最大化准则为基础，给出了中继无人机最佳航迹优化方法，并推导给出了系统保密中断概率的计算公式。

针对源节点部署在无人机，目的节点位于地面，且存在多个窃听节点的场景，文献[43]以目的节点平均最恶劣安全速率（average worst case secrecy rate）最大化准则为基础，提出了一种联合无人机航迹优化及中继功率分配的方法。针对源节点位于无人机，目的节点与窃听节点位于地面，干扰节点位于另一架无人机的场景，文献[44]提出了干扰无人机辅助的无人机保密通信传输方案，并以可达平均安全速率（achievable average secrecy rate）最大化准则为基础，提出了源节点无人机与干扰节点无人机的航迹优化方法。文献[45]研究了双无人机安全通信系统的航迹优化及用户调度问题，其中源节点位于一架无人机，目的节点和窃听节点位于地面，干扰节点位于另一架无人机，以最恶劣安全速率最小化（minimum worst case secrecy rate）准则为基础，提出了双环迭代无人机航迹优化及用户节点调度的方法。

6. 无人机辅传感器数据采集系统

在无人机辅传感器数据采集系统中，系统由传感器节点、无人机节点和基站节点组成。其中，大量传感器节点散布在地面广阔的区域内，其负责特定区域内数据的采集功能。无人机节点负责传感器数据的收集，并通过中继链路传输给地面基站节点。无人机辅传感器数据采集系统航迹优化的核心问题为：寻找无人机最优的飞行路径，以保障传感器节点-无人机节点-基站节点链路传输的可靠性，且最大限度地降低地面传感器及无人机节点的能量消耗。

围绕着无人机传感器数据采集系统的航迹优化问题，相关研究如下：文献[46]首次提出了利用无人机实现无线传感器节点数据收集的思想。为了保障传感器至无人机节点链路传输的可靠性，同时降低无人机的能量消耗，文献[47]、[48]基于粒子群优化法提出了无人机航迹优化方法。为了保障传感器网络的连通性，文献[49]、[50]以多目标效用函数加权和（weighted sum of multi-objective utility functions）最大化准则为基础，利用遗传算法得到了无人机最佳航迹。针对相同问题，文献[51]以传感器及无人机节点链路加权和速率（weighted sum rate）最大化准则为基础，并利用动态规划方法给出了无人机最佳航迹及无人机飞行速度。为了降低传感器节点的能量消耗，同时保障传感器至无人机节点链路传输的可靠性，文献[52]以传感器节点最大能量消耗（maximum energy consumption）最小化准则为基础，提出了一种联合传感器节点唤醒调度及无人机航迹的优化方法。文献[53]首先给出了无人机能量效率（energy efficiency）的计算公式，随后以无人机能量效率最大化准则为基础，利用线性规划和连续凸优化技术，提出了一种联合传感器节点调度及无人机航迹的优化方法。针对相同问题，以传感器节点最小吞吐量最大化准则为基础，利用块坐标下降及连续凸优化技术，文献[54]提出了联合传感器调度、传感器功率分配及无人机航迹的优化方法。为了降低无人机的功率消耗，以无人机消耗总功率最小化准则为基础，文献[55]采用了块坐标下降及连续凸优化技术，提出了一种联合传感器节点调度、传感器功率分配及无人机航迹优化的优化方法。

本 章 小 结

本章首先介绍了无人机通信系统的基本概念，并给出了无人机通信系统的分类：无人机用户通信系统、无人机基站通信系统、无人机自组织网络及无人机中继通信系统；随后介绍了无人机中继通信系统的基本概念；最后分别对点对点无人机中继通信系统、无人机级联中继通信系统、多址接入无人机中继通信系统、无人机中继广播通信系统、无人机中继保密通信系统及无人机辅传感器数据采集系统的研究现状进行综述。

参 考 文 献

[1] SAAD W, BENNIS M, MOZAFFARI M, et al. Wireless communications and networking for unmanned aerial vehicles[M]. Cambridge: Cambridge University Press, 2020.

[2] MOZAFFARI M, SAAD W, BENNIS M, et al. A tutorial on UAVs for wireless networks: applications, challenges, and open problems[J]. IEEE Communications Surveys & Tutorials, 2019, 21(3): 2334-2360.

[3] BARRADO C, MESSEGUER R, LOPEZ J, et al. Wildfire monitoring using a mixed air-ground mobile network[J]. IEEE Pervasive Computing, 2010, 9(4): 24-32.

[4] DANIEL K, WIETFELD C. Using public network infrastructures for UAV remote sensing in civilian security operations[J]. Homeland Security Affairs, 2011(S3):1-7.

[5] 3GPP. Study on enhanced LTE support for aerial vehicles[S]. Dubrovnik:3GPP Press, 2017:33-46.

[6] ZENG Y, LYU J, ZHANG R. Cellular-connected UAV: potentials, challenges and promising technologies[J]. IEEE Wireless Communications, 2019, 26(1): 120-127.

[7] BUCAILLE I, HETHUIN S, MUNARI A, et al. Rapidly deployable network for tactical applications: aerial base station with opportunistic links for unattended and temporary events ABSOLUTE example[C]// IEEE Military Communications Conference. San Diego: IEEE, 2013: 1116-1120.

[8] OSSEIRAN A, BOCCARDI F, BRAUN V, et al. Scenarios for 5G mobile and wireless communications: the vision of the METIS project[J]. Communications Magazine IEEE, 2014, 52(5): 26-35.

[9] NAGPAL L, SAMDANI K. Project loon: innovating the connectivity worldwide[C]// IEEE International Conference on Recent Trends in Electronics, Information & Communication Technology. Bangalore: IEEE, 2017: 1778-1784.

[10] BEKMEZCI I, SAHINGOZ O K, TEMEL S. Flying ad-hoc networks (FANETs): a survey[J]. Ad Hoc Networks, 2013, 11(3): 1254-1270.

[11] SAHINGO O K. Networking models in flying ad-hoc networks (FANETs): concepts and challenges[J]. Journal of Intelligent & Robotic Systems, 2014, 74(1-2): 513-527.

[12] ZHAN, P, YU K, SWINDLEHURST A L. Wireless relay communications with unmanned aerial vehicles: performance and optimization[J]. IEEE Transactions on Aerospace and Electronic Systems, 2011, 47(3): 2068-2085.

[13] DIXON C, FREW E W. Optimizing cascaded chains of unmanned aircraft acting as communication relays[J]. IEEE Journal on Selected Areas in Communications, 2012, 30(5): 883-898.

[14] CHOI D H, KIM S H, SUNG D K. Energy-efficient maneuvering and communication of a single UAV-based relay[J]. Aerospace and Electronic Systems IEEE Transactions on, 2014, 50(3): 2320-2327.

[15] ZENG Y, ZHANG R, LIM T J. Throughput maximization for UAV-enabled mobile relaying systems[J]. IEEE Transactions on Communications, 2016, 64(12): 4983-4996.

[16] ZENG Y, ZHANG R. Energy-efficient UAV communication with trajectory optimization[J]. IEEE Transactions on Wireless Communications, 2017, 16(6): 3747-3760.

[17] JIANG X, WU Z, YIN Z, et al. Power and trajectory optimization for UAV-enabled amplify-and-forward relay networks[J]. IEEE Access, 2018(6): 48688-48696.

[18] ZHANG S, ZHANG H, DI B, et al. Joint trajectory and power optimization for UAV relay networks[J]. IEEE Communications Letters, 2017, 22(1): 161-164.

[19] OUYANG J, ZHUANG Y, LIN M, et al. Optimization of beamforming and path planning for UAV-assisted wireless relay networks[J]. Chinese Journal of Aeronautics, 2014, 27(2): 313-320.

[20] 刘海涛，赵文强，李春鸣，等. 空时分组编码的无人机中继通信航迹规划方法[J]. 航空学报，2017，38(9): 274-283.

[21] FREITAS E, HEIMFARTH T, NETTO I F, et al. UAV relay network to support WSN connectivity[C]// International

Congress on Ultra Modern Telecommunications and Control Systems. Moscow: IEEE, 2010: 309-314.

[22] CETIN O, ZAGLI I. Continuous airborne communication relay approach using unmanned aerial vehicles[J]. Journal of Intelligent & Robotic Systems, 2012, 65(1-4): 549-562.

[23] MING Z, CHEN Y, CAI Z, et al. Using unmanned aerial vehicle chain to improve link capacity of two mobile nodes[C]// IEEE International Conference on Mechatronics and Automation. Beijing: IEEE, 2015: 494-499.

[24] ZHANG G, YAN H, ZENG Y, et al. Trajectory optimization and power allocation for multi-hop UAV relaying communications[J]. IEEE Access, 2018(6): 48566-48576.

[25] CHEN Y, ZHAO N, DING Z, et al. Multiple UAVs as relays: multi-hop single link versus multiple dual-hop links[J]. IEEE Transactions on Wireless Communications, 2018, 17(9): 6348-6359.

[26] 刘海涛，方晓钰，顾新宇，等. 无人机级联中继通信航迹规划方法[J]. 中国民航大学学报，2020，38(2): 4-9.

[27] FENG J, SWINDLEHURST A L. Optimization of UAV heading for the ground-to-air uplink[J]. IEEE Journal on Selected Areas in Communications, 2012, 30(5): 993-1005.

[28] 刘海涛，顾新宇，方晓钰，等. 频率选择性衰落信道 DS-CDMA 无人机中继通信系统航迹规划方法[J]. 航空学报，2019，40(7): 322633.

[29] LYU J, YONG Z, RUI Z. Cyclical multiple access in UAV-aided communications: a throughput-delay tradeoff[J]. IEEE Wireless Communications Letters, 2016, 5(6): 600-603.

[30] JIN Y, ZHANG Y D, CHALISE B K. Joint optimization of relay position and power allocation in cooperative broadcast wireless networks[C]//IEEE International Conference on Acoustics, Speech and Signal Processing. Kyoto, Japan: IEEE, 2012: 2493-2496.

[31] CHOI D H, JUNG B H, DAN K S. Low-complexity maneuvering control of a UAV-based relay without location information of mobile ground nodes[C]// IEEE Symposium on Computers and Communications. Funchal: IEEE, 2014: 1-6.

[32] 李冬霞，李春鸣，赵文强，等. 无人机中继广播通信系统航迹优化方法[J]. 西安电子科技大学学报，2018，45(3): 160-166.

[33] LI D X, LI C M, LIU H T. Path-optimization method for UAV-aided relay broadcast communication system[J]. Physical Communication, 2018(31): 40-48.

[34] WANG H C, REN G C, CHEN J, et al. Unmanned aerial vehicle-aided communications: joint transmit power and trajectory optimization[J]. IEEE Wireless Communication Letters, 2018, 7(4): 522-525.

[35] WU Q Q, ZENG Y, ZHANG R. Joint trajectory and communication design for multi-UAV enabled wireless networks[J]. IEEE Transactions on Wireless Communications, 2018, 17(3): 2109-2121.

[36] WU Q Q, ZENG Y, ZHANG R, et al. Common throughput maximization in UAV-enabled OFDMA systems with delay consideration[J]. IEEE Transactions on Communications, 2018, 66(12): 6614-6627.

[37] Wu Q Q, XU J, ZHANG R. Capacity characterization of UAV-enabled two-user broadcast channel[J]. IEEE Journal on Selected Areas in Communications, 2018, 36(9): 1955-1971.

[38] ZHANG G C, WU Q Q, CUI M, et al. Securing UAV communications via trajectory optimization[C]// IEEE Global Communications Conference. Singapore: IEEE, 2017: 1-6.

[39] SUN X F, SHEN C, CHANG T H, et al. Joint resource allocation and trajectory design for UAV-aided wireless physical layer security[C]// IEEE Global Communications Conference. Abu Dhabi: IEEE, 2018: 1-6.

[40] WANG Q, CHEN Z, LI H, et al. Joint power and trajectory design for physical-layer secrecy in the UAV-aided mobile relaying system[J]. IEEE Access, 2018(6): 62849-62855.

[41] SHEN L F, WANG N, MU X M. Iterative UAV trajectory optimization for physical layer secure mobile relaying[C]// International Conference on Cyber-Enabled Distributed Computing and Knowledge Discovery. Zhengzhou: IEEE, 2018: 19-194.

[42] 刘海涛，方晓钰，顾新宇，等. 基于保密容量最大化准则的中继无人机航迹规划方法: CN108092737A[P]. 2018-01-08.

[43] CUI M, ZHANG G C, WU Q Q, et al. Robust trajectory and transmit power design for secure UAV communications[J]. IEEE Transactions on Vehicular Technology, 2018, 67(9): 9042-9046.

[44] LI A, ZHANG W J. Mobile jammer-aided secure UAV communications via trajectory design and power control[J]. China Communications, 2018, 15(8): 141-151.

[45] CAI Y L, CUI F Y, SHI Q J, et al. Dual-UAV-enabled secure communications: joint trajectory design and user scheduling[J]. IEEE Journal on Selected Areas in Communications, 2018, 36(9): 1972-1985.

[46] DANIEL K, ROHDE S, GODDEMEIER N, et al. Cognitive agent mobility for aerial sensor networks[J]. IEEE Sensors Journal, 2011, 11(11): 2671-2682.

[47] HO D T, GROTLI E I, SUJIT P B, et al. Performance evaluation of cooperative relay and particle swarm optimization path planning for UAV and wireless sensor network[C]// IEEE Globecom Workshops. Atlanta: IEEE, 2013: 1403-1408.

[48] DAC-TU, GROTLI, INGAR E, et al. Optimization of wireless sensor network and UAV data acquisition[J]. Journal of Intelligent & Robotic Systems: Theory & Application, 2015, 78(1): 159-179.

[49] YOO S J, PARK J H, KIM S H, et al. Flying path optimization in UAV-assisted IoT sensor networks[J]. ICT Express, 2016, 2(3): 140-144.

[50] YANG Q, YOO S J. Optimal UAV path planning: sensing data acquisition over IoT sensor networks using multi-objective bio-inspired algorithms[J]. IEEE Access, 2018(6): 13671-13684.

[51] GANGULA R, KERRET P D, ESRAFILIAN O, et al. Trajectory optimization for mobile access point[C]// Asilomar Conference on Signals, Systems, and Computers. Pacific Grove: IEEE, 2017: 1412-1416.

[52] ZHAN C, ZENG Y, ZHANG R. Energy-efficient data collection in UAV enabled wireless sensor network[J]. IEEE Wireless Communication Letters, 2017, 7(3): 328-331.

[53] XU Y, XIAO L, YANG D, et al. Energy-efficient UAV communication with multiple GTs based on trajectory optimization[J]. Mobile Information Systems, 2018(2): 1-10.

[54] XU Y, XIAO L, YANG D, et al. Throughput maximization in multi-UAV enabled communication systems with difference consideration[J]. IEEE Access, 2018(6): 55291-55301.

[55] HUA M, WANG Y, ZHANG Z, et al. Power-efficient communication in UAV-aided wireless sensor networks[J]. IEEE Communications Letters, 2018, 22(6): 1264-1267.

第 2 章　点对点无人机中继通信系统

2.1　引　　言

点对点无人机中继通信系统由基站、无人机中继及用户 3 个节点组成。其中，基站节点位于地面，采用固定方式部署；用户节点也位于地面，可灵活采用固定方式或机动方式部署。假设基站与用户节点之间距离遥远，二者之间难以直接建立通信链路，必须通过无人机中继节点才能建立通信链路[1-3]。当无人机为固定翼无人机，且用户节点采用固定方式部署时，无人机可通过绕圆周盘旋飞行的方式获得最优链路传输性能；当无人机为固定翼无人机，且用户节点采用机动方式部署时，无人机必须通过航迹优化才能获得最优链路传输性能[1-2]。

围绕着点对点无人机中继通信系统航迹优化问题，国内外相关研究如下：针对基站与用户节点均固定部署的情况，为提高中继无人机的能量效率，文献[4]首先给出了中继无人机能量效率的计算方法，并以中继无人机能量效率最大化准则为基础，提出中继无人机飞行速度和负载因子的优化方法。文献[5]研究了中继无人机的航迹对链路吞吐量的影响，并以链路吞吐量最大化准则为基础，提出了一种联合无人机发射功率及无人机航迹的优化方法。文献[6]首先给出了中继无人机能量效率的计算方法，并以中继无人机能量效率最大化准则为基础，提出了无人机盘旋半径与飞行速度的联合优化方法。以点对点无人机携带中继传输系统为研究对象，文献[7]以链路吞吐量最大化准则为基础，采用交替优化方法提出了一种联合无人机功率分配及无人机航迹优化方法。以链路中断概率最小化准则为基础，文献[8]利用梯度下降方法及极值原理提出了联合无人机功率分配及无人机航迹的优化方法。为了提高无人机中继通信系统传输可靠性，文献[9]提出了基于基站节点与用户节点波束成形的无人机中继传输方案，并以接收信噪比最大化准则为基础，给出了基站节点与用户节点天线波束成形最优权矢量的计算方法，以此为基础给出了中继无人机的航迹优化方法。

本章重点介绍用户节点采用机动方式部署时，点对点无人机中继通信系统的航迹优化方法。2.2 节介绍了单天线无人机中继通信系统传输方案，并以遍历容量最大化准则给出了无人机的航迹优化方法[10]；2.3 节介绍了基于发射波束成形与接收波束成形的无人机中继传输方案[9]，并以接收信噪比最大化准则为基础，给出了中继无人机的航迹优化方法。

2.2　单天线无人机中继通信系统

2.2.1　系统模型

图 2-1 所示为单天线无人机中继通信系统。系统由基站（BS）节点、固定翼无人机（UAV）节点及移动用户（mobile user，MU）节点组成。假设 BS 节点与 MU 节点之间的距离遥远，或者 MU 节点与 BS 节点之间存在高大障碍物的遮挡，MU 节点与 BS 节点之间不存在直达通信链路，此时可利用无人机搭载中继载荷以构建 MU-UAV-BS 节点之间的通信链路，实现 MU 节点与 BS 节点间的通信。

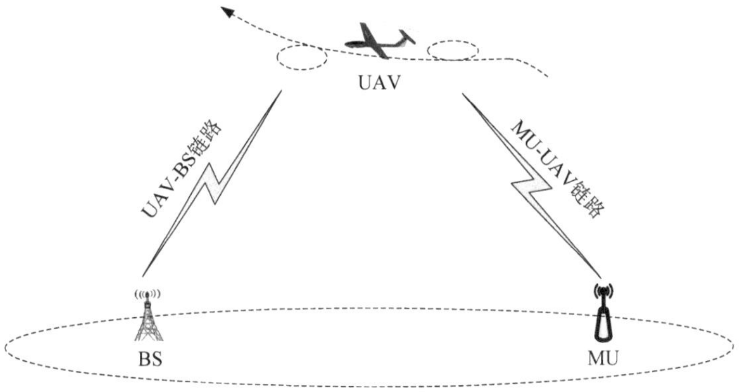

图 2-1　单天线无人机中继通信系统

为便于叙述，下面仅考虑 MU 节点至 BS 节点的通信。假设 BS 节点与 MU 节点均配置单根天线；另外考虑到无人机中继载荷体积及信号处理能力的限制，无人机也仅配置单根天线；此外假设无人机中继载荷采用放大转发（amplify forward，AF）方式工作。BS 节点至 MU 节点的数据传输分为两个时隙，t 时刻，第 1 个时隙，MU 节点发射信号，UAV 节点接收的信号表示为

$$r_{\mathrm{U}}(t)=\sqrt{P_1}h_1(t)\cdot x(t)+n_1(t) \tag{2-1}$$

式中，P_1 为 MU 节点发射信号的功率；$x(t)$ 为 MU 节点发射信号，且满足 $E\left[|x(t)|^2\right]=1$；$n_1(t)$ 为 UAV 节点接收天线输入的复高斯白噪声，其均值为 0，方差为 σ_1^2；$h_1(t)$ 为 MU 节点发射天线至 UAV 节点接收天线的信道衰落系数。

第 2 个时隙，UAV 节点将接收到的信号 $r_{\mathrm{U}}(t)$ 乘以一个增益因子 G_t：

$$G_t=\sqrt{\frac{1}{P_1|h_1(t)|^2+\sigma_1^2}} \tag{2-2}$$

随后，UAV 节点以一定发射功率将信号转发至 BS 节点，BS 节点接收的信号表示为

$$r_{\mathrm{B}}(t)=\sqrt{P_1P_2}G_th_2(t)h_1(t)x(t)+\sqrt{P_2}G_th_2(t)n_1(t)+n_2(t) \tag{2-3}$$

式中，P_2 为 UAV 节点转发信号的功率；$n_2(t)$ 为 BS 节点接收天线输入的复高斯白噪声，

其均值为0，方差为σ_2^2；$h_2(t)$为UAV节点发射天线至BS节点接收天线的信道衰落系数。

为便于叙述，记$h_{1,t}=h_1(t),h_{2,t}=h_2(t)$。

将MU节点至UAV节点及UAV节点至BS节点的信道建模为含有大尺度衰落的瑞利衰落信道[9, 11]：

$$h_{i,t}=\frac{g_{i,t}}{d_{i,t}^{\alpha}},\quad i=1,2 \tag{2-4}$$

式中，$g_{i,t}(i=1,2)$分别为MU节点至UAV节点、UAV节点至BS节点间信道的小尺度衰落系数，其服从瑞利分布；$d_{i,t}(i=1,2)$为t时刻MU节点至UAV节点、UAV节点至BS节点的距离；α为信道路径损耗因子。

为了得到MU节点至UAV节点及UAV节点至BS节点的距离，建立三维直角坐标系，假设BS节点的坐标为$(x_{2,t},y_{2,t},0)$，t时刻MU节点及UAV节点的坐标分别为$(x_{1,t},y_{1,t},0)$与(x_t,y_t,h_t)，其中h_t为UAV的飞行高度。根据上面3个节点的位置坐标，可得到MU节点至UAV节点及UAV节点至BS节点的距离分别为

$$d_{i,t}=\sqrt{(x_t-x_{i,t})^2+(y_t-y_{i,t})^2+h_t^2},\quad i=1,2 \tag{2-5}$$

利用式（2-3）容易得到BS节点接收机输入信号的瞬时信噪比为

$$\begin{aligned}\gamma_t&=\frac{\overline{r}_1|h_{1,t}|^2\cdot\overline{r}_2|h_{2,t}|^2}{\overline{r}_1|h_{1,t}|^2+\overline{r}_2|h_{2,t}|^2+1}\\&=\frac{\overline{r}_1|g_{1,t}|^2d_{1,t}^{-2\alpha}\cdot\overline{r}_2|g_{2,t}|^2d_{2,t}^{-2\alpha}}{\overline{r}_1|g_{1,t}|^2d_{1,t}^{-2\alpha}+\overline{r}_2|g_{2,t}|^2d_{2,t}^{-2\alpha}+1}\end{aligned} \tag{2-6}$$

式中，$\overline{r}_1=\dfrac{P_1}{\sigma_1^2}$；$\overline{r}_2=\dfrac{P_2}{\sigma_2^2}$。

2.2.2 中继无人机的航迹优化方法

在无人机中继通信系统中，由于MU节点处于持续运动中，因此当MU节点坐标改变时，BS节点接收机输入信号的瞬时信噪比也随之改变。因此，为了保证无人机中继通信链路处于最佳状态，UAV节点需要不断调整其飞行航迹。考虑到链路遍历容量是衡量通信系统链路传输可靠性的重要技术指标，因此本节利用中继通信系统链路遍历容量最大化准则来优化无人机的飞行航迹。

t时刻无人机中继通信系统的遍历容量定义为[12]

$$C_t=\frac{1}{2}E\left[\log_2(1+\gamma_t)\right] \tag{2-7}$$

式中，$E[\cdot]$为统计平均运算。

对式（2-7）进行一阶泰勒级数展开并忽略高阶项后得到

$$C_t\approx\frac{1}{2}\log_2\left(1+E\left[\gamma_t\right]\right) \tag{2-8}$$

式中，$E\left[\gamma_t\right]$为t时刻BS节点接收机输入信号的平均信噪比：

$$E\left[\gamma_t\right]=E_{g_{1,t},g_{2,t}}\left[\frac{\overline{r}_1\left|g_{1,t}\right|^2 d_{1,t}^{-2\alpha}\cdot\overline{r}_2\left|g_{2,t}\right|^2 d_{2,t}^{-2\alpha}}{\overline{r}_1\left|g_{1,t}\right|^2 d_{1,t}^{-2\alpha}+\overline{r}_2\left|g_{2,t}\right|^2 d_{2,t}^{-2\alpha}+1}\right] \tag{2-9}$$

进一步对式（2-9）进行泰勒级数展开后得到

$$\begin{aligned}E\left[\gamma_t\right]&\approx\frac{E_{g_{1,t},g_{2,t}}\left[\overline{r}_1\left|g_{1,t}\right|^2 d_{1,t}^{-2\alpha}\cdot\overline{r}_2\left|g_{2,t}\right|^2 d_{2,t}^{-2\alpha}\right]}{E_{g_{1,t},g_{2,t}}\left[\overline{r}_1\left|g_{1,t}\right|^2 d_{1,t}^{-2\alpha}+\overline{r}_2\left|g_{2,t}\right|^2 d_{2,t}^{-2\alpha}+1\right]}\\&=\frac{\overline{r}_1\overline{r}_2}{\overline{r}_1 d_{2,t}^{2\alpha}+\overline{r}_2 d_{1,t}^{2\alpha}+d_{1,t}^{2\alpha}d_{2,t}^{2\alpha}}\end{aligned} \tag{2-10}$$

观测式（2-10）可得到，t 时刻影响无人机中继通信系统遍历容量的主要因素是大尺度衰落 $d_{1,t}^{2\alpha}$ 与 $d_{2,t}^{2\alpha}$。

假设无人机飞行高度恒定为 h，飞行速度恒定为 v，根据 Dubin 运动模型[13]和附录 A 的推导，可得到 t 时刻无人机的位置坐标为

$$\begin{cases}x_t=x_{t-\Delta t}+v\Delta t\cos\delta_t\\y_t=y_{t-\Delta t}+v\Delta t\sin\delta_t\end{cases} \tag{2-11}$$

式中，Δt 为 UAV 节点的位置更新间隔；$(x_{t-\Delta t},y_{t-\Delta t})$ 为 $t-\Delta t$ 时刻 UAV 节点的二维坐标；δ_t 为 t 时刻无人机的航向角，其满足 $\delta_t\in[\delta_{t-\Delta t}-\delta_{\max},\delta_{t-\Delta t}+\delta_{\max}]$，其中 $\delta_{\max}$ 为无人机的最大转弯角。

将式（2-11）代入式（2-5），并利用麦克劳林级数展开后得到

$$\begin{aligned}d_{i,t}^{2\alpha}&=\left[\left(x_{t-\Delta t}+v\Delta t\cos\delta_t-x_{i,t}\right)^2+\left(y_{t-\Delta t}+v\Delta t\sin\delta_t-y_{i,t}\right)^2+h^2\right]^\alpha\\&=a_{i,t}^\alpha+\rho_{i,t}\cos\left(\delta_t-\phi_{i,t}\right)\end{aligned} \tag{2-12}$$

式中，

$$\begin{cases}a_{i,t}=\left(x_{t-\Delta t}-x_{i,t}\right)^2+\left(y_{t-\Delta t}-y_{i,t}\right)^2+v^2\Delta t^2+h^2\\\rho_{i,t}=\alpha a_{i,t}^{\alpha-1}\sqrt{b_{i,t}^2+c_{i,t}^2}\\\phi_{i,t}=\begin{cases}\arctan\left(\dfrac{b_{i,t}}{c_{i,t}}\right), & b_{i,t}\geqslant 0\\\arctan\left(\dfrac{b_{i,t}}{c_{i,t}}\right)+\pi, & b_{i,t}<0\end{cases}\\b_{i,t}=2v\left(x_{t-\Delta t}-x_{i,t}\right)\Delta t\\c_{i,t}=2v\left(y_{t-\Delta t}-y_{i,t}\right)\Delta t\end{cases} \tag{2-13}$$

假设在 $t-\Delta t$ 时刻 UAV 节点通过卡尔曼滤波方法[14]可估计得到 MU 节点在 t 时刻的位置坐标，则由式（2-12）可观测得到：t 时刻影响 MU 节点至 UAV 节点及 UAV 节点至 BS 节点距离的主要因素是 t 时刻 UAV 的航向角。因此，可通过优化 UAV 的航向角来改变 UAV 飞行航迹，以使无人机中继通信系统链路传输可靠性处于最优。根据式（2-10）与式（2-12），无人机航迹优化问题可表述为

$$\delta_t^{\text{opt}} = \arg\max_{\delta_t}\left\{\frac{\overline{r}_1\overline{r}_2}{\overline{r}_1 d_{2,t}^{2\alpha} + \overline{r}_2 d_{1,t}^{2\alpha} + d_{1,t}^{2\alpha} d_{2,t}^{2\alpha}}\right\} \tag{2-14}$$

$$\text{s.t.}\ \ \delta_{t-\Delta t} - \delta_{\max} \leqslant \delta_t \leqslant \delta_{t-\Delta t} + \delta_{\max}$$

式中，δ_t^{opt} 为 t 时刻 UAV 的最佳航向角。

考虑到式（2-14）中大尺度衰落项均集中在分母，因此式（2-14）表述的优化问题可等价表示为

$$\delta_t^{\text{opt}} = \arg\min_{\delta_t}\left\{\overline{r}_1 d_{2,t}^{2\alpha} + \overline{r}_2 d_{1,t}^{2\alpha} + d_{1,t}^{2\alpha} d_{2,t}^{2\alpha}\right\} \tag{2-15}$$

$$\text{s.t.}\ \ \delta_{t-\Delta t} - \delta_{\max} \leqslant \delta_t \leqslant \delta_{t-\Delta t} + \delta_{\max}$$

将式（2-12）代入式（2-15），优化问题的代价函数进一步化简为

$$\begin{aligned}
\overline{r}_1 d_{2,t}^{2\alpha} + \overline{r}_2 d_{1,t}^{2\alpha} + d_{1,t}^{2\alpha} d_{2,t}^{2\alpha} &\approx \overline{r}_1 a_{2,t}^{\alpha} + \overline{r}_1 \rho_{2,t}\cos\left(\delta_t - \phi_{2,t}\right) + \overline{r}_2 a_{1,t}^{\alpha} + \overline{r}_2 \rho_{1,t}\cos\left(\delta_t - \phi_{1,t}\right) \\
&\quad + \left[a_{1,t}^{\alpha} + \rho_{1,t}\cos\left(\delta_t - \phi_{1,t}\right)\right]\left[a_{2,t}^{\alpha} +_1 \rho_{2,t}\cos\left(\delta_t - \phi_{2,t}\right)\right] \\
&= A_t + B_t\cos\left(\delta_t - \phi_{1,t}\right) + C_t\cos\left(\delta_t - \phi_{2,t}\right) \\
&= A_t + \Psi_t\cos\left(\delta_t - \varphi_t\right)
\end{aligned} \tag{2-16}$$

式中，

$$\begin{cases}
A_t = \overline{r}_1 a_{2,t}^{\alpha} + \overline{r}_2 a_{1,t}^{\alpha} + a_{1,t}^{\alpha} a_{2,t}^{\alpha} + \dfrac{\rho_{1,t}\rho_{2,t}}{2}\cos\left(\phi_{1,t} - \phi_{2,t}\right) \\
B_t = \left(\overline{r}_2 + a_{2,t}^{\alpha}\right)\rho_{1,t} \\
C_t = \left(\overline{r}_1 + a_{1,t}^{\alpha}\right)\rho_{2,t} \\
\Psi_t = \sqrt{B_t^2 + C_t^2 + 2B_t C_t\cos\left(\phi_{1,t} - \phi_{2,t}\right)} \\
\varphi_t = \begin{cases} \arctan\dfrac{\xi_t}{\beta_t}, & \beta_t \geqslant 0 \\ \arctan\dfrac{\xi_t}{\beta_t} + \pi, & \beta_t < 0 \end{cases} \\
\xi_t = B_t\cos\left(\phi_{1,t}\right) + C_t\cos\left(\phi_{2,t}\right) \\
\beta_t = B_t\sin\left(\phi_{1,t}\right) + C_t\sin\left(\phi_{2,t}\right)
\end{cases} \tag{2-17}$$

最后，式（2-15）优化问题等价表示为

$$\delta_t^{\text{opt}} = \arg\min_{\delta_t}\left\{A_t + \Psi_t\cos\left(\delta_t - \varphi_t\right)\right\} \tag{2-18}$$

$$\text{s.t.}\ \ \delta_{t-\Delta t} - \delta_{\max} \leqslant \delta_t \leqslant \delta_{t-\Delta t} + \delta_{\max}$$

式（2-18）的最优化问题，容易得到最优解为

$$\delta_t^{\text{opt}} = \begin{cases} \hat{\delta}_t, & \delta_t^l < \hat{\delta}_t < \delta_t^u \\ \delta_t^l, & \text{mod}_\pi\left|\delta_t^l - \hat{\delta}_t\right| \leqslant \text{mod}_\pi\left|\delta_t^u - \hat{\delta}_t\right| \\ \delta_t^u, & \text{mod}_\pi\left|\delta_t^l - \hat{\delta}_t\right| > \text{mod}_\pi\left|\delta_t^u - \hat{\delta}_t\right| \end{cases} \tag{2-19}$$

式中，$\hat{\delta}_t = \text{mod}_{2\pi}\left(\pi + \varphi_t\right)$；$\delta_t^l = \delta_{t-\Delta t} - \delta_{\max}$；$\delta_t^{\text{u}} = \delta_{t-\Delta t} + \delta_{\max}$。

2.2.3　链路中断概率与遍历容量

本节定量分析给出无人机中继通信系统的链路中断概率与遍历容量。将 UAV 的最佳航向角 δ_t^{opt} 代入式（2-6），可得到 t 时刻无人机中继通信系统 BS 节点接收机输入信号的最佳瞬时信噪比为

$$\gamma_t^{\text{opt}} = \frac{\gamma_{1,t}\gamma_{2,t}}{\gamma_{1,t}+\gamma_{2,t}+1} \tag{2-20}$$

式中，$\gamma_{1,t}=\overline{r}_1\left|g_{1,t}\right|^2 d_{1,t}^{-2\alpha(\text{opt})}$；$\gamma_{2,t}=\overline{r}_2\left|g_{2,t}\right|^2 d_{2,t}^{-2\alpha(\text{opt})}$。

链路中断概率定义为接收机输入信噪比低于门限值 γ_{th} 的概率[12]：

$$P_t^{\text{out}} = \Pr\left(\gamma_t^{\text{opt}} \leqslant \gamma_{\text{th}}\right) = F_{\gamma_t^{\text{opt}}}\left(\gamma_{\text{th}}\right) \tag{2-21}$$

式中，$F_{\gamma_t^{\text{opt}}}(x)$ 为随机变量 γ_t^{opt} 的累积分布函数，其表示为

$$\begin{aligned}
F_{\gamma_t^{\text{opt}}}(x) &= \Pr\left(\frac{\gamma_{1,t}\gamma_{2,t}}{\gamma_{1,t}+\gamma_{2,t}+1} \leqslant x\right) \\
&= \int_0^x \Pr\left(\gamma_{2,t} > \frac{xy+x}{y-x}\right) f_{\gamma_{1,t}}(y)\mathrm{d}y + \int_x^\infty \Pr\left(\gamma_{2,t} < \frac{xy+x}{y-x}\right) f_{\gamma_{1,t}}(y)\mathrm{d}y \\
&= 1 - \int_x^\infty f_{\gamma_{1,t}}(y)\mathrm{d}y + \int_x^\infty \Pr\left(\gamma_{2,t} < \frac{xy+x}{y-x}\right) f_{\gamma_{1,t}}(y)\mathrm{d}y \\
&= 1 - \int_x^\infty \left\{1 - F_{\gamma_{2,t}}\left[\frac{(y+1)x}{y-x}\right]\right\} f_{\gamma_{1,t}}(y)\mathrm{d}y
\end{aligned} \tag{2-22}$$

式中，$f_{\gamma_{1,t}}(y)$ 为 $\gamma_{1,t}$ 的概率密度函数；$F_{\gamma_{2,t}}(y)$ 为 $\gamma_{2,t}$ 的累积分布函数。

由于 $\gamma_{1,t}$ 与 $\gamma_{2,t}$ 分别是关于 $\left|g_{1,t}\right|^2$ 与 $\left|g_{2,t}\right|^2$ 的表达式，而 $g_{1,t}$ 与 $g_{2,t}$ 均服从瑞利分布，因此 $\gamma_{1,t}$ 的概率密度函数与 $\gamma_{2,t}$ 的累积分布函数可分别表示为

$$f_{\gamma_{1,t}}(y) = \frac{1}{\tilde{\gamma}_{1,t}}\exp\left(-\frac{y}{\tilde{\gamma}_{1,t}}\right) \tag{2-23}$$

$$F_{\gamma_{2,t}}(y) = 1 - \exp\left(-\frac{y}{\tilde{\gamma}_{2,t}}\right) \tag{2-24}$$

式中，$\tilde{\gamma}_{1,t}=\overline{r}_1 d_{1,t}^{-2\alpha(\text{opt})}$；$\tilde{\gamma}_{2,t}=\overline{r}_2 d_{2,t}^{-2\alpha(\text{opt})}$。

将式（2-23）与式（2-24）代入式（2-22）可得到

$$\begin{aligned}
F_{\gamma_t^{\text{opt}}}(x) &= 1 - \frac{1}{\tilde{\gamma}_{1,t}}\int_x^\infty \exp\left[-\frac{(y+1)x}{\tilde{\gamma}_{2,t}(y-x)} - \frac{y}{\tilde{\gamma}_{1,t}}\right]\mathrm{d}y \\
&= 1 - \frac{1}{\tilde{\gamma}_{1,t}}\exp\left(-\frac{x}{\tilde{\gamma}_{2,t}} - \frac{x}{\tilde{\gamma}_{1,t}}\right)\int_0^\infty \exp\left[-\frac{(x+1)x}{\tilde{\gamma}_{2,t}u} - \frac{u}{\tilde{\gamma}_{1,t}}\right]\mathrm{d}u
\end{aligned} \tag{2-25}$$

进一步利用等式

$$\int_0^\infty x^{v-1}\exp\left(-\frac{\alpha}{x} - \beta x\right)\mathrm{d}x = 2\left(\frac{\alpha}{\beta}\right)^{\frac{v}{2}} \mathrm{K}_v\left(2\sqrt{\alpha\beta}\right) \tag{2-26}$$

式中，$K_v(\cdot)$ 为 v 阶贝塞尔函数。

将式（2-25）化简为

$$F_{\gamma_t^{\text{opt}}}(x)=1-\frac{2}{\left(\tilde{\gamma}_{1,t}\tilde{\gamma}_{2,t}\right)^{\frac{1}{2}}}\exp\left(-\frac{x}{\tilde{\gamma}_{2,t}}-\frac{x}{\tilde{\gamma}_{1,t}}\right)\sqrt{x(x+1)}\mathrm{K}_1\left(2\sqrt{\frac{x(x+1)}{\tilde{\gamma}_{1,t}\tilde{\gamma}_{2,t}}}\right) \tag{2-27}$$

式中，$K_1(\cdot)$ 为一阶修正贝塞尔函数。

令 $x=\gamma_{\text{th}}$，可得到 t 时刻无人机中继通信系统的中断概率计算公式为

$$P_t^{\text{out}}=F_{\gamma_t^{\text{opt}}}(x)\Big|_{x=\gamma_{\text{th}}}=F_{\gamma_t^{\text{opt}}}(\gamma_{\text{th}}) \tag{2-28}$$

为了得到无人机中继通信系统的链路遍历容量，式（2-7）利用泰勒级数展开近似得到

$$C_t\approx\frac{1}{2}\log_2\exp\left[\ln\left(1+E\left[\gamma_t^{\text{opt}}\right]\right)-\frac{E\left[\left(\gamma_t^{\text{opt}}\right)^2\right]-\left(E\left[\gamma_t^{\text{opt}}\right]\right)^2}{2\left(1+E\left[\gamma_t^{\text{opt}}\right]\right)^2}\right] \tag{2-29}$$

式中，$E\left[\gamma_t^{\text{opt}}\right]$ 与 $E\left[\left(\gamma_t^{\text{opt}}\right)^2\right]$ 分别为 γ_t^{opt} 的一阶与二阶均值。

为了得到 C_t 的二阶近似表达式，需要计算得到 $E\left[\left(\gamma_t^{\text{opt}}\right)^\eta\right](\eta=1,2)$ 的解析表达式。由于

$$E\left[\left(\gamma_t^{\text{opt}}\right)^\eta\right]=\int_0^\infty x^\eta f_{\gamma_t^{\text{opt}}}(x)\mathrm{d}x=\eta\int_0^\infty x^{\eta-1}\left[1-F_{\gamma_t^{\text{opt}}}(x)\right]\mathrm{d}x \tag{2-30}$$

将式（2-27）代入式（2-30），可化简得到

$$E\left[\left(\gamma_t^{\text{opt}}\right)^\eta\right]=\frac{2\eta}{\left(\tilde{\gamma}_{1,t}\tilde{\gamma}_{2,t}\right)^{\frac{1}{2}}}\int_0^\infty x^{\eta-\frac{1}{2}}(x+1)^{\frac{1}{2}}\exp\left[-\frac{(\tilde{\gamma}_{1,t}+\tilde{\gamma}_{2,t})x}{\tilde{\gamma}_{1,t}\tilde{\gamma}_{2,t}}\right]\mathrm{K}_1\left(2\sqrt{\frac{x(x+1)}{\tilde{\gamma}_{1,t}\tilde{\gamma}_{2,t}}}\right)\mathrm{d}x \tag{2-31}$$

为了得到 C_t 的闭合表达式，首先将式（2-20）的常数 1 省略，即令 $\hat{\gamma}_t^{\text{opt}}=\dfrac{\gamma_{1,t}\gamma_{2,t}}{\left(\gamma_{1,t}+\gamma_{2,t}\right)}$，与推导式（2-27）的过程相似，可得到 γ_t^{opt} 的累积分布函数为

$$F_{\gamma_t^{\text{opt}}}(x)=1-\frac{2x}{\left(\tilde{\gamma}_{1,t}\tilde{\gamma}_{2,t}\right)^{\frac{1}{2}}}\exp\left(-\frac{x}{\tilde{\gamma}_{2,t}}-\frac{x}{\tilde{\gamma}_{1,t}}\right)\mathrm{K}_1\left(2\sqrt{\frac{1}{\tilde{\gamma}_{1,t}\tilde{\gamma}_{2,t}}}x\right) \tag{2-32}$$

将式（2-32）代入式（2-30），化简后得到

$$E\left[\left(\gamma_t^{\text{opt}}\right)^\eta\right]=\frac{2\eta}{\left(\tilde{\gamma}_{1,t}\tilde{\gamma}_{2,t}\right)^{\frac{1}{2}}}\int_0^\infty x^\eta\exp\left(-\frac{(\tilde{\gamma}_{1,t}+\tilde{\gamma}_{2,t})x}{\tilde{\gamma}_{1,t}\tilde{\gamma}_{2,t}}\right)\mathrm{K}_1\left(2\sqrt{\frac{1}{\tilde{\gamma}_{1,t}\tilde{\gamma}_{2,t}}}x\right)\mathrm{d}x \tag{2-33}$$

根据等式

$$\int_0^\infty x^{\mu-1}\mathrm{e}^{-\alpha x}\mathrm{K}_v(\beta x)\mathrm{d}x=\frac{\sqrt{\pi}(2\beta)^v}{(\alpha+\beta)^{\mu+v}}\frac{\Gamma(\mu+v)\Gamma(\mu-v)}{\Gamma\left(\mu+\frac{1}{2}\right)}\cdot{}_2\mathrm{F}_1\left(\mu+v,v+\frac{1}{2};\mu+\frac{1}{2};\frac{\alpha-\beta}{\alpha+\beta}\right) \tag{2-34}$$

式中，$\Gamma(\cdot)$ 为伽马函数；${}_2F_1(a,b;c;x)$ 为高斯超几何函数。

式（2-33）进一步化简为

$$E\left[\left(\gamma_t^{\text{opt}}\right)^\eta\right]=\frac{8\eta\sqrt{\pi}\Gamma(\eta+2)\Gamma(\eta)}{\tilde{\gamma}_{1,t}\tilde{\gamma}_{2,t}(\alpha+\beta)^{\eta+2}\Gamma\left(\eta+\frac{3}{2}\right)}\cdot{}_2F_1\left(\eta+2,\frac{3}{2};\eta+\frac{3}{2};\frac{\alpha-\beta}{\alpha+\beta}\right) \tag{2-35}$$

式中，$\alpha=\frac{\tilde{\gamma}_{1,t}+\tilde{\gamma}_{2,t}}{\tilde{\gamma}_{1,t}\tilde{\gamma}_{2,t}}$；$\beta=2\sqrt{\frac{1}{\tilde{\gamma}_{1,t}\tilde{\gamma}_{2,t}}}$。

最后，分别令式（2-35）的$\eta=1$和$\eta=2$，并将$E\left[\left(\gamma_t^{\text{opt}}\right)^\eta\right]\Big|_{\eta=1}$与$E\left[\left(\gamma_t^{\text{opt}}\right)^\eta\right]\Big|_{\eta=2}$代入式（2-29），可得到无人机中继通信系统遍历容量的近似计算公式。

2.2.4　数值仿真

为了验证所提出无人机中继通信系统航迹优化方法的正确性，下面构建单天线无人机中继通信仿真系统。系统由 MU 节点、UAV 节点与 BS 节点组成，仿真参数如表 2-1 所示。为了使仿真更接近实际情况，假设 MU 节点在 t=110s 时进行激烈的机动，MU 节点的航向角变化$\frac{\delta_{110}}{\delta_{109}}=-1.7059$。

表 2-1　单天线无人机中继通信系统仿真参数

参数	数值
MU 节点初始位置坐标/m	(3500,1000,0)
UAV 节点初始位置坐标/m	(500,250,350)
BS 节点初始位置坐标/m	(500,3500,0)
MU 节点移动速度/(m/s)	v_M=20
UAV 节点飞行速度/(m/s)	v_U=40
仿真时间/s	300
位置更新时间间隔/s	$\Delta t=1$
路径损耗指数	$\alpha=1$ [9]
信噪比/dB	$\bar{r}_1=\bar{r}_2=70$
中断门限/dB	$\gamma_{\text{th}}=5$

图 2-2 给出了单天线无人机中继通信系统的中继无人机的最佳航迹（UAV 最大转弯角为10°），其中横坐标与纵坐标分别代表直角坐标系的 x 轴与 y 轴。图 2-2 中符号“□”“+”“◇”分别代表 BS 节点、UAV 节点及 MU 节点的初始位置坐标；标识为“理论”的曲线表示所提出的航迹优化方法得到的无人机航迹；标识为“穷举法”的曲线代表穷举法得到的无人机航迹。

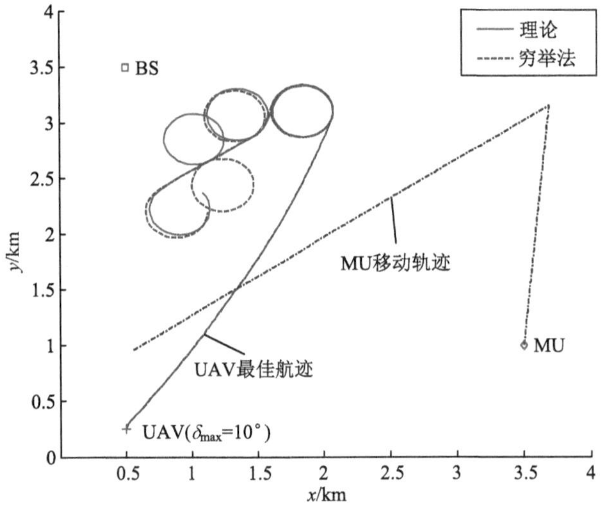

图 2-2　中继无人机的最佳航迹

由图 2-2 曲线可观测到：

1）所提出方法与穷举法得到的无人机航迹保持一致，验证了所提出方法的正确性。

2）由于 UAV 节点的飞行速度大于 MU 节点的移动速度，为保证中继通信系统始终处于最优状态，某些时刻 UAV 节点以绕圆盘旋的方式飞行。

图 2-3 显示了无人机的最大转弯角对飞行航迹的影响。图 2-3 中，MU 节点、UAV 节点及 BS 节点初始位置的标识方法与图 2-2 相同。图 2-3 中标记为实线的曲线代表最大转弯角为10°时无人机的最佳航迹，标记为虚线的曲线代表最大转弯角为15°时无人机的最佳航迹。

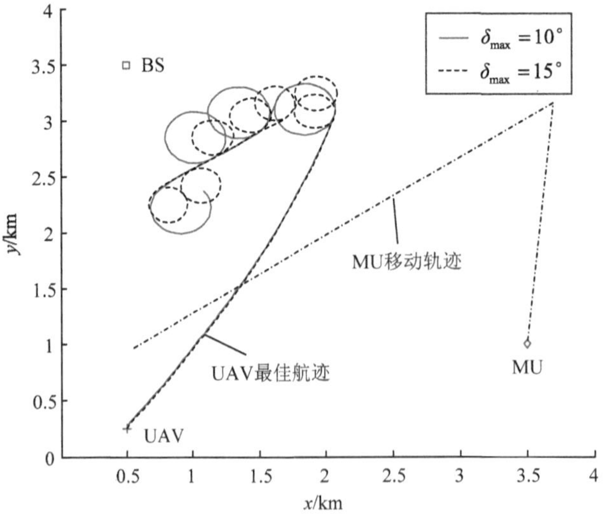

图 2-3　无人机的最大转弯角对飞行航迹的影响

由图 2-3 曲线可观测到，当无人机最大转弯角为15°时，无人机绕圆盘旋半径小于最大转弯角为10°时的绕圆盘旋半径。出现以上现象的原因如下：当 UAV 最大转弯角取值较大时，在更新 UAV 航迹时，UAV 具有更大的选择余地，最终导致最大转弯角较大时，UAV 具有更小的飞行半径；而最大转弯角取值较小时，UAV 具有更大的飞行半径。

图 2-4 显示了无人机的最大转弯角对无人机中继通信系统中断概率及遍历容量的影响，其中横坐标为仿真时间，纵坐标分别为中断概率和遍历容量。图 2-4 中，标识为“理论”的曲线代表根据式（2-28）与式（2-29）计算得到的性能曲线，标识为 MC 的曲线代表通过蒙特卡罗（Monte Carlo，MC）仿真方法得到的曲线。

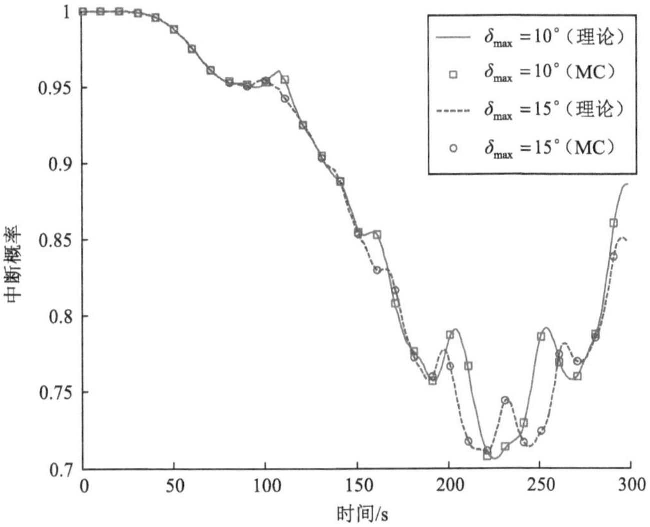

（a）中断概率曲线

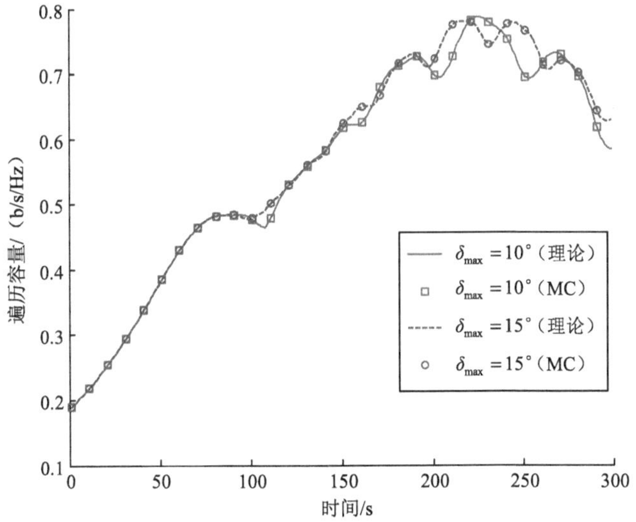

（b）遍历容量曲线

图 2-4　无人机的最大转弯角对中断概率及遍历容量的影响

由图 2-4 曲线可观测到：

1）理论中断概率与遍历容量曲线与蒙特卡罗仿真获得的曲线基本重合，表明了理论分析结果的正确性。

2）无人机的最大转弯角对中断概率和遍历容量影响较小。

2.3 基于波束成形的无人机中继通信系统

2.3.1 系统模型

图 2-5 给出了基于波束成形的无人机中继通信系统[9]。该系统由 BS 节点、UAV 节点及 MU 节点组成。假设 BS 节点与 MU 节点之间距离遥远，或者 BS 节点与 MU 节点间存在高大障碍物的遮拦，则 MU 节点与 BS 节点之间不存在直达通信链路，此时可利用 UAV 搭载中继载荷以构建 MU-UAV-BS 的中继通信链路，实现 MU 节点与 BS 节点间的通信。

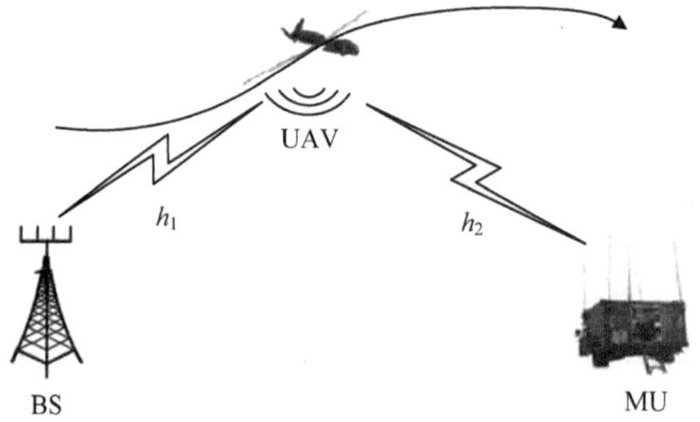

图 2-5 基于波束成形的无人机中继通信系统示意图

假设 MU 节点配置 N_1 根发射天线，BS 节点配置 N_2 根接收天线，考虑到无人机中继载荷体积受限，因此 UAV 节点仅配备单根天线。此外，为了提高 MU-UAV-BS 中继链路的传输可靠性，MU 节点以发射波束成形方式发射信号，UAV 节点采用放大转发方式中继接收信号，BS 节点以接收波束成形方式接收信号。

MU 节点至 BS 节点的数据传输分为两个时隙，t 时刻第 1 个时隙，MU 节点发送信号 $x(t)$ 乘以发送波束成形权矢量 $\boldsymbol{w}_1$ 后送入信道，UAV 节点接收信号表示为[9]

$$r_{\mathrm{U}}(t)=\sqrt{P_1}\boldsymbol{h}_1^{\mathrm{H}}(t)\boldsymbol{w}_1 x(t)+n_1(t) \tag{2-36}$$

式中，P_1 为 MU 节点信号发射功率；$x(t)$ 为发送信号，其满足 $E\left[|x(t)|^2\right]=1$，$E[\cdot]$ 代表求期望运算，$|\cdot|$ 表示求绝对值运算；$\boldsymbol{w}_1$ 为 $N_1\times1$ 的 MU 节点发送波束成形权矢量，其满足 $\|\boldsymbol{w}_1\|_F^2=1$，$\|\cdot\|_F$ 代表矩阵的 F 范数；$n_1(t)$ 为 UAV 节点接收机输入的复高斯白噪声，其均值为 0，方差为 σ_1^2；$\boldsymbol{h}_1(t)$ 为 t 时刻 MU 节点 N_1 个发射天线至 UAV 节点接收天线的

信道矢量，$(\cdot)^{\mathrm{H}}$ 代表矢量的共轭转置，其建模为

$$\boldsymbol{h}_1(t)=\frac{\boldsymbol{g}_1(t)}{d_{1,t}^{\alpha}} \tag{2-37}$$

式中，$\boldsymbol{g}_1(t)$ 为 $N_1\times 1$ 的信道矢量，其每个分量为瑞利衰落的随机变量；$d_{1,t}$ 为 t 时刻 MU 节点至 UAV 节点的距离；α 为信道路径损耗因子。

第 2 时隙，UAV 节点将接收信号 $r_{\mathrm{U}}(t)$ 乘以一个增益因子 G_t：

$$G_t=\sqrt{\frac{1}{P_1\left|\boldsymbol{h}_1^{\mathrm{H}}(t)\boldsymbol{w}_1\right|^2+\sigma_1^2}} \tag{2-38}$$

并以一定发射功率将信号转发至 BS 节点。BS 节点对 UAV 节点转发的信号进行接收波束成形后表示为

$$\begin{aligned}\boldsymbol{r}_{\mathrm{B}}(t)&=\boldsymbol{w}_2^{H}\left[\sqrt{P_2}G_t\boldsymbol{h}_2(t)r_{\mathrm{U}}(t)+\boldsymbol{n}_2(t)\right]\\&=\sqrt{P_1P_2}G_t\boldsymbol{w}_2^{\mathrm{H}}\boldsymbol{h}_2(t)\boldsymbol{h}_1^{\mathrm{H}}(t)\boldsymbol{w}_1x(t)+\sqrt{P_2}G_t\boldsymbol{w}_2^{\mathrm{H}}\boldsymbol{h}_2(t)n_1(t)+\boldsymbol{w}_2^{\mathrm{H}}\boldsymbol{n}_2(t)\end{aligned} \tag{2-39}$$

式中，P_2 为 UAV 节点信号发射功率；$\boldsymbol{w}_2$ 为 $N_2\times 1$ 的 BS 节点接收波束成形权矢量，其满足 $\|\boldsymbol{w}_2\|_F^2=1$；$\boldsymbol{n}_2(t)$ 为 BS 节点接收机输入的 $N_2\times 1$ 的复高斯白噪声矢量，且 $E\left[\boldsymbol{n}_2(t)\cdot\boldsymbol{n}_2^{\mathrm{H}}(t)\right]=\sigma_2^2\cdot\boldsymbol{I}_{N_2}$，$\boldsymbol{I}_{N_2}$ 为 $N_2\times N_2$ 的单位矩阵；$\boldsymbol{h}_2(t)$ 为 UAV 节点至 BS 节点的信道矢量，其建模为

$$\boldsymbol{h}_2(t)=\frac{\boldsymbol{g}_2(t)}{d_{2,t}^{\alpha}} \tag{2-40}$$

式中，$d_{2,t}$ 为 t 时刻 UAV 节点至 BS 节点的距离；$\boldsymbol{g}_2(t)$ 为 $N_2\times 1$ 的信道矢量，其每个分量服从瑞利分布。

为便于叙述，下面引入简洁表示法，即 $\boldsymbol{h}_2=\boldsymbol{h}_2(t)$，$\boldsymbol{h}_1=\boldsymbol{h}_1(t)$，$\boldsymbol{g}_2=\boldsymbol{g}_2(t)$，$\boldsymbol{g}_1=\boldsymbol{g}_1(t)$。

根据式（2-39）给出的 BS 节点接收信号模型，容易分析得到 t 时刻 BS 节点接收信号的瞬时信噪比为[9]

$$\begin{aligned}\gamma_t&=\frac{P_1P_2\boldsymbol{w}_2^{\mathrm{H}}\boldsymbol{h}_2\boldsymbol{h}_1^{\mathrm{H}}\boldsymbol{w}_1\boldsymbol{w}_1^{\mathrm{H}}\boldsymbol{h}_1\boldsymbol{h}_2^{\mathrm{H}}\boldsymbol{w}_2}{P_2\sigma_1^2\boldsymbol{w}_2^{\mathrm{H}}\boldsymbol{h}_2\boldsymbol{h}_2^{\mathrm{H}}\boldsymbol{w}_2+\dfrac{\sigma_2^2}{G_t}}\\&=\frac{\overline{r}_1\overline{r}_2\boldsymbol{w}_2^{\mathrm{H}}\boldsymbol{g}_2\boldsymbol{g}_1^{\mathrm{H}}\boldsymbol{w}_1\boldsymbol{w}_1^{\mathrm{H}}\boldsymbol{g}_1\boldsymbol{g}_2^{\mathrm{H}}\boldsymbol{w}_2}{\overline{r}_1d_{2,t}^{2\alpha}\boldsymbol{g}_1^{\mathrm{H}}\boldsymbol{w}_1\boldsymbol{w}_1^{\mathrm{H}}\boldsymbol{g}_1+\overline{r}_2d_{1,t}^{2\alpha}\boldsymbol{w}_2^{\mathrm{H}}\boldsymbol{g}_2\boldsymbol{g}_2^{\mathrm{H}}\boldsymbol{w}_2}\end{aligned} \tag{2-41}$$

式中，$\overline{r}_i=\dfrac{P_i}{\sigma_i^2}(i=1,2)$ 为每跳链路的平均信噪比。

2.3.2　中继无人机的航迹优化方法

在 MU-UAV-BS 中继链路中，影响中继链路传输可靠性的因素包括 MU 节点发射机阵列天线波束成形权矢量、UAV 飞行航迹及 BS 节点接收机阵列天线的权矢量。下面首先基于中继链路接收机输入信噪比最大化准则来优化 MU 节点发射机及 BS 节点接收机的阵列天线的权矢量，随后进一步给出 UAV 节点航迹优化方法。

以 BS 节点接收机输入信噪比最大化准则为基础，t 时刻 MU-UAV-BS 中继链路最优化问题可表述为[9]

$$\left\{\boldsymbol{w}_1^{\text{opt}},\boldsymbol{w}_2^{\text{opt}}\right\}=\arg\max_{\boldsymbol{w}_1,\boldsymbol{w}_2}\frac{\overline{r}_1\overline{r}_2\boldsymbol{w}_2^{\text{H}}\boldsymbol{g}_2\boldsymbol{g}_1^{\text{H}}\boldsymbol{w}_1\boldsymbol{w}_1^{\text{H}}\boldsymbol{g}_1\boldsymbol{g}_2^{\text{H}}\boldsymbol{w}_2}{\overline{r}_1d_{2,t}^{2\alpha}\boldsymbol{g}_1^{\text{H}}\boldsymbol{w}_1\boldsymbol{w}_1^{\text{H}}\boldsymbol{g}_1+\overline{r}_2d_{1,t}^{2\alpha}\boldsymbol{w}_2^{\text{H}}\boldsymbol{g}_2\boldsymbol{g}_2^{\text{H}}\boldsymbol{w}_2} \tag{2-42}$$
$$\text{s.t.}\ \ \boldsymbol{w}_1^{\text{H}}\boldsymbol{w}_1=\boldsymbol{w}_2^{\text{H}}\boldsymbol{w}_2=1$$

式（2-42）可重新表述为

$$\left\{\boldsymbol{w}_1^{\text{opt}},\boldsymbol{w}_2^{\text{opt}}\right\}=\arg\min_{\boldsymbol{w}_1,\boldsymbol{w}_2}\frac{d_{1,t}^{2\alpha}}{\overline{r}_1\boldsymbol{w}_1^{\text{H}}\boldsymbol{g}_1\boldsymbol{g}_1^{\text{H}}\boldsymbol{w}_1}+\frac{d_{2,t}^{2\alpha}}{\overline{r}_2\boldsymbol{w}_2^{\text{H}}\boldsymbol{g}_2\boldsymbol{g}_2^{\text{H}}\boldsymbol{w}_2} \tag{2-43}$$
$$\text{s.t.}\ \ \boldsymbol{w}_1^{\text{H}}\boldsymbol{w}_1=\boldsymbol{w}_2^{\text{H}}\boldsymbol{w}_2=1$$

考虑到权矢量 $\boldsymbol{w}_1$ 与 $\boldsymbol{w}_2$ 相互独立，因此式（2-43）表述的最优化问题可等效为下面两个优化问题：

$$\boldsymbol{w}_1^{\text{opt}}=\arg\max_{\boldsymbol{w}_1}\boldsymbol{w}_1^{\text{H}}\boldsymbol{g}_1\boldsymbol{g}_1^{\text{H}}\boldsymbol{w}_1,\ \text{s.t.}\ \boldsymbol{w}_1^{\text{H}}\boldsymbol{w}_1=1 \tag{2-44}$$

和

$$\boldsymbol{w}_2^{\text{opt}}=\arg\max_{\boldsymbol{w}_2}\boldsymbol{w}_2^{\text{H}}\boldsymbol{g}_2\boldsymbol{g}_2^{\text{H}}\boldsymbol{w}_2,\ \text{s.t.}\ \boldsymbol{w}_2^{\text{H}}\boldsymbol{w}_2=1 \tag{2-45}$$

对于式（2-44）给出的优化问题，由于 $\boldsymbol{g}_1\boldsymbol{g}_1^{\text{H}}$ 为厄米特矩阵，且矩阵的秩 $\text{rank}\left(\boldsymbol{g}_1\boldsymbol{g}_1^{\text{H}}\right)=1$，对 $\boldsymbol{g}_1\boldsymbol{g}_1^{\text{H}}$ 进行特征值分解可得到

$$\boldsymbol{g}_1\boldsymbol{g}_1^{\text{H}}=\boldsymbol{V}_1\boldsymbol{\Sigma}_1\boldsymbol{V}_1^{\text{H}},\ \ \boldsymbol{\Sigma}_1=\text{diag}\left(\|\boldsymbol{g}_1\|_F^2,0,\cdots,0\right) \tag{2-46}$$

式中，$\boldsymbol{V}_1=\left[\boldsymbol{v}_{1,1},\boldsymbol{v}_{1,2},\cdots,\boldsymbol{v}_{1,N_1}\right]$ 为 $N_1\times N_1$ 的酉矩阵，且 $\boldsymbol{v}_{1,1}=\dfrac{\boldsymbol{g}_1}{\|\boldsymbol{g}_1\|_F^2}$；$\text{diag}(a_1,a_2,\cdots,a_N)$ 为对角矩阵，且对角元素为 $a_1,a_2,\cdots,a_N$。

根据厄米特矩阵瑞利熵的有界性质可知

$$\frac{\boldsymbol{w}_1^{\text{H}}\boldsymbol{g}_1\boldsymbol{g}_1^{\text{H}}\boldsymbol{w}_1}{\boldsymbol{w}_1^{\text{H}}\boldsymbol{w}_1}\leqslant\lambda_{\max}\left(\boldsymbol{g}_1\boldsymbol{g}_1^{\text{H}}\right)=\|\boldsymbol{g}_1\|_F^2 \tag{2-47}$$

式中，$\lambda_{\max}(\boldsymbol{A})$ 为矩阵 $\boldsymbol{A}$ 的最大特征值。

式（2-47）取等号的条件为

$$\boldsymbol{w}_1^{\text{opt}}=\boldsymbol{u}_{\max}\left(\boldsymbol{g}_1\boldsymbol{g}_1^{\text{H}}\right)=\boldsymbol{v}_{1,1}=\frac{\boldsymbol{g}_1}{\|\boldsymbol{g}_1\|_F^2} \tag{2-48}$$

式中，$\boldsymbol{u}_{\max}(\boldsymbol{A})$ 为矩阵 $\boldsymbol{A}$ 最大特征值对应的特征向量。

采用相同分析方法，可得到式（2-45）的解为[9]

$$\boldsymbol{w}_2^{\text{opt}}=\frac{\boldsymbol{g}_2}{\|\boldsymbol{g}_2\|_F^2} \tag{2-49}$$

将式（2-48）和式（2-49）获得的 MU 节点及 BS 节点最优权矢量代入式（2-41），可得到 t 时刻 BS 节点接收信号的最大输入信噪比为

$$\gamma_t^{\max}=\frac{\overline{r}_1\|\boldsymbol{g}_1\|_F^2\cdot\overline{r}_2\|\boldsymbol{g}_2\|_F^2}{\overline{r}_1\|\boldsymbol{g}_1\|_F^2d_{2,t}^{2\alpha}+\overline{r}_2\|\boldsymbol{g}_2\|_F^2d_{1,t}^{2\alpha}} \tag{2-50}$$

下面对 UAV 节点的飞行航迹进行优化。为了得到 UAV 节点至 MU 节点及 BS 节点的距离，建立三维直角坐标系，设 t 时刻 MU 节点、BS 节点及 UAV 节点的三维坐标分别为 $(x_{1,t}, y_{1,t}, 0)$、$(x_{2,t}, y_{2,t}, 0)$ 和 (x_t, y_t, h_t)，则 UAV 节点至 MU 节点及 BS 节点的距离为

$$d_{i,t} = \sqrt{(x_t - x_{i,t})^2 + (y_t - y_{i,t})^2 + h_t^2}, \quad i = 1,2 \tag{2-51}$$

假定 UAV 的飞行高度恒定为 h，UAV 的飞行速度恒定为 v，根据 Dubin 运动模型，t 时刻 UAV 节点的坐标为

$$\begin{cases} x_t = x_{t-\Delta t} + v\Delta t \cos\delta_t \\ y_t = y_{t-\Delta t} + v\Delta t \sin\delta_t \end{cases} \tag{2-52}$$

式中，Δt 为无人机航向角的更新间隔；δ_t 为 t 时刻 UAV 的航向角，且满足 $\delta_t \in [\delta_{t-\Delta t} - \delta_{\max}, \delta_{t-\Delta t} + \delta_{\max}]$，其中 $\delta_{\max}$ 为 UAV 的最大转弯角。

将式（2-52）代入式（2-51），并利用麦克劳林级数展开后得到

$$\begin{aligned} d_{i,t}^{2\alpha} &= \left[(x_{t-\Delta t} + v\Delta t\cos\delta_t - x_{i,t})^2 + (y_{t-\Delta t} + v\Delta t\sin\delta_t - y_{i,t})^2 + h^2\right]^{\alpha} \\ &= a_{i,t}^{\alpha} + \rho_{i,t}\cos(\delta_t - \phi_{i,t}) \end{aligned} \tag{2-53}$$

式中，

$$\begin{cases} a_{i,t} = (x_{t-\Delta t} - x_{i,t})^2 + (y_{t-\Delta t} - y_{i,t})^2 + v^2\Delta t^2 + h^2 \\ \rho_{i,t} = \alpha a_{i,t}^{\alpha-1}\sqrt{b_{i,t}^2 + c_{i,t}^2} \\ \phi_{i,t} = \begin{cases} \arctan\dfrac{b_{i,t}}{c_{i,t}}, & b_{i,t} \geqslant 0 \\ \arctan\dfrac{b_{i,t}}{c_{i,t}} + \pi, & b_{i,t} < 0 \end{cases} \\ b_{i,t} = 2v(x_{t-\Delta t} - x_{i,t})\Delta t \\ c_{i,t} = 2v(y_{t-\Delta t} - y_{i,t})\Delta t \end{cases} \tag{2-54}$$

由式（2-54）可知，$d_{i,t}^{2\alpha}$ 可近似表示为 UAV 航向角 δ_t 余弦的形式，即无人机的航向角 δ_t 的选择可影响 MU 节点至 UAV 节点的距离 $d_{1,t}$ 及 UAV 节点至 BS 节点的距离 $d_{2,t}$。因此，可通过改变 UAV 的航向角来改变其飞行航迹，最终使中继链路的可靠性最优。

根据式（2-50），BS 节点接收信号的平均信噪比为

$$\overline{\gamma}_t^{\max} = E_{\boldsymbol{g}_1,\boldsymbol{g}_2}\left(\frac{\overline{r}_1\|\boldsymbol{g}_1\|_F^2 \cdot \overline{r}_2\|\boldsymbol{g}_2\|_F^2}{\overline{r}_1\|\boldsymbol{g}_1\|_F^2 d_{2,t}^{2\alpha} + \overline{r}_2\|\boldsymbol{g}_2\|_F^2 d_{1,t}^{2\alpha}}\right) \tag{2-55}$$

对式（2-55）进行一阶泰勒级数展开，式（2-55）可近似表示为

$$\begin{aligned} \overline{\gamma}_t^{\max} &\approx \frac{\overline{r}_1 \cdot E_{\boldsymbol{g}_1}\left[\|\boldsymbol{g}_1\|_F^2\right] \cdot \overline{r}_2 \cdot E_{\boldsymbol{g}_2}\left[\|\boldsymbol{g}_2\|_F^2\right]}{\overline{r}_1 E_{\boldsymbol{g}_1}\left[\|\boldsymbol{g}_1\|_F^2\right] d_{2,t}^{2\alpha} + \overline{r}_2 E_{\boldsymbol{g}_2}\left[\|\boldsymbol{g}_2\|_F^2\right] d_{1,t}^{2\alpha}} \\ &= \frac{\gamma_{1,t}\gamma_{2,t}}{\gamma_{1,t} d_{2,t}^{2\alpha} + \gamma_{2,t} d_{1,t}^{2\alpha}} \end{aligned} \tag{2-56}$$

式中，$\gamma_{i,t} = \overline{r}_i \cdot E_{\boldsymbol{g}_i}\left[\|\boldsymbol{g}_i\|_F^2\right] (i = 1,2)$。

基于中继链路平均信噪比最大化准则，UAV 航迹优化问题可表述为

$$\delta_t^{\text{opt}} = \arg\max_{\delta_t} \frac{\gamma_{1,t}\gamma_{2,t}}{\gamma_{1,t}d_{2,t}^{2\alpha} + \gamma_{2,t}d_{1,t}^{2\alpha}} \qquad \text{s.t.} \quad \left|\delta_t - \delta_{t-\Delta t}\right| \leqslant \delta_{\max} \tag{2-57}$$

式（2-57）的优化问题可进一步化简为

$$\delta_t^{\text{opt}} = \arg\min_{\delta_t}\left\{\gamma_{1,t}d_{2,t}^{2\alpha} + \gamma_{2,t}d_{1,t}^{2\alpha}\right\} \qquad \text{s.t.} \quad \left|\delta_t - \delta_{t-\Delta t}\right| \leqslant \delta_{\max} \tag{2-58}$$

将式（2-53）代入式（2-58），化简后得到

$$\begin{aligned}\gamma_{1,t}d_{2,t}^{2\alpha} + \gamma_{2,t}d_{1,t}^{2\alpha} &\approx \gamma_{1,t}a_{2,t}^{\alpha} + \gamma_{2,t}a_{1,t}^{\alpha}\rho_{2,t}\cos\left(\delta_t - \phi_{2,t}\right) + \gamma_{2,t}\rho_{1,t}\cos\left(\delta_t - \phi_{1,t}\right) \\ &= \zeta_t + \psi_t\cos\left(\delta_t - \varphi_t\right)\end{aligned} \tag{2-59}$$

式中，

$$\begin{cases}\zeta_t = \gamma_{1,t}a_{2,t}^{\alpha} + \gamma_{2,t}a_{1,t}^{\alpha} \\ \psi_t = \left[2\gamma_{1,t}\gamma_{2,t}\rho_{1,t}\rho_{2,t}\cos\left(\phi_{2,t} - \phi_{1,t}\right) + \gamma_{1,t}^2\rho_{2,t}^2 + \gamma_{2,t}^2\rho_{1,t}^2\right]^{\frac{1}{2}} \\ \varphi_t = \begin{cases}-\arctan\dfrac{\varsigma_t}{\tau_t}, & \tau_t \geqslant 0 \\ -\arctan\dfrac{\varsigma_t}{\tau_t} + \pi, & \tau_t < 0\end{cases} \\ \varsigma_t = \gamma_{1,t}\rho_{2,t}\sin\phi_{2,t} + \gamma_{2,t}\rho_{1,t}\sin\phi_{1,t} \\ \tau_t = \gamma_{1,t}\rho_{2,t}\cos\phi_{2,t} + \gamma_{2,t}\rho_{1,t}\cos\phi_{1,t}\end{cases} \tag{2-60}$$

由式（2-60）可知，式（2-59）优化问题的目标函数可表示为 UAV 航向角余弦函数的形式。式（2-59）的优化问题可进一步表示为

$$\delta_t^{\text{opt}} = \arg\min_{\delta_t} \zeta_t + \psi_t\cos\left(\delta_t - \varphi_t\right) \qquad \text{s.t.} \left|\delta_t - \delta_{t-\Delta t}\right| \leqslant \delta_{\max} \tag{2-61}$$

式（2-61）化简后得到最优解为[9]

$$\delta_t^{\text{opt}} = \begin{cases}\tilde{\delta}_t, & \delta_t^l < \tilde{\delta}_t < \delta_t^u \\ \delta_t^l, & \text{mod}_\pi\left|\delta_t^l - \tilde{\delta}_t\right| \leqslant \text{mod}_\pi\left|\delta_t^u - \tilde{\delta}_t\right| \\ \delta_t^u, & \text{mod}_\pi\left|\delta_t^l - \tilde{\delta}_t\right| > \text{mod}_\pi\left|\delta_t^u - \tilde{\delta}_t\right|\end{cases} \tag{2-62}$$

式中，$\tilde{\delta}_t = \text{mod}_{2\pi}(\pi + \varphi_t)$；$\delta_t^l = \delta_{t-\Delta t} - \delta_{\max}$；$\delta_t^u = \delta_{t-\Delta t} + \delta_{\max}$；$\text{mod}_a(b)$ 为模运算符。

2.3.3 链路中断概率

中断概率是衡量无线通信系统链路传输可靠性的重要技术指标，其定义为接收信噪比低于门限值 γ_{th} 的概率[12]：

$$P_t^{\text{out}} = \Pr\left(\gamma_t^{\text{opt}} \leqslant \gamma_{\text{th}}\right) = F_{\gamma_t^{\text{opt}}}\left(\gamma_{\text{th}}\right) \tag{2-63}$$

式中，$F_{\gamma_t^{\text{opt}}}(x)$ 为 γ_t^{opt} 的累积分布函数，其表达式为

$$
\begin{aligned}
F_{\gamma_t^{\text{opt}}}(x) &= \Pr\left(\frac{\gamma_{1,t}\gamma_{2,t}}{\gamma_{1,t}d_{2,t}^{2\alpha}+\gamma_{2,t}d_{1,t}^{2\alpha}} \leqslant x\right) \\
&= \int_0^{d_{1,t}^{2\alpha}x} \Pr\left(\gamma_{2,t} > \frac{d_{2,t}^{2\alpha}xy}{y-d_{1,t}^{2\alpha}x}\right) f_{\gamma_{1,t}}(y)\,\mathrm{d}y + \int_{d_{1,t}^{2\alpha}x}^{\infty} \Pr\left(\gamma_{2,t} < \frac{d_{2,T}^{2\alpha}xy}{y-d_{1,T}^{2\alpha}x}\right) f_{\gamma_{1,t}}(y)\,\mathrm{d}y \\
&= 1-\int_{d_{1,t}^{2\alpha}x}^{\infty}\left[1-F_{\gamma_{2,t}}\left(\frac{d_{2,t}^{2\alpha}xy}{y-d_{1,t}^{2\alpha}x}\right)\right] f_{\gamma_{1,t}}(y)\,\mathrm{d}y
\end{aligned} \tag{2-64}
$$

式中，$f_{\gamma_{1,t}}(x)$ 为 $\gamma_{1,t}$ 的概率密度函数。

考虑到 MU-UAV 与 UAV-BS 两跳链路信道均服从瑞利衰落，因此 $\gamma_{i,t}\,(i=1,2)$ 均服从 $2N_i$ 个自由度的卡方分布。$\gamma_{i,t}$ 的概率密度函数与累积分布函数分别表示为

$$
f_{\gamma_{1,t}}(x) = \frac{x^{N_1-1}}{\overline{r}_1^{N_1}(N_1-1)!}\exp\left(-\frac{x}{\overline{r}_1}\right) \tag{2-65}
$$

$$
F_{\gamma_{2,t}}(x) = 1-\exp\left(-\frac{x}{\overline{r}_2}\right)\sum_{i=0}^{N_2-1}\frac{1}{i!}\left(\frac{x}{\overline{r}_2}\right)^i \tag{2-66}
$$

将式（2-65）与式（2-66）代入式（2-64），整理后得到

$$
\begin{aligned}
F_{\gamma_t^{\text{opt}}}(x) = 1 - \sum_{i=0}^{N_2-1}\frac{1}{i!(N_1-1)!}\left(\frac{1}{\overline{r}_1}\right)^{N_1}\left(\frac{d_{2,t}^{2\alpha}x}{\overline{r}_2}\right)^i \\
\cdot \underbrace{\int_{d_{1,t}^{2\alpha}x}^{\infty}\exp\left[-\frac{d_{2,t}^{2\alpha}xy}{\overline{r}_2\left(y-d_{1,t}^{2\alpha}x\right)}-\frac{y}{\overline{r}_1}\right]\frac{y^{N_1+i-1}}{\left(y-d_{1,t}^{2\alpha}x\right)^i}\mathrm{d}y}_{I_1}
\end{aligned} \tag{2-67}
$$

令 $u=y-d_{i,t}^{2\alpha}x$，则 I_1 式可变形为

$$
\begin{aligned}
I_1 &= \exp\left[-\left(\frac{d_{1,t}^{2\alpha}}{\overline{r}_1}+\frac{d_{2,t}^{2\alpha}}{\overline{r}_2}\right)x\right]\int_0^{\infty}\exp\left(-\frac{u}{\overline{r}_1}-\frac{d_{1,t}^{2\alpha}d_{2,tt}^{2\alpha}x^2}{\overline{r}_2}\cdot\frac{1}{u}\right)u^{-i}\left(d_{i,t}^{2\alpha}x+u\right)^{N_1+i-1}\mathrm{d}u \\
&= \exp\left[-\left(\frac{d_{1,t}^{2\alpha}}{\overline{r}_1}+\frac{d_{2,t}^{2\alpha}}{\overline{r}_2}\right)x\right]\sum_{j=0}^{N_1+i-1}\binom{N_1+i-1}{j}\left(d_{1,t}^{2\alpha}x\right)^j \\
&\quad \cdot\int_0^{\infty}u^{N_1-j-1}\exp\left(-\frac{u}{\overline{r}_1}-\frac{d_{1,t}^{2\alpha}d_{2,t}^{2\alpha}x^2}{\overline{r}_2}\cdot\frac{1}{u}\right)\mathrm{d}u
\end{aligned} \tag{2-68}
$$

式中，$\binom{N_1+i-1}{j}=\dfrac{j!}{(N_1+i-1)!(N_1+i-1-j)!}$ 为二项式。

进一步利用等式（2-69）：

$$
\int_0^{\infty}x^{v-1}\exp\left(-\frac{\alpha}{x}-\beta x\right)\mathrm{d}x = 2\left(\frac{\alpha}{\beta}\right)^{\frac{v}{2}}\mathrm{K}_v\left(2\sqrt{\alpha\beta}\right) \tag{2-69}
$$

式中，$\mathrm{K}_v(\cdot)$ 为 v 阶贝塞尔函数。

式（2-68）进一步表示为

$$I_1 = 2x^{N_1} \exp\left[-\left(\frac{d_{1,t}^{2\alpha}}{\overline{r}_1}+\frac{d_{2,t}^{2\alpha}}{\overline{r}_2}\right)x\right]\sum_{j=0}^{N_1+i-1}\binom{N_1+i-1}{j}\left(d_{1,t}^{2\alpha}\right)^{\frac{N_1+i}{2}}\left(\frac{d_{2,t}^{2\alpha}\overline{r}_1}{\overline{r}_2}\right)^{\frac{N_1-j}{2}}\mathrm{K}_{N_1-j}\left(2\sqrt{\frac{d_{1,t}^{2\alpha}d_{2,T}^{2\alpha}}{\overline{r}_1\overline{r}_2}x}\right) \tag{2-70}$$

将式（2-70）代入式（2-67），整理后得到

$$F_{\gamma_t^{\mathrm{opt}}}(x)=1-2\exp\left[-\left(\frac{d_{1,t}^{2\alpha}}{\overline{r}_1}+\frac{d_{2,t}^{2\alpha}}{\overline{r}_2}\right)x\right]\sum_{i=0}^{N_2-1}\sum_{j=0}^{N_1+i-1}\binom{N_1+i-1}{j}\frac{x^{N_1+i}}{i!(N_1-1)!}\left(\frac{d_{1,t}^{2\alpha}}{\overline{r}_1}\right)^{\frac{N_1+j}{2}}$$
$$\cdot\left(\frac{d_{2,t}^{2\alpha}}{\overline{r}_2}\right)^{\frac{N_1+2i-j}{2}}\mathrm{K}_{N_1-j}\left(2\sqrt{\frac{d_{1,t}^{2\alpha}d_{2,t}^{2\alpha}}{\overline{r}_1\overline{r}_2}x}\right) \tag{2-71}$$

2.3.4 数值仿真

为了验证基于波束成形的无人机中继通信系统 UAV 航迹优化方法的正确性，设计实现了基于波束成形的无人机中继通信仿真系统。仿真系统由 MU 节点、UAV 节点及 BS 节点组成。BS 节点与 MU 节点分别配置 N_1 和 N_2 根天线，UAV 节点配置单根天线。为了使仿真接近实际系统，假设 MU 节点在 t=110s 时进行急剧机动，转向时的航向角满足 $\frac{\delta_{110}}{\delta_{109}}=-1.7059$。表 2-2 给出了基于波束成形的无人机中继通信系统仿真参数。

表 2-2　基于波束成形的无人机中继通信系统仿真参数

参数	数值
MU 节点初始位置坐标/m	(3500,1000,0)
UAV 节点初始位置坐标/m	(500,250,350)
BS 节点初始位置坐标/m	(500,3500,0)
MU 节点移动速度/(m/s)	v_{M}=20
UAV 节点飞行速度/(m/s)	v_{U}=40
仿真时间/s	300
位置更新时间间隔/s	$\Delta t=1$
路径损耗指数	$\alpha=1$ [9]
信噪比/dB	$\overline{r}_1=\overline{r}_2=70$
中断门限/dB	$\gamma_{\mathrm{th}}=11$

图 2-6 显示了 UAV 节点随 MU 节点移动时的最佳航迹（$N_1=N_2=4$，最大转弯角 $\delta_{\max}=10°$），横坐标与纵坐标分别代表直角坐标系的 x 轴与 y 轴。图 2-6 中的标识“□”“+”“◇”分别代表 BS 节点、UAV 节点及 MU 节点的初始位置坐标。

由图 2-6 曲线可观测到：由于 UAV 节点的飞行速度大于 MU 节点的移动速度，因此为了保障中继通信系统链路始终处于最佳状态，在某些时刻，UAV 节点需要以绕圆盘旋方式飞行。

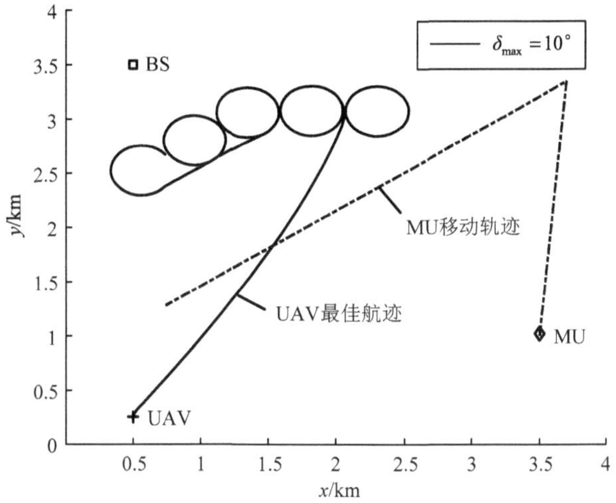

图 2-6　UAV 的最佳航迹

图 2-7 显示了 BS 节点接收天线数目对 UAV 飞行航迹的影响。图 2-7 中 BS 节点、UAV 节点及 MU 节点初始位置的标识方法与图 2-6 相同。图 2-7 中的实线表示 $N_1=4, N_2=4$ 的 UAV 飞行航迹，虚线表示 $N_1=4, N_2=6$ 的 UAV 飞行航迹。

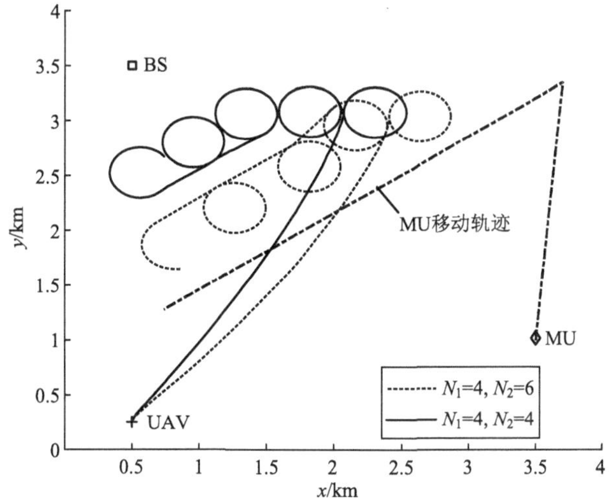

图 2-7　BS 节点接收天线数目对 UAV 飞行航迹的影响

由图 2-7 曲线可观测到：随着 BS 节点接收天线数目的增加，UAV-BS 链路的传输可靠性增加。此时，为了保障整个链路的传输最优，UAV 的飞行航迹将更接近 MU 节点。

图 2-8 显示了 BS 节点天线数目对中断概率性能的影响，其中横坐标为仿真时间，纵坐标为中断概率。图 2-8 中的实线表示 $N_1=4, N_2=4$ 的理论中断概率性能曲线，符号“○”表示 $N_1=4, N_2=4$ 的中断概率性能仿真结果；虚线表示 $N_1=4, N_2=6$ 的理论中断概率性能曲线，符号“□”表示 $N_1=4, N_2=6$ 的中断概率性能仿真结果。

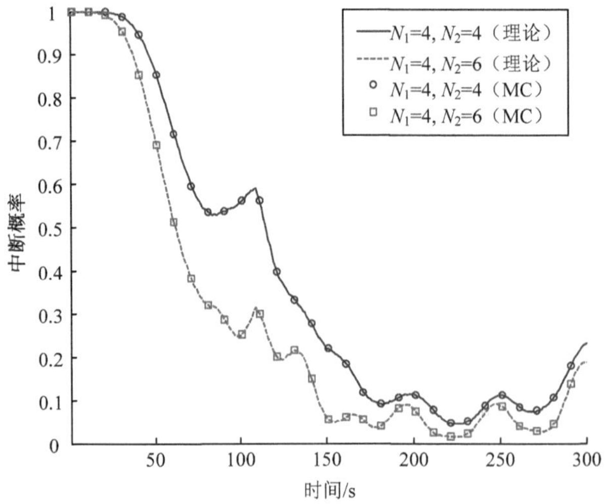

图 2-8　BS 节点天线数目对中断概率性能的影响

由图 2-8 曲线可观测到：

1）理论中断概率性能曲线与仿真性能曲线一致，验证了理论分析的正确性。

2）与 $N_1 = 4, N_2 = 4$ 系统相比，$N_1 = 4, N_2 = 6$ 系统的中断概率更低，表明增加 BS 节点接收天线的数目，有助于提高无人机中继通信系统的链路传输可靠性。

图 2-9 显示了 UAV 的最大转弯角对 UAV 飞行航迹的影响（最大转弯角分别为$10°$与$15°$），其中 BS 节点、UAV 节点及 MU 节点初始位置的标注方法与图 2-6 相同。图 2-9 中的实线表示 $\delta_{max} = 10°$ 的 UAV 飞行航迹，虚线表示 $\delta_{max} = 15°$ 的 UAV 飞行航迹。

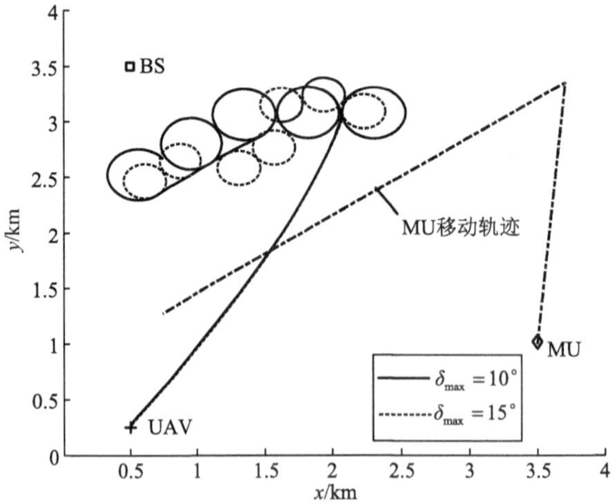

图 2-9　UAV 节点的最大转弯角对 UAV 节点飞行航迹的影响

由图 2-9 曲线可观测到：$\delta_{max} = 15°$ 的 UAV 的绕圆盘旋半径小于 $\delta_{max} = 10°$ 的 UAV 绕圆盘旋半径。

图 2-10 显示了 UAV 的最大转弯角对中断概率性能的影响（最大转弯角分别为$10°$与

15°)。图 2-10 中的实线表示 $\delta_{max}=10°$ 的理论中断概率性能曲线，符号“○”表示 $\delta_{max}=10°$ 的中断概率性能仿真结果；虚线表示 $\delta_{max}=15°$ 的理论中断概率性能曲线，符号“□”表示 $\delta_{max}=15°$ 的中断概率性能仿真结果。

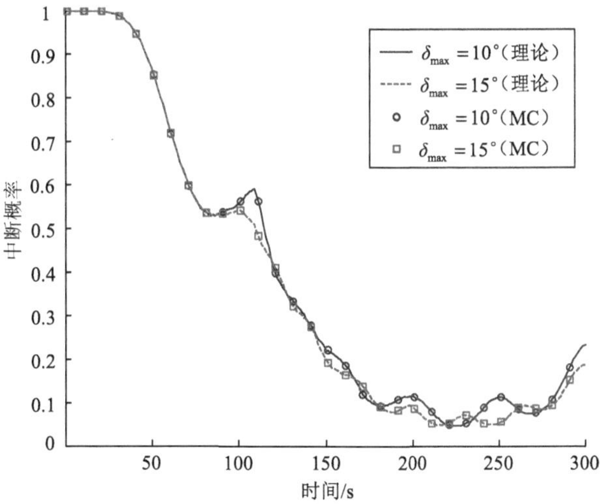

图 2-10　UAV 节点的最大转弯角对中断概率性能的影响

由图 2-10 曲线可观测到：

1）理论性能曲线与仿真性能曲线完全一致，表明理论分析结果的正确性。

2）UAV 的最大转弯角对系统中断概率性能基本没有影响。

本 章 小 结

本章介绍了两种点对点无人机中继通信系统的航迹优化方法。针对单天线无人机中继通信系统，介绍了基于遍历容量最大化准则的无人机航迹优化方法；针对基于波束成形的无人机中继通信系统，介绍了基于平均信噪比最大化准则的无人机航迹优化方法。

本章研究结论如下：①通过中继无人机的航迹优化，可提高无人机中继通信系统链路传输可靠性；②无人机的最大转弯角对中继通信系统中断概率及遍历容量性能基本没有影响；③增加基站接收天线的数目，有助于 BS 接收机获取空间分集增益，从而改善无人机中继通信系统链路传输的可靠性。

参 考 文 献

[1] MOZAFFARI M, SAAD W, BENNIS M, et al. A tutorial on UAVs for wireless networks: applications, challenges, and open problems[J]. IEEE Communications Surveys & Tutorials, 2019, 21(3): 2334-2360.

[2] ZENG Y, ZHANG R, TENG J L. Wireless communications with unmanned aerial vehicles: opportunities and challenges[J]. IEEE Communications Magazine, 2016, 54(5): 36-42.

[3] ZHAN P, YU K, SWINDLEHURST A L. Wireless relay communications using ann Unmanned Aerial Vehicle[C]// IEEE Workshop on Signal Processing Advances in Wireless Communications. Cannes:IEEE, 2006: 1-5.

[4] CHOI D H, KIM S H, SUNG D K. Energy-efficient maneuvering and communication of a single UAV-based relay[J]. IEEE Transactions on Aerospace and Electronic Systems, 2014, 50(3): 2320-2327.

[5] ZENG Y, ZHANG R, TENG J L. Throughput maximization for UAV-enabled mobile relaying systems[J]. IEEE Transactions on Communications, 2016, 64(12): 4983-4996.

[6] ZENG Y, ZHANG R. Energy-efficient UAV communication with trajectory optimization[J]. IEEE Transactions on Wireless Communications, 2017, 16(6): 3747-3760.

[7] JIANG X, WU Z, YIN Z, et al. Power and trajectory optimization for UAV-enabled amplify-and-forward relay networks[J]. IEEE Access, 2018, (6): 48688-48696.

[8] ZHANG S, ZHANG H, HE Q, et al. Joint trajectory and power optimization for UAV relay networks[J]. IEEE Communications Letters, 2018, 22(1): 161-164.

[9] OUYANG J, ZHUANG Y, LIN M. Optimization of beamforming and path planning for UAV-assisted wireless relay networks[J]. Chinese Journal of Aeronautics, 2014, 27(2): 313-320.

[10] 赵文强. 点对点无人机中继通信系统航迹规划方法研究[D]. 天津：中国民航大学，2018.

[11] ZHAN P, YU K, SWINDLEHURST A L. Wireless relay communications with unmanned aerial vehicles: performance and optimization[J]. IEEE Transactions on Aerospace and Electronics Systems, 2011, 47(3): 2068-2085.

[12] SIMON M K, ALOUINI M S. Digital communication over fading channels[M]. 2nd ed. New York: John Wiley & Sons, 2005.

[13] DUBINS L E. On curves of minimal length with a constraint on average curvature, and with prescribed initial and terminal positions and tangents[J]. American Journal of mathematics, 1957, 79(3): 497-516.

[14] 刘重，高晓光，符小卫. 基于通信与观测联合优化的多无人机协同目标跟踪控制[J]. 控制与决策，2018, 33(10):1747-1756.

附　录

图 1 给出了无人机位置坐标更新关系，其中 x 方向为磁北方向。假设 $t-\Delta t$ 时刻无人机位于 A 点，其坐标为 $(x_{t-\Delta t}, y_{t-\Delta t})$，其中 Δt 代表无人机航向角的更新周期。在 $(t-\Delta t,\ t]$ 时间间隔内无人机的航向角固定为 δ_t（也称为 t 时刻无人机的航向角），无人机飞行速度记为 v，$(t-\Delta t,\ t]$ 时间段内无人机由 A 点飞行至 B 点 (x_t, y_t)，则 A 点与 B 点的距离为 $v\Delta t$。根据 A 点与 B 点的几何关系，容易知道 B 点位置坐标为

$$x_t = x_{t-\Delta t} + \Delta x = x_{t-\Delta t} + v\Delta t \cdot \cos\delta_t \tag{1}$$

$$y_t = y_{t-\Delta t} + \Delta y = y_{t-\Delta t} + v\Delta t \cdot \sin\delta_t \tag{2}$$

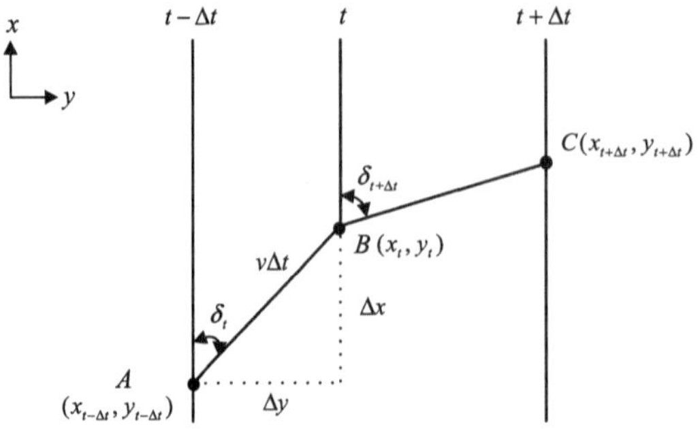

图 1　无人机位置坐标更新关系

第 3 章　空时分组编码的无人机中继通信系统

3.1　引　　言

在无人机中继通信系统中，由于无人机与地面节点的距离较远，且无人机飞行高度低，因此无人机中继信道存在较严重的大尺度和小尺度衰落，使无人机中继通信系统链路传输可靠性显著下降[1]。在平坦衰落信道中，大尺度衰落可通过发射功率控制的方法解决，而小尺度衰落则需使用分集技术予以克服[2]。无线通信系统常见分集方式包括空间分集（接收分集、发射分集）、频率分集、极化分集、角度分集与时间分集等。相对于其他分集方式，空间分集具有实现简便、分集增益高、不降低链路传输效率的优势，因此空间分集在现代通信系统中获得了广泛应用。空时分组编码是一种发射分集技术，可显著改善无线通信系统链路传输的可靠性[3]。本章利用空时分组编码发射分集技术来改善无人机中继通信系统链路传输的可靠性。

围绕着平坦衰落信道无人机中继通信链路传输可靠性改善问题，国内外相关研究如下：为了提高无人机中继通信系统链路传输的可靠性，文献[4]提出了分布式发射波束成形及分布式空时分组编码的无人机中继传输方案，并分析给出了两种传输方案的链路差错性能。文献[5]提出了地面基站与用户节点采用阵列天线波束成形的无人机中继传输方案，并以接收信噪比最大化准则为基础，给出了基站节点与用户节点阵列天线波束成形权矢量的计算方法，并以此为基础给出了中继无人机的航迹优化方法。与文献[4]、[5]研究问题相同，作者[6]提出基于空时分组编码的无人机中继传输方案，并使用有限混合期望最大化（FM-EM）算法给出了链路中断概率与遍历容量的计算方法，且以链路遍历容量最大化准则为基础，给出了中继无人机的航迹优化方法。为克服航空信道强相关导致分集增益降低的问题，作者[7]进一步提出协作空时分组编码（cooperative space time block codes，CSTBC）的无人机中继传输方案，并以中断概率最小化准则为基础，给出中继无人机的航迹优化方法，同时给出了链路遍历容量的计算方法及中继无人机距离约束方法。

为了提高无人机中继通信系统链路传输可靠性，本章介绍了两种空时分组编码的无人机中继传输方法及航迹优化方法。3.2 节介绍了基于空时分组编码的无人机中继通信系统，并以链路遍历容量最大化准则为基础，给出了中继无人机的航迹优化方法；3.3 节介绍了基于协作空时分组编码的无人机中继通信系统，并以链路中断概率最小化准则为基础，给出了中继无人机的航迹优化方法。

3.2 基于空时分组编码的无人机中继通信系统

3.2.1 系统模型

图 3-1 给出了空时分组编码的无人机中继通信系统[6]。系统由 BS 节点、固定翼 UAV 节点及 MU 节点组成。假设 BS 节点与 MU 节点之间的距离遥远，或者 BS 节点与 MU 节点间存在高大障碍物的遮拦，则 MU 节点与 BS 节点之间不存在直达通信链路，此时可利用 UAV 节点搭载中继通信载荷构建 MU-UAV-BS 的通信链路，实现 MU 节点与 BS 节点间的双向通信。为叙述方便，仅考虑 MU 节点至 BS 节点的单向通信。

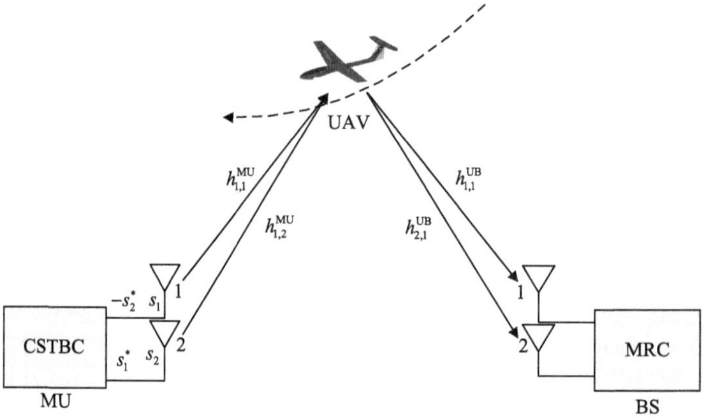

图 3-1 空时分组编码的无人机中继通信系统

MU 节点采用两天线空时分组编码发射分集方式发射信号，UAV 节点采用单天线放大转发方式中继信号，BS 节点采用多天线最大比值合并（maximum ratio combining，MRC）方法合并接收信号，以提高链路传输的可靠性。

在 t 时刻，MU 节点在两个连续时隙基于空时分组编码方式传输信号。第 1 个时隙，MU 节点第 1 个发射天线发送符号 s_1，第 2 个天线发送符号 s_2。第 2 个时隙，第 1 个天线发送符号 $-s_2^*$，第 2 个天线发送符号 s_1^*，其中 * 代表复共轭运算，且发射信号满足 $E\left[\left|s_i\right|^2\right]=1(i=1,2)$。假设在两个符号传输期间，信道的衰落系数保持恒定不变，则 UAV 节点在第 1 与第 2 两个时隙内接收到的信号可分别表示为[6]

$$\begin{cases} r_1^1=\sqrt{P_1}h_{1,1}^{\mathrm{MU}}s_1+\sqrt{P_1}h_{1,2}^{\mathrm{MU}}s_2+n_1^1 \\ r_1^2=-\sqrt{P_1}h_{1,1}^{\mathrm{MU}}s_2^*+\sqrt{P_1}h_{1,2}^{\mathrm{MU}}s_1^*+n_1^2 \end{cases} \tag{3-1}$$

式中，r_1^u 为 UAV 节点接收天线在第 $u(u=1,2)$ 个时隙接收到的来自 MU 节点的信号；P_1 为 MU 节点每个天线发射信号功率；n_1^u 为 UAV 节点接收天线在第 $u(u=1,2)$ 个时隙接收到的复高斯白噪声，其均值为 0，方差为 σ_1^2，且不同时隙的噪声信号统计独立；$h_{i,j}^{\mathrm{MU}}\ (i=1;j=1,2)$ 为 MU 节点的第 j 个发射天线到 UAV 节点的第 i 个接收天线的信道衰落系数。

UAV 节点接收到 MU 节点的发射信号后，首先将接收到的信号乘以一个增益因子 G：

$$G=\sqrt{\frac{1}{\left(\left|h_{1,1}^{\mathrm{MU}}\right|^2+\left|h_{1,2}^{\mathrm{MU}}\right|^2\right)P_1+\sigma_1^2}} \tag{3-2}$$

然后，UAV 节点以一定发射功率将信号转发至 BS 节点。在第 3 个时隙，BS 节点两个接收天线（为叙述方便，BS 节点使用两个接收天线。本方法容易推广到 BS 节点使用多个接收天线的情况）接收到的信号表示为

$$\begin{cases} y_1^3=\sqrt{P_2}Gh_{1,1}^{\mathrm{UB}}r_1^1+\omega_1^3 \\ \quad =\sqrt{P_1P_2}GH_0s_1+\sqrt{P_1P_2}GH_1s_2+N_0 \\ y_2^3=\sqrt{P_2}Gh_{2,1}^{\mathrm{UB}}r_1^1+\omega_2^3 \\ \quad =\sqrt{P_1P_2}GH_2s_1+\sqrt{P_1P_2}GH_3s_2+N_1 \end{cases} \tag{3-3}$$

在第 4 个时隙，BS 节点两个天线接收到的信号表示为

$$\begin{cases} y_1^4=\sqrt{P_2}Gh_{1,1}^{\mathrm{UB}}r_1^2+\omega_1^4 \\ \quad =-\sqrt{P_1P_2}GH_0s_2^*+\sqrt{P_1P_2}GH_1s_1^*+N_2 \\ y_2^4=\sqrt{P_2}Gh_{2,1}^{\mathrm{UB}}r_1^2+\omega_2^4 \\ \quad =-\sqrt{P_1P_2}GH_2s_2^*+\sqrt{P_1P_2}GH_3s_1^*+N_3 \end{cases} \tag{3-4}$$

式中，y_n^u 为在第 $u(u=3,4)$ 个时隙 BS 节点的第 $n(n=1,2)$ 个接收天线的接收信号；P_2 为 UAV 节点发射信号的功率；ω_n^u 为在第 $u(u=3,4)$ 个时隙基站第 n 个接收天线接收到的复高斯白噪声，其均值为 0，方差为 σ_2^2，且在不同时隙噪声信号统计独立；$h_{n,m}^{\mathrm{UB}}(n=1,2;m=1)$ 为 UAV 节点第 m 个发射天线到 BS 节点第 n 个接收天线的信道衰落系数。

为方便叙述，在式（3-3）与式（3-4）中引入以下 8 个参量：

$$\begin{cases} H_0=h_{1,1}^{\mathrm{UB}}h_{1,1}^{\mathrm{MU}} \\ H_1=h_{1,1}^{\mathrm{UB}}h_{1,2}^{\mathrm{MU}} \\ H_2=h_{2,1}^{\mathrm{UB}}h_{1,1}^{\mathrm{MU}} \\ H_3=h_{2,1}^{\mathrm{UB}}h_{1,2}^{\mathrm{MU}} \end{cases} \tag{3-5}$$

$$\begin{cases} N_0=\sqrt{P_2}Gh_{1,1}^{\mathrm{UB}}n_1^1+\omega_1^3 \\ N_1=\sqrt{P_2}Gh_{2,1}^{\mathrm{UB}}n_1^1+\omega_2^3 \\ N_2=\sqrt{P_2}Gh_{1,1}^{\mathrm{UB}}n_1^2+\omega_1^4 \\ N_3=\sqrt{P_2}Gh_{2,1}^{\mathrm{UB}}n_1^2+\omega_2^4 \end{cases} \tag{3-6}$$

假设通过信道估计 BS 节点接收机可精确得到所有信道的衰落系数，则 BS 接收机进一步按式（3-7）给出的方法对 BS 节点两个时隙接收到的信号进行相关合并处理：

$$\begin{cases} \tilde{s}_1=H_0^*y_1^3+H_1y_1^{4^*}+H_2^*y_2^3+H_3y_2^{4^*} \\ \tilde{s}_2=H_1^*y_1^3-H_0y_1^{4^*}+H_3^*y_2^3-H_2y_2^{4^*} \end{cases} \tag{3-7}$$

将式（3-5）与式（3-6）分别代入式（3-7），化简后得到

$$\begin{cases}\tilde{s}_1=\beta s_1+H_0^*N_0+H_1N_2^*+H_2^*N_1+H_3N_3^*\\ \tilde{s}_2=\beta s_2+H_1^*N_0-H_0N_2^*+H_2^*N_1-H_3N_3^*\end{cases} \tag{3-8}$$

式中，$\beta=\sqrt{P_1P_2}G\left(\left|h_{1,1}^{\text{MU}}\right|^2+\left|h_{1,2}^{\text{MU}}\right|^2\right)\left(\left|h_{1,1}^{\text{UB}}\right|^2+\left|h_{2,1}^{\text{UB}}\right|^2\right)$。

在无人机中继通信系统中，信号在信道传输中不仅受小尺度衰落的影响，同时还受大尺度衰落的影响。因此，将 MU 节点至 UAV 节点及 UAV 节点至 BS 节点的信道建模为包含路径损耗的瑞利衰落信道[8-9]：

$$h_{i,j}^{\text{MU}}=\frac{g_{i,j}^{\text{MU}}}{d_{\text{MU}}^{\alpha}},\quad i=1;j=1,2 \tag{3-9}$$

式中，$g_{i,j}^{\text{MU}}$ 为 MU 节点第 j 个发射天线到 UAV 节点第 i 个接收天线的小尺度衰落系数，其建模为均值为 0、方差为 1 的复高斯随机变量；α 为路径损耗因子；d_{MU} 为 MU 节点到 UAV 节点的距离（假设 MU 节点两个发射天线到 UAV 节点接收天线的距离相等）。

$$h_{n,m}^{\text{UB}}=\frac{g_{n,m}^{\text{UB}}}{d_{\text{UB}}^{\alpha}},\quad n=1,2;m=1 \tag{3-10}$$

式中，$g_{n,m}^{\text{UB}}(n=1,2;m=1)$ 为 UAV 节点第 m 个发射天线到 BS 节点第 n 个接收天线之间的小尺度衰落系数，其建模为均值为 0、方差为 1 的复高斯随机变量；d_{UB} 为 UAV 节点至 BS 节点的距离。

为了得到 MU 节点至 UAV 节点及 UAV 节点至 BS 的距离，建立三维直角坐标系。假设 BS 节点在地面固定部署，其三维坐标为 $(x_{\text{B}},y_{\text{B}},0)$，MU 节点在地面机动部署，$t$ 时刻 MU 节点的三维坐标为 $(x_{\text{M},t},y_{\text{M},t},0)$，$t$ 时刻 UAV 节点的三维坐标为 (x_t,y_t,h_t)。利用各节点的三维坐标，可方便得到 t 时刻 MU 节点至 UAV 节点及 UAV 节点至 BS 节点的距离分别为

$$\begin{cases}d_{\text{MU},t}=\sqrt{(x_t-x_{\text{M},t})^2+(y_t-y_{\text{M},t})^2+h_t^2}\\ d_{\text{UB},t}=\sqrt{(x_t-x_{\text{B}})^2+(y_t-y_{\text{B}})^2+h_t^2}\end{cases} \tag{3-11}$$

进一步假设 UAV 的飞行高度恒定为 h，UAV 的飞行速度恒为 v，则 UAV 在 t 时刻的位置坐标可根据其 $t-\Delta t$ 时刻位置坐标，并利用以下方程更新得到[10]

$$\begin{cases}x_t=x_{t-\Delta t}+v\Delta t\cos\delta_t\\ y_t=y_{t-\Delta t}+v\Delta t\sin\delta_t\end{cases} \tag{3-12}$$

式中，Δt 为 UAV 位置更新的间隔周期；δ_t 为 t 时刻 UAV 的航向角，其满足 $\delta_{t-\Delta t}-\delta_{\max}\leqslant\delta_t\leqslant\delta_{t-\Delta t}+\delta_{\max}$，其中 $\delta_{\max}$ 为 UAV 的最大转弯角。

将式（3-12）代入式（3-11），化简后得到

$$\begin{cases}d_{\text{MU},t}=\sqrt{(x_{t-\Delta t}+v\Delta t\cos\delta_t-x_{\text{M},t})^2+(y_{t-\Delta t}+v\Delta t\sin\delta_t-y_{\text{M},t})^2+h^2}\\ d_{\text{UB},t}=\sqrt{(x_{t-\Delta t}+v\Delta t\cos\delta_t-x_{\text{B}})^2+(y_{t-\Delta t}+v\Delta t\sin\delta_t-y_{\text{B}})^2+h^2}\end{cases} \tag{3-13}$$

式（3-13）表明：在 $t-\Delta t$ 时刻 UAV 位置坐标给定后，t 时刻 UAV 节点至 MU 节点与 BS 节点的距离取决于 UAV 在 t 时刻的航向角 δ_t。

为了方便叙述，记 $\boldsymbol{g}_1=\left[g_{1,1}^{\mathrm{MU}},g_{1,2}^{\mathrm{MU}}\right]^{\mathrm{T}}$ 和 $\boldsymbol{g}_2=\left[g_{1,1}^{\mathrm{UB}},g_{2,1}^{\mathrm{UB}}\right]^{\mathrm{T}}$，根据式（3-8），并经过简单计算，得到 BS 节点接收机解调器输入瞬时信噪比为

$$r_{\mathrm{out},t}=\frac{\overline{r}_1\|\boldsymbol{g}_1\|_F^2\,d_{\mathrm{MU}}^{-2\alpha}\cdot\overline{r}_2\|\boldsymbol{g}_2\|_F^4\,d_{\mathrm{UB}}^{-4\alpha}}{\overline{r}_2\left(\left|g_{1,1}^{\mathrm{UB}}\right|^4+\left|g_{2,1}^{\mathrm{UB}}\right|^4\right)d_{\mathrm{UB}}^{-4\alpha}+\overline{r}_1\|\boldsymbol{g}_1\|_F^2\,d_{\mathrm{MU}}^{-2\alpha}\|\boldsymbol{g}_2\|_F^2\,d_{\mathrm{UB}}^{-2\alpha}+\|\boldsymbol{g}_2\|_F^2\,d_{\mathrm{UB}}^{-2\alpha}} \tag{3-14}$$

式中，$\overline{r}_i=\dfrac{P_i}{\sigma_i^2}(i=1,2)$；$\|\cdot\|_F$ 为 F 范数。

由式（3-14）可观测到：空时分组编码的 UAV 中继通信系统的 BS 接收机解调器输入的瞬时信噪比由 MU-UAV 链路及 UAV-BS 链路的大尺度衰落 $\left(d_{\mathrm{MU}},d_{\mathrm{UB}}\right)$ 及小尺度衰落 $\left(g_{i,j}^{\mathrm{MU}},g_{n,m}^{\mathrm{UB}}\right)$ 联合确定。

3.2.2　中继无人机的航迹优化

在空时分组编码的无人机中继通信系统中，由于 MU 节点与 UAV 节点均处于运动状态，UAV-BS 及 MU-UAV 节点之间的距离处于不断变化中，因此为了保证空时分组编码的无人机中继通信系统链路传输可靠性最佳，需要根据 MU 节点移动路径的变化优化 UAV 的飞行航迹。考虑到遍历容量是衡量无线通信系统链路传输可靠性的主要技术指标，因此下面采用基于链路遍历容量最大化的准则来优化 UAV 的航迹。

t 时刻空时分组编码的无人机中继通信系统的遍历容量表示为

$$C_t=\frac{1}{2}E\left[\log_2\left(1+r_{\mathrm{out},t}\right)\right] \tag{3-15}$$

式中，$r_{\mathrm{out},t}$ 为 t 时刻 BS 节点接收机解调器输入瞬时信噪比。

考虑到直接对式（3-15）进行化简非常困难，利用泰勒级数展开式（3-15），并忽略展开式中的高阶项，仅保留展开式的线性项，得到

$$C_t\approx\frac{1}{2}\log_2\left(1+E\left[r_{\mathrm{out},t}\right]\right) \tag{3-16}$$

式中，$E\left[r_{\mathrm{out},t}\right]$ 为 t 时刻 BS 节点接收机输入的平均信噪比：

$$E\left[r_{\mathrm{out},t}\right]=E_{\boldsymbol{g}_1,\boldsymbol{g}_2}\left[\frac{\overline{r}_1\|\boldsymbol{g}_1\|_F^2\,d_{\mathrm{MU},t}^{-2\alpha}\cdot\overline{r}_2\|\boldsymbol{g}_2\|_F^4\,d_{\mathrm{UB},t}^{-4\alpha}}{\overline{r}_2\left(\left|g_{1,1}^{\mathrm{UB}}\right|^4+\left|g_{2,1}^{\mathrm{UB}}\right|^4\right)d_{\mathrm{UB},t}^{-4\alpha}+\overline{r}_1\|\boldsymbol{g}_1\|_F^2\,d_{\mathrm{MU},t}^{-2\alpha}\|\boldsymbol{g}_2\|_F^2\,d_{\mathrm{UB},t}^{-2\alpha}+\|\boldsymbol{g}_2\|_F^2\,d_{\mathrm{UB},t}^{-2\alpha}}\right] \tag{3-17}$$

由于无法直接计算得到式（3-17）的精确闭合表达式，因此进一步利用一阶泰勒级数对式（3-17）进行展开，得到[11]

$$\begin{aligned}E\left[r_{\mathrm{out},t}\right]&\approx\frac{E\left[\overline{r}_1\|\boldsymbol{g}_1\|_F^2\,d_{\mathrm{MU},t}^{-2\alpha}\cdot\overline{r}_2\|\boldsymbol{g}_2\|_F^4\,d_{\mathrm{UB},t}^{-4\alpha}\right]}{E\left[\overline{r}_2\left(\left|g_{1,1}^{\mathrm{UB}}\right|^4+\left|g_{2,1}^{\mathrm{UB}}\right|^4\right)d_{\mathrm{UB},t}^{-4\alpha}+\overline{r}_1\|\boldsymbol{g}_1\|_F^2\,d_{\mathrm{MU},t}^{-2\alpha}\|\boldsymbol{g}_2\|_F^2\,d_{\mathrm{UB},t}^{-2\alpha}+\|\boldsymbol{g}_2\|_F^2\,d_{\mathrm{UB},t}^{-2\alpha}\right]}\\&=\frac{\overline{r}_1E\left[\|\boldsymbol{g}_1\|_F^2\right]d_{\mathrm{MU},t}^{-2\alpha}\cdot\overline{r}_2E\left[\|\boldsymbol{g}_2\|_F^4\right]d_{\mathrm{UB},t}^{-4\alpha}}{\overline{r}_2\left(E\left[\left|g_{1,1}^{\mathrm{UB}}\right|^4\right]+E\left[\left|g_{2,1}^{\mathrm{UB}}\right|^4\right]\right)d_{\mathrm{UB},t}^{-4\alpha}+\overline{r}_1E\left[\|\boldsymbol{g}_1\|_F^2\right]d_{\mathrm{MU},t}^{-2\alpha}E\left[\|\boldsymbol{g}_2\|_F^2\right]d_{\mathrm{UB},t}^{-2\alpha}+E\left[\|\boldsymbol{g}_2\|_F^2\right]d_{\mathrm{UB},t}^{-2\alpha}}\end{aligned} \tag{3-18}$$

进一步将式（3-13）代入式（3-18），可得到如下结论：$t-\Delta t$ 时刻 UAV 位置给定情况下，t 时刻空时分组编码的无人机中继通信系统 BS 接收机解调器输入平均信噪比取决于 t 时刻 UAV 的航向角 δ_t。

为了使 t 时刻无人机中继通信系统链路传输容量最大化，下面基于遍历容量最大化准则来优化 UAV 的航向角。上述优化问题表述为

$$\max_{\delta_t} C_t \quad (3\text{-}19)$$
$$\text{s.t. } |\delta_t - \delta_{t-\Delta t}| \leqslant \delta_{\max}$$

此外，进一步考虑到 $\log_2(\cdot)$ 为单调递增函数，因此式（3-19）的优化问题最后表述为

$$\delta_t^{(\text{opt})} = \arg\max_{\delta_t} E[r_{\text{out},t}] \quad (3\text{-}20)$$
$$\text{s.t. } |\delta_t - \delta_{t-\Delta t}| \leqslant \delta_{\max}$$

式中，$\delta_t^{(\text{opt})}$ 为 t 时刻 UAV 的最佳航向角。

式（3-20）的最优解可通过一维线性搜索法得到。

3.2.3 中断概率与遍历容量

中断概率与遍历容量是衡量无线通信系统链路传输可靠性的重要技术指标。为得到系统的中断概率与遍历容量，首先需要得到 BS 节点接收机解调器输入的最佳瞬时信噪比。将式（3-20）获得的最佳航向角 $\delta_t^{(\text{opt})}$ 代入式（3-14），可求得 t 时刻无人机中继通信系统 BS 节点接收机解调器输入的最佳瞬时信噪比为

$$r_{\text{out},t}^{(\text{opt})} = \frac{\overline{r}_1 \|\boldsymbol{g}_1\|_F^2 d_{\text{MU},t}^{-2\alpha(\text{opt})} \overline{r}_2 \|\boldsymbol{g}_2\|_F^4 d_{\text{UB},t}^{-4\alpha(\text{opt})}}{\overline{r}_2 \left(\left|g_{1,1}^{\text{UB}}\right|^4 + \left|g_{2,1}^{\text{UB}}\right|^4\right) d_{\text{UB},t}^{-4\alpha(\text{opt})} + \overline{r}_1 \|\boldsymbol{g}_1\|_F^2 d_{\text{MU},t}^{-2\alpha(\text{opt})} \|\boldsymbol{g}_2\|_F^2 d_{\text{UB},t}^{-2\alpha(\text{opt})} + \|\boldsymbol{g}_2\|_F^2 d_{\text{UB},t}^{-2\alpha(\text{opt})}} \quad (3\text{-}21)$$

式中，$d_{\text{UB},t}^{(\text{opt})}$ 为 t 时刻 BS 与 UAV 之间的最佳距离；$d_{\text{MU},t}^{(\text{opt})}$ 为 t 时刻 MU 与 UAV 之间的最佳距离。

中断概率定义为接收信噪比低于某一门限值 γ_{th} 的概率[12]：

$$\begin{aligned} P_{\text{out},t}(\gamma_{\text{th}}) &= \Pr\left(r_{\text{out},t}^{(\text{opt})} \leqslant \gamma_{\text{th}}\right) \\ &= \int_0^{\gamma_{\text{th}}} f_{r_{\text{out},t}^{(\text{opt})}}(r)\,\mathrm{d}r \end{aligned} \quad (3\text{-}22)$$

式中，$f_{r_{\text{out},t}^{(\text{opt})}}(r)$ 为 BS 节点接收机解调器输入瞬时信噪比的概率密度函数。

由于 $r_{\text{out},t}^{(\text{opt})}$ 是随机变量 $g_{1,1}^{\text{MU}}$、$g_{1,2}^{\text{MU}}$、$g_{1,1}^{\text{UB}}$ 与 $g_{2,1}^{\text{UB}}$ 的函数，因此直接计算瞬时信噪比的概率密度函数非常困难。本节通过 FM-EM 算法估计得到 $r_{\text{out},t}^{(\text{opt})}$ 的概率密度函数 $f_{r_{\text{out},t}^{(\text{opt})}}(r)$，然后计算得到无人机中继系统的中断概率。

依据高斯 FM 模型，t 时刻 BS 节点接收机解调器输入瞬时信噪比的概率密度函数可表示为

$$f_{r_{\text{out},t}^{(\text{opt})}}(r) = \sum_{k=1}^{N} \frac{\pi_{k,t}}{\left(2\pi\sigma_{k,t}^2\right)^{\frac{1}{2}}} \exp\left[-\frac{\left(r-\mu_{k,t}\right)^2}{2\sigma_{k,t}^2}\right] \quad (3\text{-}23)$$

式中，N 为构成 FM 模型混合项的数目；参数 $\mu_{k,t}$、$\sigma_{k,t}^2$ 分别为 t 时刻 FM 模型中第 k 项的均值与方差；$\pi_{k,t}>0$ 为 t 时刻第 k 个混合项的加权系数，且满足 $\sum_{k=1}^{N}\pi_{k,t}=1$。

为了估计式（3-23）中 $(3N-1)$ 个未知参数，采用经典 EM 算法。基于 EM 算法获取 FM 模型 $(3N-1)$ 个参数的方法请参考本章附录 A。

利用式（3-23）得到的 t 时刻 BS 接收机解调器输入瞬时信噪比的概率密度函数，式（3-22）可进一步化简为

$$P_{\text{out},t}(\gamma_{\text{th}})=1-\sum_{k=1}^{N}\pi_{k,t}\left[Q\left(\frac{\gamma_{\text{th}}-\mu_{k,t}}{\sigma_{k,t}}\right)+Q\left(\frac{\mu_{k,t}}{\sigma_{k,t}}\right)\right] \tag{3-24}$$

式中，$Q(\eta)$ 为高斯 Q 函数，其具体定义为

$$Q(\eta)=\int_{\eta}^{\infty}\frac{1}{\sqrt{2\pi}}\exp\left(-\frac{\rho^2}{2}\right)\mathrm{d}\rho \tag{3-25}$$

为了更精确地计算得到空时分组编码的无人机中继通信系统的遍历容量，本节首先利用 FM-EM 算法估计得到 t 时刻瞬时信道容量的概率密度函数，记为 $f_{C_t}(c)$；随后利用估计得到的 $f_{C_t}(c)$，可计算得到空时分组编码的无人机中继通信系统的遍历容量为

$$\begin{aligned}C_t&=\int_0^{\infty}cf_{C_t}(c)\mathrm{d}c\\&=\sum_{k=1}^{N}\int_0^{\infty}c\frac{\pi_{k,t}}{\sqrt{2\pi}\sigma_{k,t}}\exp\left[-\frac{(c-\mu_{k,t})^2}{2\sigma_{k,t}^2}\right]\mathrm{d}c\\&=\sum_{k=1}^{N}\pi_{k,t}\left\{\left(\frac{\sigma_{k,t}^2}{2\pi}\right)^{\frac{1}{2}}\exp\left(-\frac{\mu_{k,t}^2}{2\sigma_{k,t}^2}\right)+\mu_k\left[1-Q\left(\frac{\mu_{k,t}}{\sigma_{k,t}}\right)\right]\right\}\end{aligned} \tag{3-26}$$

3.2.4　数值仿真

为了验证所提出的空时分组编码的无人机中继传输系统 UAV 航迹优化方法的正确性和有效性，本节设计实现了基于空时分组编码的无人机中继通信仿真系统。仿真系统由 MU 节点、UAV 节点和 BS 节点组成，其中 MU 节点与 BS 节点均配置两根天线，UAV 节点配置单根天线。另外，为使仿真更接近实际情况，MU 节点的运动模型采用一阶自回归模型，具体可参考本章附录 B；假设在 $t=110$ s 时，MU 节点进行较大转向，且转向时的速度满足 $\frac{v_{\text{M},110}^{y}}{v_{\text{M},110}^{x}}=-1.8856$。

表 3-1 给出了空时分组编码的无人机中继通信仿真系统的参数设置。

表 3-1　空时分组编码的无人机中继通信仿真系统的参数设置

参数	数值
BS 节点的初始位置坐标/m	(3500,3000,0)
MU 节点的初始位置坐标/m	(500,1000,0)
UAV 节点的初始位置坐标/m	(500,250,350)

续表

参数	数值
MU 节点的移动速度/(m/s)	v_M=20
UAV 的飞行速度/(m/s)	v_U=50
仿真时间/s	300
位置更新时间间隔/s	$\Delta t=1$
路径损耗指数	$\alpha=1$ [5]
信噪比/dB	$\overline{r}_1=\overline{r}_2=70$
中断门限/dB	$\gamma_{th}=5$

图 3-2 给出了 UAV 最佳航迹随 MU 节点运动路线变化的曲线，其横坐标为直角坐标系的 x 轴，纵坐标为直角坐标系的 y 轴。图 3-2 中的符号“□”“+”“◇”分别代表 BS 节点、UAV 节点及 MU 节点的初始位置坐标，标示为点划线的曲线表示 MU 节点的运动路线，标示为实线的曲线表示 UAV 节点的最佳飞行航迹。

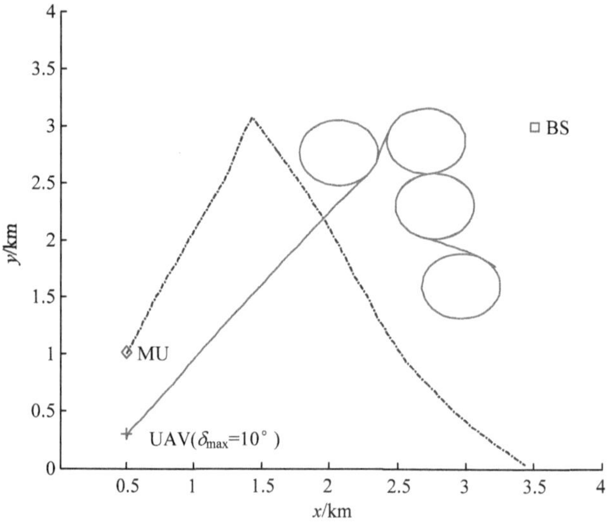

图 3-2 UAV 最佳航迹随 MU 节点运动路线变化的曲线

根据图 3-2 的曲线可观测到：

1）UAV 通过实时调整自身的航向角来跟随 MU 的移动。

2）由于 UAV 的飞行速度超过了 MU 的移动速度，因此为了保证中继链路传输性能的最优化，某些时刻 UAV 需要以盘旋绕圆的方式飞行。

图 3-3 给出了 UAV 的最大转弯角对无人机最佳航迹的影响（最大转弯角分别为10°与15°），其中 BS 节点、UAV 节点及 MU 节点的标示方法与图 3-2 完全相同。图 3-3 中的虚线代表最大转弯角为15°时 UAV 的最佳航迹，实线代表最大转弯角为10°时 UAV 的最佳航迹。

由图 3-3 的曲线可观测到：

1）UAV 的最大转弯角越大，UAV 盘旋绕圆飞行的半径越小。

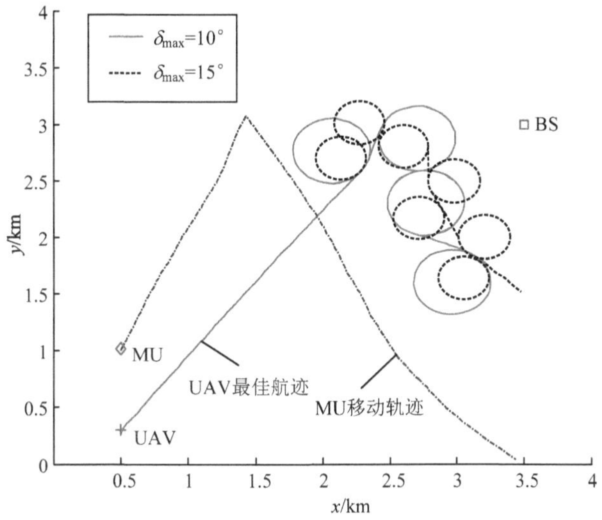

图 3-3　UAV 的最大转弯角对无人机最佳航迹的影响

2）UAV 的最大转弯角越小，UAV 盘旋绕圆飞行的半径越大。

产生以上现象的原因如下：UAV 的最大转弯角增大意味着无人机在每个航向角的更新时刻，供无人机选择航向角的范围更大，最终导致无人机盘旋绕圆飞行半径的减小。

图 3-4 和图 3-5 分别给出了空时分组编码的无人机中继通信系统的中断概率及遍历容量随时间变化的曲线。图 3-4 与图 3-5 中包含两类曲线，标示为“理论”的曲线代表基于 FM-EM 算法获得的系统性能曲线，标示为 MC 的曲线代表由蒙特卡罗仿真方法得到的系统性能曲线。其中，标记为实线的曲线代表空时分组编码的无人机中继通信系统的中断概率和遍历容量曲线，标记为虚线的曲线代表单发单收无人机中继通信系统的中断概率与遍历容量曲线。

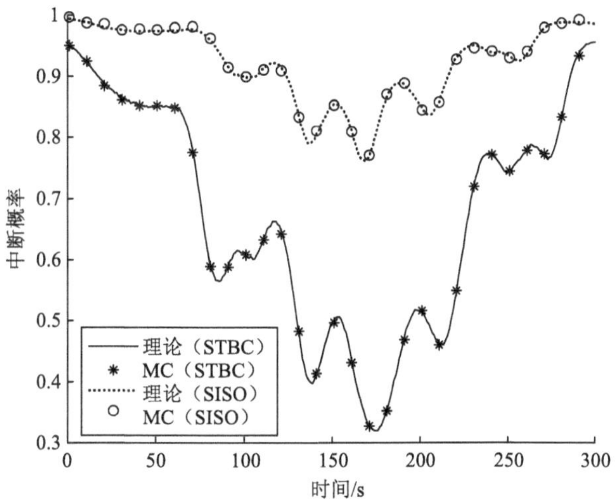

图 3-4　中断概率随时间变化的曲线（$\delta_{max}=10°$）

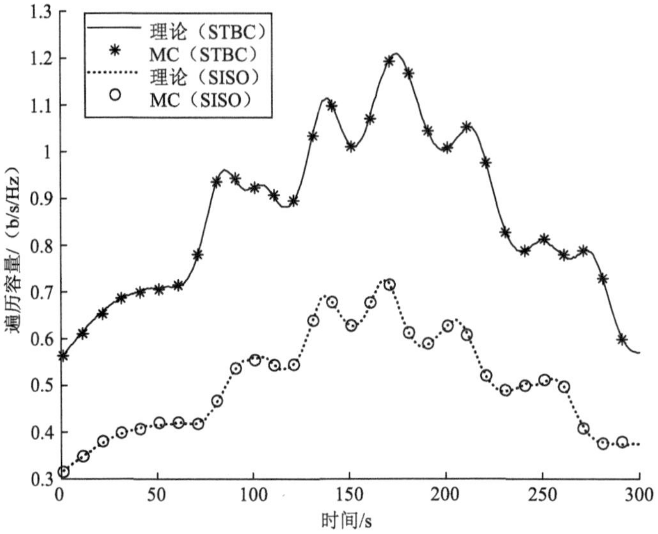

图 3-5　遍历容量随时间变化的曲线（ $\delta_{\max}=10°$ ）

由图 3-4 与图 3-5 可观测到：

1）通过理论计算获得的曲线与 MC 仿真获得的曲线完全重合，表明所提出的无人机航迹优化方法是正确的。

2）空时分组编码的无人机中继通信系统显著优于单发单收无人机中继通信系统，表明了所提出方法的有效性。

图 3-6 与图 3-7 分别显示了无人机的最大转弯角对中断概率及遍历容量性能的影响（最大转弯角分别为$10°$与$15°$）。图 3-6 与图 3-7 中包含两类曲线：标记为实线的曲线代表 UAV 的最大转弯角为$10°$时的中断概率和遍历容量性能曲线，标记为虚线的曲线代表 UAV 的最大转弯角为$15°$时系统的中断概率和遍历容量性能曲线。

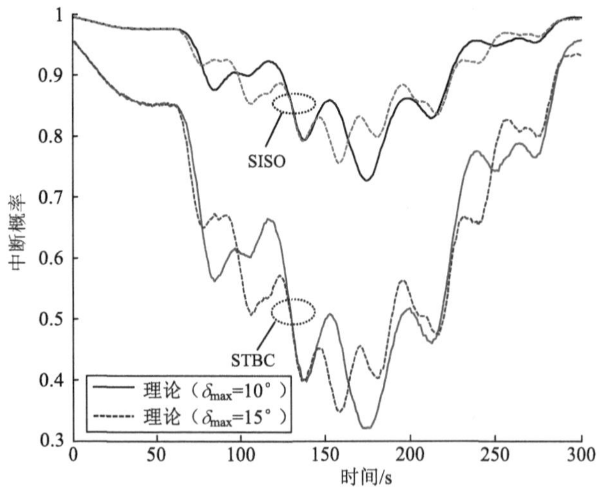

图 3-6　最大转弯角对中断概率性能的影响

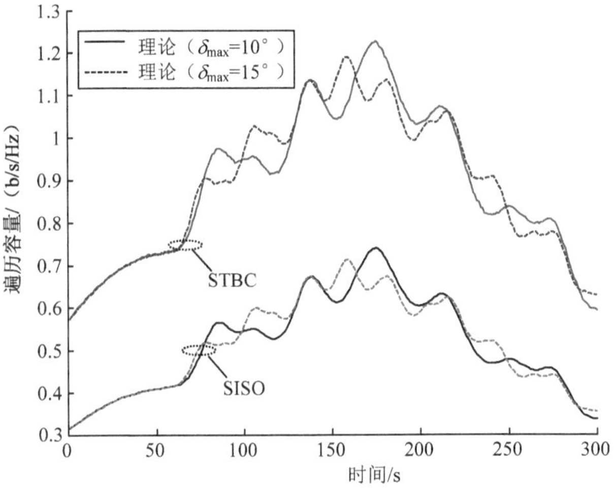

图 3-7　最大转弯角对遍历容量性能的影响

由图 3-6 与图 3-7 可观测到：

1）空时分组编码的无人机中继通信系统中断概率及遍历容量性能均优于单发单收无人机中继通信系统。

2）当 UAV 飞行速度恒定时，UAV 的最大转弯角对无人机中继通信系统的性能影响较小。

3.3　基于协作空时分组编码的无人机中继通信系统

3.3.1　系统模型

图 3-8 给出了 CSTBC 无人机中继通信系统。该系统由 MU、两架固定翼 UAV（UAV-1，UAV-2）及固定地面 BS 4 个节点组成，各节点均使用单个天线。假设 MU 节点与 BS 节点之间距离遥远，则两个节点无法直接建立通信链路，可通过 UAV 搭载中继载荷，以实现 MU 节点与 BS 节点间的双向通信。为了提高无人机中继通信系统的链路传输可靠

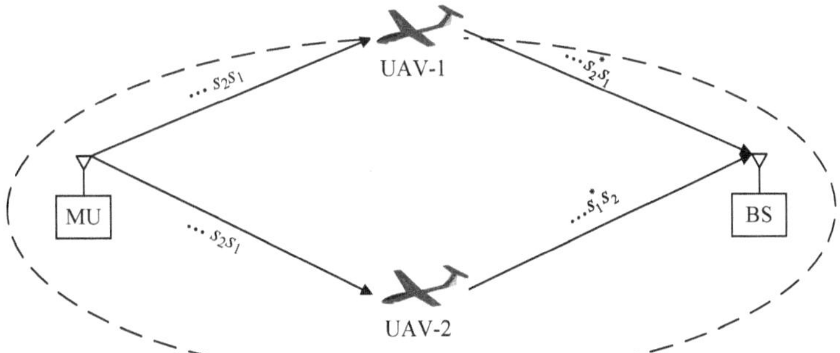

图 3-8　协作空时分组编码无人机中继通信系统

性，采用了两架无人机协作空时编码的中继传输方案，UAV 节点采用译码转发（decode and forward，DF）方式，BS 节点采用相关合并接收。为了便于叙述，仅考虑 MU 节点至 BS 节点的单向链路。

无人机中继通信需要 4 个时隙，在 T_1 与 T_2 时隙，MU 节点发送复符号 s_1 与 s_2，且满足 $E[|s_i|^2]=1\ (i=1,2)$。T_1 与 T_2 时隙 UAV-1 与 UAV-2 接收到的信号表示为

$$\begin{cases} r_1^{(1)} = \sqrt{P_{\mathrm{M}}} h_{\mathrm{M},1} s_1 + n_1^{(1)} \\ r_2^{(1)} = \sqrt{P_{\mathrm{M}}} h_{\mathrm{M},2} s_1 + n_2^{(1)} \\ r_1^{(2)} = \sqrt{P_{\mathrm{M}}} h_{\mathrm{M},1} s_2 + n_1^{(2)} \\ r_2^{(2)} = \sqrt{P_{\mathrm{M}}} h_{\mathrm{M},2} s_2 + n_2^{(2)} \end{cases} \tag{3-27}$$

式中，$r_j^{(i)}\ (i=1,2; j=1,2)$ 为 T_i 时隙第 j 个 UAV 接收信号；P_{M} 为 MU 节点发射功率；$h_{\mathrm{M},j}\ (j=1,2)$ 为 MU 节点发射天线到第 j 个 UAV 接收天线的信道衰落系数；$n_j^{(i)}\ (i=1,2; j=1,2)$ 为 T_i 时隙第 j 个 UAV 接收天线输入的均值为 0、方差为 σ_j^2 的复高斯白噪声。

假设 T_1 与 T_2 时隙无人机正确接收，随后 UAV-1 与 UAV-2 协作采用空时分组编码转发 T_1 与 T_2 时隙接收的复符号。在 T_3 与 T_4 时隙，UAV-1 向 BS 节点传输复符号 s_1 与 $-s_2^*$，UAV-2 向 BS 节点传输复符号 s_2 与 s_1^*，则 BS 节点接收信号表示为

$$\begin{cases} y_{\mathrm{B}}^{(3)} = \sqrt{P_{\mathrm{U}}} h_{1,\mathrm{B}} s_1 + \sqrt{P_{\mathrm{U}}} h_{2,\mathrm{B}} s_2 + n_{\mathrm{B}}^{(3)} \\ y_{\mathrm{B}}^{(4)} = -\sqrt{P_{\mathrm{U}}} h_{1,\mathrm{B}} s_2^* + \sqrt{P_{\mathrm{U}}} h_{2,\mathrm{B}} s_1^* + n_{\mathrm{B}}^{(4)} \end{cases} \tag{3-28}$$

式中，$y_{\mathrm{B}}^{(i)}\ (i=3,4)$ 为 BS 节点 T_i 时隙接收信号；P_{U} 为 UAV 节点发射功率（假设 UAV-1 与 UAV-2 发射功率相同）；$h_{j,\mathrm{B}}\ (j=1,2)$ 为第 j 个 UAV 发射天线到 BS 节点接收天线的信道衰落系数；$n_B^{(i)}\ (i=3,4)$ 为 T_i 时隙 BS 节点接收天线输入的均值为 0、方差为 σ_{B}^2 的复高斯白噪声。

假设通过信道估计 BS 节点可精确知晓信道的衰落系数，则 BS 节点对 T_3 与 T_4 时隙接收信号进行相关合并处理得到

$$\begin{cases} \tilde{s}_1 = h_{1,\mathrm{B}}^* y_{\mathrm{B}}^{(3)} + h_{2,\mathrm{B}} y_{\mathrm{B}}^{(4)*} = \sqrt{P_{\mathrm{U}}} \left(\left| h_{1,\mathrm{B}} \right|^2 + \left| h_{2,\mathrm{B}} \right|^2 \right) s_1 + N_0 \\ \tilde{s}_2 = h_{2,\mathrm{B}}^* y_{\mathrm{B}}^{(3)} - h_{1,\mathrm{B}} y_{\mathrm{B}}^{(4)*} = \sqrt{P_{\mathrm{U}}} \left(\left| h_{1,\mathrm{B}} \right|^2 + \left| h_{2,\mathrm{B}} \right|^2 \right) s_2 + N_1 \end{cases} \tag{3-29}$$

式中，$\tilde{s}_1$ 与 $\tilde{s}_2$ 为相关合并处理后的信号；N_0 与 N_1 为噪声分量：

$$\begin{cases} N_0 = h_{1,\mathrm{B}}^* n_{\mathrm{B}}^{(3)} + h_{2,\mathrm{B}} n_{\mathrm{B}}^{(4)*} \\ N_1 = h_{2,\mathrm{B}}^* n_{\mathrm{B}}^{(3)} - h_{1,\mathrm{B}} n_{\mathrm{B}}^{(4)*} \end{cases} \tag{3-30}$$

在研究无人机中继通信航迹优化问题时，需要综合考虑信道小尺度衰落和大尺度衰落的影响。将 MU 节点至 UAV 节点、UAV 节点至 BS 节点的信道建模为含路径损耗的瑞利衰落信道[8-9]：

$$h_{\mathrm{M},j} = \frac{g_{\mathrm{M},j}}{d_{\mathrm{M},j}^{\alpha}},\quad j=1,2 \tag{3-31}$$

式中，$g_{\mathrm{M},j} \sim \mathcal{CN}(0,1)$ 为 MU 节点至第 j 个 UAV 节点接收天线间信道的小尺度衰落系数；

$d_{\mathrm{M},j}$ 为 MU 节点至第 j 个 UAV 节点的距离；α 为路径损耗因子。

$$h_{j,\mathrm{B}}=\frac{g_{j,\mathrm{B}}}{d_{j,\mathrm{B}}^{\alpha}},\ j=1,2 \tag{3-32}$$

式中，$g_{j,\mathrm{B}}\sim \mathcal{CN}(0,1)$ 为第 j 个 UAV 节点至 BS 节点接收天线间信道的小尺度衰落系数；$d_{j,\mathrm{B}}$ 为第 j 个 UAV 节点至 BS 节点的距离。

假设 BS 节点的坐标为 $(x_{\mathrm{B}},y_{\mathrm{B}},0)$，$t$ 时刻 MU 节点的坐标为 $(x_{\mathrm{M}}(t),y_{\mathrm{M}}(t),0)$，$t$ 时刻第 j 个 UAV 节点的坐标为 $\left(x_j(t),y_j(t),h_j(t)\right)$，则 t 时刻 MU 节点至 UAV 节点及 UAV 节点至 BS 节点的距离为

$$\begin{cases} d_{\mathrm{M},j}(t)=\sqrt{\left[x_j(t)-x_{\mathrm{M}}(t)\right]^2+\left[y_j(t)-y_{\mathrm{M}}(t)\right]^2+h_j^2(t)} \\ d_{j,\mathrm{B}}(t)=\sqrt{\left[x_j(t)-x_{\mathrm{B}}(t)\right]^2+\left[y_j(t)-y_{\mathrm{B}}\right]^2+h_j^2(t)} \end{cases},\ j=1,2 \tag{3-33}$$

假设 UAV 飞行高度恒定为 h，速度恒为 v，则 t 时刻 UAV 的位置坐标可根据其 $t-\Delta t$ 时刻坐标，并利用式（3-34）得到[10]

$$\begin{cases} x_j(t)=x_j(t-\Delta t)+v\Delta t\cos\delta_j(t) \\ y_j(t)=y_j(t-\Delta t)+v\Delta t\sin\delta_j(t) \end{cases} \tag{3-34}$$

式中，$\delta_j(t)$ 为 t 时刻第 j 个 UAV 的航向角，满足

$$\delta_j(t-\Delta t)-\delta_{\max}\leqslant\delta_j(t)\leqslant\delta_j(t-\Delta t)+\delta_{\max}$$

其中 $\delta_{\max}$ 为 UAV 的最大转弯角；Δt 为 UAV 位置更新的时间间隔。

将式（3-34）代入式（3-33）得

$$\begin{cases} d_{\mathrm{M},j}^2(t)=\left[x_j(t-\Delta t)+v\Delta t\cos\delta_j(t)-x_{\mathrm{M}}(t)\right]^2+\left[y_j(t-\Delta t)+v\Delta t\sin\delta_j(t)-y_{\mathrm{M}}(t)\right]^2+h^2 \\ d_{j,\mathrm{B}}^2(t)=\left[x_j(t-\Delta t)+v\Delta t\cos\delta_j(t)-x_{\mathrm{B}}\right]^2+\left[y_j(t-\Delta t)+v\Delta t\sin\delta_j(t)-y_{\mathrm{B}}\right]^2+h^2 \end{cases} \tag{3-35}$$

根据式（3-27）与式（3-31），可得到 t 时刻第 j 个 UAV 接收机解调器输入瞬时信噪比为

$$\gamma_{\mathrm{M},j}=\frac{P_{\mathrm{M}}\left|h_{\mathrm{M},j}\right|^2}{\sigma_j^2}=\overline{r}_{\mathrm{M}}\left|g_{\mathrm{M},j}\right|^2 d_{\mathrm{M},j}^{-2\alpha},\ j=1,2 \tag{3-36}$$

式中，$\overline{r}_{\mathrm{M}}=\dfrac{P_{\mathrm{M}}}{\sigma_j^2}$。

根据式（3-29）与式（3-32），可得到 t 时刻 BS 节点接收机解调器输入瞬时信噪比为

$$\begin{aligned} \gamma_{\mathrm{B}}&=\frac{P_{\mathrm{U}}}{\sigma_{\mathrm{B}}^2}\left(\left|h_{1,\mathrm{B}}\right|^2+\left|h_{2,\mathrm{B}}\right|^2\right) \\ &=\overline{r}_{\mathrm{U}}\left|g_{1,\mathrm{B}}\right|^2 d_{1,\mathrm{B}}^{-2\alpha}+\overline{r}_{\mathrm{U}}\left|g_{2,\mathrm{B}}\right|^2 d_{2,\mathrm{B}}^{-2\alpha} \\ &=\gamma_{1,\mathrm{B}}+\gamma_{2,\mathrm{B}} \end{aligned} \tag{3-37}$$

式中，$\overline{r}_{\mathrm{U}}=\dfrac{P_u}{\sigma_{\mathrm{B}}^2}$；$\gamma_{j,\mathrm{B}}=\overline{r}_{\mathrm{U}}\left|g_{j,\mathrm{B}}\right|^2 d_{j,\mathrm{B}}^{-2\alpha}$。

式（3-36）与式（3-37）表明：UAV 与 BS 节点接收机解调器输入瞬时信噪比由

MU-UAV 链路及 UAV-BS 链路的大尺度衰落 $(d_{\mathrm{M},j}, d_{j,\mathrm{B}})$ 和小尺度衰落 $(g_{\mathrm{M},j}, g_{j,\mathrm{B}})$ 共同确定。

3.3.2 中继无人机的航迹优化

在空时分组编码的无人机中继通信系统中，中断概率是衡量无线通信系统链路传输可靠性的重要技术指标，其定义为接收机解调器输入信噪比低于门限 γ_T 的概率。t 时刻系统中断概率 P_{out} 表示为

$$P_{\text{out}} = 1-(1-P_{\mathrm{M},1})(1-P_{\mathrm{M},2})(1-P_{\mathrm{B}})-(1-P_{\mathrm{M},1})P_{\mathrm{M},2}(1-P_{1,\mathrm{B}})-P_{\mathrm{M},1}(1-P_{\mathrm{M},2})(1-P_{2,\mathrm{B}}) \tag{3-38}$$

式中，$P_{\mathrm{M},1}$ 与 $P_{\mathrm{M},2}$ 分别为 MU-UAV-1 与 MU-UAV-2 链路的中断概率；P_{B} 为 UAV-1-BS 与 UAV-2-BS 链路相关合并的中断概率；$P_{1,\mathrm{B}}$ 与 $P_{2,\mathrm{B}}$ 分别为 UAV-1-BS 与 UAV-2-BS 链路的中断概率。

MU 至第 j 个 UAV 链路的中断概率 $P_{\mathrm{M},j}$ 可表示为

$$P_{\mathrm{M},j} = \Pr\{\gamma_{\mathrm{M},j} < \gamma_T\} = \int_0^{\gamma_T} f_{\mathrm{M},j}(x)\,\mathrm{d}x \tag{3-39}$$

式中，$f_{\mathrm{M},j}(x)$ 为第 j 个 UAV 接收机解调器输入瞬时信噪比 $\gamma_{\mathrm{M},j}$ 的概率密度函数。

由式（3-36）知道，$g_{\mathrm{M},j}$ 服从均值为 0、方差为 1 的复高斯分布，因此 $|g_{\mathrm{M},j}|^2$ 服从参数为 1 的指数分布，$\gamma_{\mathrm{M},j}$ 服从参数为 $\overline{r}_{\mathrm{M}}^{-1} d_{\mathrm{M},j}^{2\alpha}$ 的指数分布，$f_{\mathrm{M},j}(x)$ 表示为

$$f_{\mathrm{M},j}(x) = \begin{cases} \dfrac{1}{\overline{r}_{\mathrm{M}} d_{\mathrm{M},j}^{-2\alpha}} \exp\left(-\dfrac{x}{\overline{r}_{\mathrm{M}} d_{\mathrm{M},j}^{-2\alpha}}\right), & x>0 \\ 0, & x \leqslant 0 \end{cases} \tag{3-40}$$

将式（3-40）代入式（3-39），$P_{\mathrm{M},j}$ 表示为

$$P_{\mathrm{M},j} = 1-\exp\left(-\frac{\gamma_T}{\overline{r}_{\mathrm{M}} d_{\mathrm{M},j}^{-2\alpha}}\right) \tag{3-41}$$

两个 UAV 至 BS 节点的链路中断概率 P_{B} 表示为

$$P_{\mathrm{B}} = \Pr\{\gamma_{\mathrm{B}} < \gamma_T\} = \int_0^{\gamma_T} f_{\mathrm{B}}(x)\,\mathrm{d}x \tag{3-42}$$

式中，$f_{\mathrm{B}}(x)$ 为 BS 节点接收机解调器输入瞬时信噪比 γ_{B} 的概率密度函数。

由式（3-37）知道，$g_{j,\mathrm{B}}$ 服从均值为 0、方差为 1 的复高斯分布，因此 $|g_{j,\mathrm{B}}|^2$ 服从参数为 1 的指数分布，$\gamma_{j,\mathrm{B}}$ 服从参数为 $\overline{r}_{\mathrm{U}}^{-1} d_{j,\mathrm{B}}^{2\alpha}$ 的指数分布，γ_{B} 为 $\gamma_{1,\mathrm{B}}$ 与 $\gamma_{2,\mathrm{B}}$ 两指数分布的和。

当 $d_{1,\mathrm{B}} \neq d_{2,\mathrm{B}}$ 时，γ_{B} 可表示为不同参数的指数分布之和。根据本章附录 C 的推导，γ_{B} 的概率密度函数表示为

$$f_{\mathrm{B}}(x) = \begin{cases} \dfrac{\lambda_1 \lambda_2}{\lambda_1 - \lambda_2}[\exp(-\lambda_2 x) - \exp(-\lambda_1 x)], & x>0 \\ 0, & x \leqslant 0 \end{cases} \tag{3-43}$$

式中，$\lambda_1 = \overline{r}_{\mathrm{U}}^{-1} d_{1,\mathrm{B}}^{2\alpha}$；$\lambda_2 = \overline{r}_{\mathrm{U}}^{-1} d_{2,\mathrm{B}}^{2\alpha}$。

将式（3-43）代入式（3-42），P_{B} 表示为

$$P_{\mathrm{B}}=1+\frac{d_{2,\mathrm{B}}^{2\alpha}}{d_{1,\mathrm{B}}^{2\alpha}-d_{2,\mathrm{B}}^{2\alpha}}\exp\left(-\frac{d_{1,\mathrm{B}}^{2\alpha}\gamma_T}{\bar{r}_{\mathrm{U}}}\right)-\frac{d_{1,\mathrm{B}}^{2\alpha}}{d_{1,\mathrm{B}}^{2\alpha}-d_{2,\mathrm{B}}^{2\alpha}}\exp\left(-\frac{d_{2,\mathrm{B}}^{2\alpha}\gamma_T}{\bar{r}_{\mathrm{U}}}\right) \tag{3-44}$$

当 $d_{1,\mathrm{B}}=d_{2,\mathrm{B}}=d_{\mathrm{B}}$ 时，γ_{B} 可表示成参数为 $\lambda=\bar{r}_{\mathrm{U}}^{-1}d_{\mathrm{B}}^{2\alpha}$ 的两指数分布之和，即参数为 2 的伽马分布，此时 γ_{B} 的概率密度函数为

$$f_{\mathrm{B}}(x)=\lambda^2 x\exp(-\lambda x) \tag{3-45}$$

将式（3-45）代入式（3-44），P_{B} 表示为

$$P_{\mathrm{B}}=1-\left(\frac{d_{\mathrm{B}}^{2\alpha}\gamma_T}{\bar{r}_{\mathrm{U}}}+1\right)\exp\left(-\frac{d_{\mathrm{B}}^{2\alpha}\gamma_T}{\bar{r}_{\mathrm{U}}}\right) \tag{3-46}$$

第 j 个 UAV 至 BS 节点的链路中断概率 $P_{j,\mathrm{B}}$ 可表示为

$$P_{j,\mathrm{B}}=\Pr\left\{\gamma_{j,\mathrm{B}}<\gamma_T\right\}=\int_0^{\gamma_T} f_{j,\mathrm{B}}(x)\,\mathrm{d}x \tag{3-47}$$

式中，$f_{j,\mathrm{B}}(x)$ 为第 j 个 UAV 至 BS 链路接收机解调器输入瞬时信噪比 $\gamma_{j,\mathrm{B}}$ 的概率密度函数。

考虑到 $\gamma_{j,\mathrm{B}}$ 服从参数为 $\bar{r}_{\mathrm{U}}^{-1}d_{j,\mathrm{B}}^{2\alpha}$ 的指数分布，$f_{j,\mathrm{B}}(x)$ 表示为

$$f_{j,\mathrm{B}}(x)=\begin{cases}\dfrac{1}{\bar{r}_{\mathrm{U}}d_{j,\mathrm{B}}^{-2\alpha}}\exp\left(-\dfrac{x}{\bar{r}_{\mathrm{U}}d_{j,\mathrm{B}}^{-2\alpha}}\right), & x>0\\ 0, & x\leqslant 0\end{cases} \tag{3-48}$$

将式（3-48）代入式（3-47），$P_{j,\mathrm{B}}$ 可表示为

$$P_{j,\mathrm{B}}=1-\exp\left(-\frac{\gamma_T}{\bar{r}_{\mathrm{U}}d_{j,\mathrm{B}}^{-2\alpha}}\right) \tag{3-49}$$

将式（3-41）、式（3-44）、式（3-46）与式（3-49）代入式（3-38），P_{out} 可表示为

$$P_{\mathrm{out}}=1-P_1-P_2-P_3 \tag{3-50}$$

式中，

$$\begin{cases}P_1=\exp\left(-\dfrac{d_{\mathrm{M},1}^{2\alpha}+d_{\mathrm{M},2}^{2\alpha}}{\bar{r}_{\mathrm{M}}}\gamma_T\right)(1-P_{\mathrm{B}})\\ P_2=\exp\left(-\dfrac{d_{\mathrm{M},1}^{2\alpha}}{\bar{r}_{\mathrm{M}}}\gamma_T-\dfrac{d_{1,\mathrm{B}}^{2\alpha}}{\bar{r}_{\mathrm{U}}}\gamma_T\right)-\exp\left(-\dfrac{d_{\mathrm{M},1}^{2\alpha}+d_{\mathrm{M},2}^{2\alpha}}{\bar{r}_{\mathrm{M}}}\gamma_T-\dfrac{d_{1,\mathrm{B}}^{2\alpha}}{\bar{r}_{\mathrm{U}}}\gamma_T\right)\\ P_3=\exp\left(-\dfrac{d_{\mathrm{M},2}^{2\alpha}}{\bar{r}_{\mathrm{M}}}\gamma_T-\dfrac{d_{2,\mathrm{B}}^{2\alpha}}{\bar{r}_{\mathrm{U}}}\gamma_T\right)-\exp\left(-\dfrac{d_{\mathrm{M},1}^{2\alpha}+d_{\mathrm{M},2}^{2\alpha}}{\bar{r}_{\mathrm{M}}}\gamma_T-\dfrac{d_{2,\mathrm{B}}^{2\alpha}}{\bar{r}_{\mathrm{U}}}\gamma_T\right)\end{cases} \tag{3-51}$$

其中，

$$P_{\mathrm{B}}=\begin{cases}1+\dfrac{d_{2,\mathrm{B}}^{2\alpha}}{d_{1,\mathrm{B}}^{2\alpha}-d_{2,\mathrm{B}}^{2\alpha}}\exp\left(-\dfrac{d_{1,\mathrm{B}}^{2\alpha}\gamma_T}{\bar{r}_{\mathrm{U}}}\right)-\dfrac{d_{1,\mathrm{B}}^{2\alpha}}{d_{1,\mathrm{B}}^{2\alpha}-d_{2,\mathrm{B}}^{2\alpha}}\exp\left(-\dfrac{d_{2,\mathrm{B}}^{2\alpha}\gamma_T}{\bar{r}_{\mathrm{U}}}\right), & d_{1,\mathrm{B}}\neq d_{2,\mathrm{B}}\\ 1-\dfrac{d_{\mathrm{B}}^{2\alpha}\gamma_T}{\bar{r}_{\mathrm{U}}}\exp\left(-\dfrac{d_{\mathrm{B}}^{2\alpha}\gamma_T}{\bar{r}_{\mathrm{U}}}\right)-\exp\left(-\dfrac{d_{\mathrm{B}}^{2\alpha}\gamma_T}{\bar{r}_{\mathrm{U}}}\right), & d_{1,\mathrm{B}}=d_{2,\mathrm{B}}=d_{\mathrm{B}}\end{cases}$$

式（3-50）表明：在中断门限 γ_T 给定情况下，系统中断概率主要由信道大尺度衰

落决定。假设在 $t-\Delta t$ 时刻 UAV 位置给定情况下，由式（3-35）知道，t 时刻信道大尺度衰落由UAV-1和UAV-2的航向角 $\delta_1(t)$ 与 $\delta_2(t)$ 决定，$\delta_1(t)$ 与 $\delta_2(t)$ 以下简记为 $\delta_{1,t}$ 与 $\delta_{2,t}$。因此，可通过优化 t 时刻 UAV-1 和 UAV-2 的航向角，使得系统链路中断概率最小化：

$$\left\{\delta_{1,t}^{\text{opt}},\delta_{2,t}^{\text{opt}}\right\}=\arg\min_{\delta_{1,t},\delta_{2,t}}P_{\text{out}} \tag{3-52}$$

$$\text{s.t.}\begin{cases}\left|\delta_{1,t}-\delta_{1,t-\Delta t}\right|\leqslant\delta_{\max}\\ \left|\delta_{2,t}-\delta_{2,t-\Delta t}\right|\leqslant\delta_{\max}\end{cases}$$

式中，$\delta_{1,t}^{\text{opt}}$ 与 $\delta_{2,t}^{\text{opt}}$ 分别为 t 时刻 UAV-1 与 UAV-2 的最佳航向角。

式（3-52）描述的是一个含有边界约束的二维非线性最优化问题。由式（3-50）可知，P_{out} 是关于 $d_{\text{M},1}$、$d_{\text{M},2}$、$d_{1,\text{B}}$、$d_{2,\text{B}}$ 的四元函数，其中 $d_{\text{M},1}$ 与 $d_{1,\text{B}}$ 为 $\delta_{1,t}$ 的函数，$d_{\text{M},2}$ 与 $d_{2,\text{B}}$ 为 $\delta_{2,t}$ 的函数，且 $\delta_{1,t}$ 与 $\delta_{2,t}$ 相互独立。因此，以上问题可转换为两个含有边界约束的一维非线性最优化问题：

$$\begin{cases}\delta_{1,t}^{\text{opt}}=\arg\min\limits_{\delta_{1,t}}P_{\text{out}},\ \left|\delta_{1,t}-\delta_{1,t-\Delta t}\right|\leqslant\delta_{\max}\\ \delta_{2,t}^{\text{opt}}=\arg\min\limits_{\delta_{2,t}}P_{\text{out}},\ \left|\delta_{2,t}-\delta_{2,t-\Delta t}\right|\leqslant\delta_{\max}\end{cases} \tag{3-53}$$

针对以上问题，可使用线性搜索法解决，首先优化 $\delta_{1,t}$，其次优化 $\delta_{2,t}$，该方法称为分步优化法。

3.3.3 遍历容量与分集增益

遍历容量是衡量无线通信系统的一个重要技术指标，下面分析给出协作空时编码无人机中继通信系统的遍历容量。首先计算单跳链路的瞬时信息速率。

MU-UAV 链路的瞬时信息速率[13]为

$$\begin{aligned}R_{\text{M}}&=\frac{1}{2}\log_2\left(1+\gamma_{\text{M},1}\right)+\frac{1}{2}\log_2\left(1+\gamma_{\text{M},2}\right)\\&=\frac{1}{2}\log_2\left(1+\overline{r}_{\text{M}}\left|g_{\text{M},1}\right|^2d_{\text{M},1}^{-2\alpha}\right)\\&\quad+\frac{1}{2}\log_2\left(1+\overline{r}_{\text{M}}\left|g_{\text{M},2}\right|^2d_{\text{M},2}^{-2\alpha}\right)\end{aligned} \tag{3-54}$$

UAV-BS 链路的瞬时信息速率为

$$\begin{aligned}R_{\text{B}}&=\frac{1}{2}\log_2\left(1+\gamma_{\text{B}}\right)\\&=\frac{1}{2}\log_2\left(1+\overline{r}_{\text{U}}\left|g_{1,\text{B}}\right|^2d_{1,\text{B}}^{-2\alpha}+\overline{r}_{\text{U}}\left|g_{2,\text{B}}\right|^2d_{2,\text{B}}^{-2\alpha}\right)\end{aligned} \tag{3-55}$$

对于译码转发通信系统，系统遍历容量取决于两跳链路中遍历容量较小的一跳[13]：

$$C=\min\left(E_{g_{\text{M},1},g_{\text{M},2}}\left(R_{\text{M}}\right),E_{g_{1,\text{B}},g_{2,\text{B}}}\left(R_{\text{B}}\right)\right) \tag{3-56}$$

根据本章附录 D 的推导，系统的遍历容量最后表示为

$$\begin{cases} C=\begin{cases}\dfrac{1}{2\ln 2}\min(C_1,C_2), & d_{1,\mathrm{B}}\neq d_{2,\mathrm{B}}\\ \dfrac{1}{2\ln 2}\min(C_1,C_3), & d_{1,\mathrm{B}}=d_{2,\mathrm{B}}=d_{\mathrm{B}}\end{cases}\\ C_1=-\exp\left(\dfrac{d_{\mathrm{M},1}^{2\alpha}}{\overline{r}_{\mathrm{M}}}\right)E_1\left(-\dfrac{d_{\mathrm{M},1}^{2\alpha}}{\overline{r}_{\mathrm{M}}}\right)-\exp\left(\dfrac{d_{\mathrm{M},2}^{2\alpha}}{\overline{r}_{\mathrm{M}}}\right)E_1\left(-\dfrac{d_{\mathrm{M},2}^{2\alpha}}{\overline{r}_{\mathrm{M}}}\right)\\ C_2=\dfrac{\overline{r}_{\mathrm{U}}}{\left(d_{1,\mathrm{B}}^{2\alpha}-d_{2,\mathrm{B}}^{2\alpha}\right)}\left[\dfrac{d_{2,\mathrm{B}}^{2\alpha}}{\overline{r}_{\mathrm{U}}}E_1\left(-\dfrac{d_{1,\mathrm{B}}^{2\alpha}}{\overline{r}_{\mathrm{U}}}\right)\exp\left(\dfrac{d_{1,\mathrm{B}}^{2\alpha}}{\overline{r}_{\mathrm{U}}}\right)-\dfrac{d_{1,\mathrm{B}}^{2\alpha}}{\overline{r}_{\mathrm{U}}}E_1\left(-\dfrac{d_{2,\mathrm{B}}^{2\alpha}}{\overline{r}_{\mathrm{U}}}\right)\exp\left(\dfrac{d_{2,\mathrm{B}}^{2\alpha}}{\overline{r}_{\mathrm{U}}}\right)\right]\\ C_3=\left(\dfrac{d_{\mathrm{B}}^{2\alpha}}{\overline{r}_{\mathrm{U}}}-1\right)E_1\left(-\dfrac{d_{\mathrm{B}}^{2\alpha}}{\overline{r}_{\mathrm{U}}}\right)\exp\left(\dfrac{d_{\mathrm{B}}^{2\alpha}}{\overline{r}_{\mathrm{U}}}\right)+1 \end{cases} \tag{3-57}$$

式（3-57）表明：系统遍历容量主要取决于信道大尺度衰落和解调器输入平均信噪比。除遍历容量外，下面分析协作空时编码无人机中继通信系统的分集增益性能，并与单无人机中继通信系统（SISO）的分集增益性能进行比较。为方便分析，假设 MU 节点与 UAV 节点距离及 UAV 节点与 BS 节点的距离均为 d，且接收机解调器输入平均信噪比充分大，此时式（3-50）给出的中断概率 P_{out} 化简为

$$\begin{aligned} P_{\mathrm{out}} &\approx \frac{d_{\mathrm{B}}^{4\alpha}}{\overline{r}_{\mathrm{U}}^{\,2}}\gamma_T^2+\frac{d_{\mathrm{M},2}^{2\alpha}d_{\mathrm{B}}^{2\alpha}}{\overline{r}_{\mathrm{U}}\overline{r}_{\mathrm{M}}}\gamma_T^2+\frac{d_{\mathrm{M},1}^{2\alpha}d_{\mathrm{B}}^{2\alpha}}{\overline{r}_{\mathrm{U}}\overline{r}_{\mathrm{M}}}\gamma_T^2\\ &=\frac{d^{4\alpha}}{\overline{r}_{\mathrm{U}}^{\,2}}\gamma_T^2+\frac{d^{4\alpha}}{\overline{r}_{\mathrm{U}}\overline{r}_{\mathrm{M}}}\gamma_T^2+\frac{d^{4\alpha}}{\overline{r}_{\mathrm{U}}\overline{r}_{\mathrm{M}}}\gamma_T^2 \end{aligned} \tag{3-58}$$

由于 $\overline{r}_{\mathrm{M}}=2\overline{r}_{\mathrm{U}}$，因此式（3-58）最后表示为

$$\begin{aligned} P_{\mathrm{out}} &=\frac{d^{4\alpha}}{\overline{r}_{\mathrm{U}}^{\,2}}\gamma_T^2+\frac{d^{4\alpha}}{2\overline{r}_{\mathrm{U}}^{\,2}}\gamma_T^2+\frac{d^{4\alpha}}{2\overline{r}_{\mathrm{U}}^{\,2}}\gamma_T^2\\ &=k_1\overline{r}_{\mathrm{U}}^{\,-2} \end{aligned} \tag{3-59}$$

式中，$k_1=2d^{4\alpha}\gamma_T^2$。

式（3-59）表明：协作空时分组编码无人机中继通信系统可获得二重分集增益。

SISO 链路的中断概率为

$$P_{\mathrm{out\_SISO}}=1-(1-P_{\mathrm{MU}})(1-P_{\mathrm{UB}}) \tag{3-60}$$

式中，P_{MU} 为 MU-UAV 链路的中断概率；P_{UB} 为 UAV-BS 链路的中断概率。

利用相同的假设，$P_{\mathrm{out\_SISO}}$ 可简化为

$$\begin{aligned} P_{\mathrm{out\_SISO}} &=1-\exp\left(-\frac{d_{\mathrm{MU}}^{2\alpha}}{2\overline{r}_{\mathrm{U}}}\gamma_T\right)\exp\left(-\frac{d_{\mathrm{UB}}^{2\alpha}}{2\overline{r}_{\mathrm{U}}}\gamma_T\right)\\ &\approx\frac{d_{\mathrm{MU}}^{2\alpha}}{2\overline{r}_{\mathrm{U}}}\gamma_T+\frac{d_{\mathrm{UB}}^{2\alpha}}{2\overline{r}_{\mathrm{U}}}\gamma_T\\ &=k_2\overline{r}_{\mathrm{U}}^{\,-1} \end{aligned} \tag{3-61}$$

式中，$k_2=d^{2\alpha}\gamma_T$。

式（3-61）表明：SISO 可获得一重分集增益。

式（3-59）与式（3-61）比较表明：协作空时分组编码无人机中继通信系统可充分

获取信道的分集增益，链路性能显著优于 SISO。

3.3.4 无人机距离约束

为了保障两架协作中继无人机的飞行安全，同时获得系统的分集增益性能，通过设置图 3-9 所示的禁飞区实现距离约束。图 3-9 中，MU 与 BS 连线方向为 x 轴，垂直方向为 y 轴，禁飞区在地面投影为矩形区域$[-\infty<x<+\infty, y_l<y<y_u]$；为避免无人机进入禁飞区，在禁飞区外侧设置规避区，规避区在地面投影为$[-\infty<x<+\infty, y-r<y<y_l]\cup[-\infty<x<+\infty, y_u<y<y_u+r]$，其中 r 为无人机最小盘旋半径。

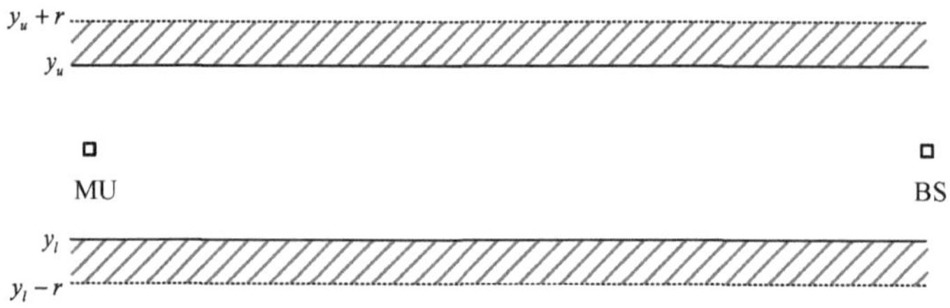

图 3-9　禁飞区模型

图 3-10 给出了无人机盘旋飞行航迹，实线代表无人机盘旋航迹，箭头代表无人机飞行方向，在 $t-\Delta t$ 时刻无人机位于 a 点，经过 Δt 时刻的飞行，无人机运动至 b 点。由图 3-10 观察到，无人机盘旋的航迹可近似为一个圆。假设无人机飞行速度为 v，最大转弯角为 $\delta_{\max}$，则在 Δt 时间内无人机飞行距离 $ab=v\Delta t$ 可视为圆的弦，其对应的圆心角为最大转弯角 $\delta_{\max}$。根据弦与圆心角的几何关系，可知无人机的最小盘旋半径为

$$r=\frac{v\Delta t}{2\sin\left(\dfrac{\delta_{\max}}{2}\right)} \tag{3-62}$$

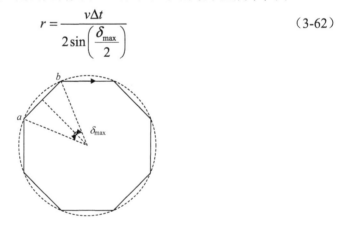

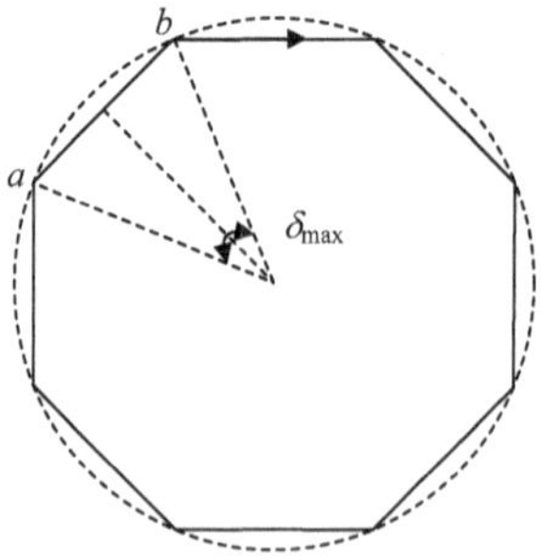

图 3-10　无人机盘旋飞行航迹

图 3-11 所示为无人机规避禁飞区，其中 A 点、C 点位于禁飞区边界，B 点、D 点位于规避区边界。UAV-1 由上方向 A 点飞行（飞行方向垂直于 x 轴），当 UAV-1 飞行至 B 点时，UAV-1 暂停航迹优化并进行规避飞行，以最大转弯角向任意一侧转弯飞行，直至 UAV-1 离开规避区；UAV-2 由下方向 C 点飞行，当 UAV-2 飞行至 D 点时，UAV-2 暂停航迹优化并进行规避飞行，以最大转弯角向飞行方向与 x 轴夹角呈锐角一侧转弯，直至

UAV-2 离开规避区；当无人机离开规避区后，恢复航迹优化。在无人机规避禁飞区时，可能出现图 3-12 所示的蛇形飞行航迹。

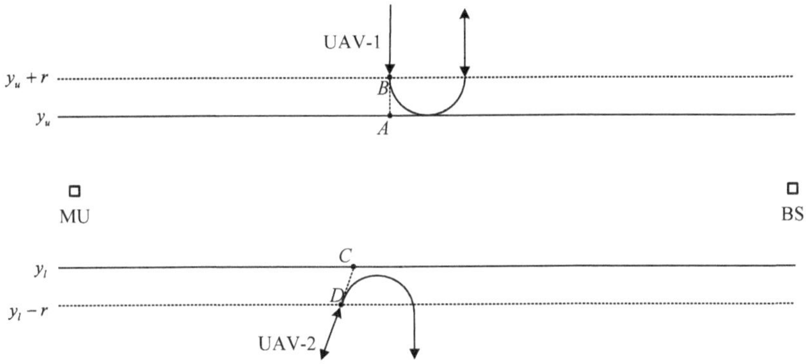

图 3-11　无人机规避禁飞区

图 3-12 给出了特殊情况下无人机规避禁飞区所形成的蛇形飞行航迹。无人机由下方向 A 点飞行，飞行至 B 点时，无人机暂停航迹优化，并进行规避飞行，无人机飞行至 C 点（规避区边界外），无人机恢复航迹优化，按照航迹优化方法的引导，无人机飞行至 D 点，无人机再次暂停航迹优化，并进行禁飞区规避飞行，最终形成图 3-12 所示的蛇形飞行航迹。

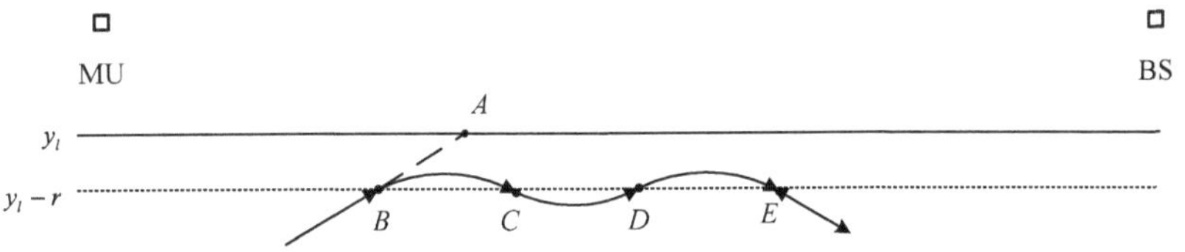

图 3-12　无人机规避禁飞区所形成的蛇形飞行航迹

以上情况下将导致无人机偏离最优中继位置，不利于链路可靠性的提高。之所以出现以上情况，是因为无人机恢复航迹优化的时机不恰当。为克服此问题，规定无人机恢复航迹优化的前提条件如下：①无人机离开规避区；②无人机飞行方向垂直于规避区的 x 轴。

综上所述，将禁飞区规避方法总结如下。

步骤 1：检查无人机，若进入规避区，则执行步骤 2。

步骤 2：暂停航迹优化，以最大转弯角向 UAV 飞行方向与水平方向夹角呈锐角一侧转弯（若夹角为直角，可向任意一侧转弯），并记录转弯方向，执行步骤 3。

步骤 3：检测 UAV 航向是否可转弯至 90°（UAV 位于禁飞区上侧）或−90°（UAV 位于禁飞区下侧），若是则执行步骤 5，否则执行步骤 4。

步骤 4：向步骤 2 中记录的转弯方向以最大转弯角转弯，执行步骤 3。

步骤 5：将 UAV 航向转弯至 90° 或−90° ，执行步骤 6。

步骤 6：开始航迹优化，执行步骤 1。

3.3.5 数值仿真

为验证所提出方案的正确性，构建协作空时编码无人机中继通信仿真系统。仿真系统由 MU、UAV-1、UAV-2 与 BS 4 个节点组成，各节点均配置单天线。表 3-2 给出了仿真系统的主要技术参数。

表 3-2 仿真系统的主要技术参数

参数	数值
BS 节点的初始位置坐标/m	(44500,2500,0)
MU 节点的初始位置坐标/m	(500,2500,0)
UAV-1 节点的初始位置坐标/m	(1000,4000,350)
UAV-2 节点的初始位置坐标/m	(1000,1000,350)
MU 节点的移动速度/(m/s)	10
UAV 的飞行速度/(m/s)	30
仿真时间/s	300
位置更新时间间隔/s	$\Delta t = 1$
路径损耗指数	$\alpha = 2.0$
MU 发射功率/dB	150
UAV 转发功率/dB	147
中断门限/dB	$\gamma_{\text{th}} = 5$

图 3-13 给出了中继无人机的飞行航迹（分步优化法与穷举搜索法）。其中，横坐标与纵坐标分别代表二维直角坐标系，虚线为禁飞区边界，“□”代表 MU 的运动轨迹，实线代表分步优化法得到的 UAV-1 与 UAV-2 的航迹，“*”代表穷举搜索法得到的 UAV-1 与 UAV-2 的航迹。航迹比较表明：分步优化法与穷举搜索法得到的无人机飞行航迹完全一致，验证了所提出航迹优化方法的正确性。

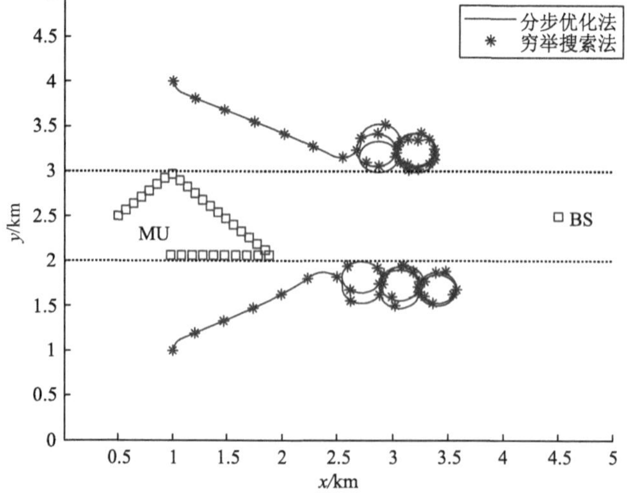

图 3-13 中继无人机的飞行航迹（分步优化法与穷举搜索法）

图 3-14 给出了系统中断概率和遍历容量（分步优化法与穷举搜索法）。其中，横坐标代表仿真时间，纵坐标代表链路中断概率与遍历容量，实线代表理论中断概率和遍历容量（分步优化法），“*”代表理论中断概率和遍历容量（穷举搜索法），“□”代表蒙特卡罗仿真方法获得的中断概率与遍历容量（分步优化法），“○”代表蒙特卡罗仿真方法获得的中断概率与遍历容量（穷举搜索法）。

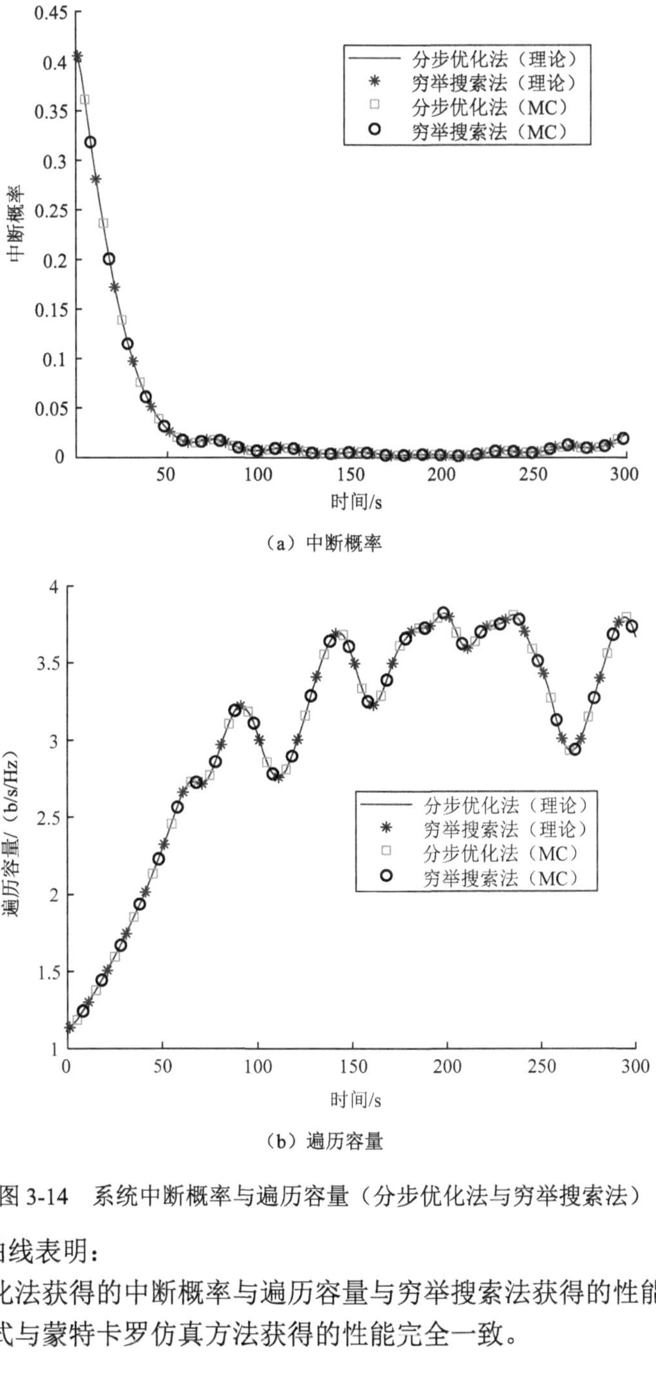

图 3-14　系统中断概率与遍历容量（分步优化法与穷举搜索法）

图 3.14 的曲线表明：

1）分步优化法获得的中断概率与遍历容量与穷举搜索法获得的性能完全一致。

2）理论公式与蒙特卡罗仿真方法获得的性能完全一致。

图 3-15 给出了 CSTBC 无人机中继通信系统与 SISO 的飞行航迹。为公平比较两种方案的性能，CSTBC 方案中无人机发射功率是 SISO 方案中无人机发射功率的一半，且 SISO 方案中无人机不存在禁飞区约束；此外，为便于观察，将 MU 节点固定设置。图 3-15 中的实线为 CSTBC 方案的 UAV 飞行航迹，点划线为 SISO 方案的 UAV 飞行航迹。仿真结果表明：CSTBC 方案中 UAV 飞行航迹始终位于禁飞区以外，SISO 方案中 UAV 飞行航迹则位于禁飞区内。

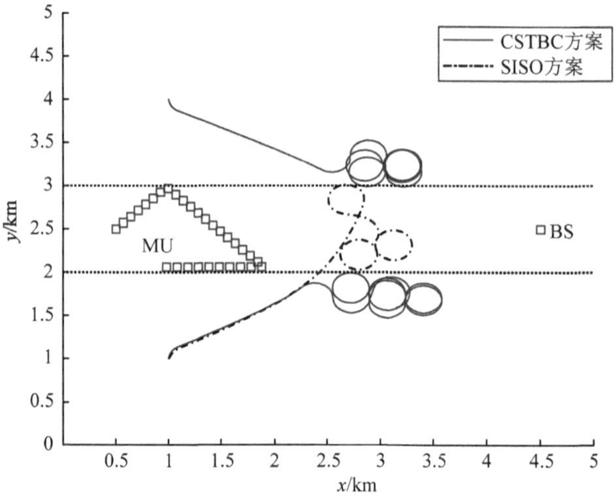

图 3-15　中继无人机的飞行航迹（CSTBC 方案与 SISO 方案）

图 3-16 给出了系统中断概率与遍历容量（CSTBC 方案与 SISO 方案）。图 3-16 中，实线代表 CSTBC 方案的中断概率与遍历容量，点划线代表 SISO 方案的中断概率与遍历容量。图 3-16 的曲线比较表明：与 SISO 方案相比，CSTBC 方案具有更低链路中断概率和更高遍历容量。

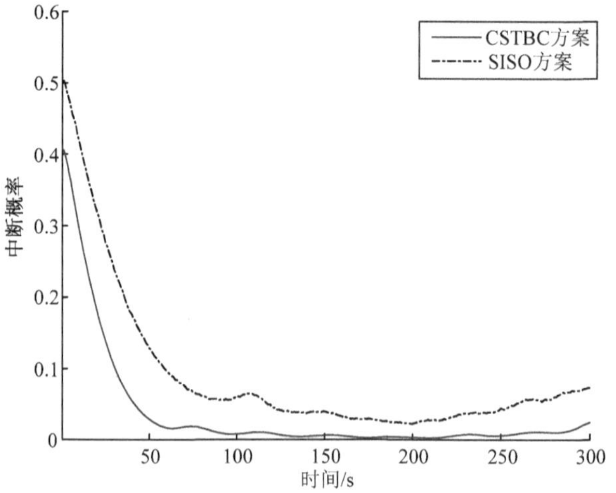

（a）中断概率

图 3-16　系统中断概率与遍历容量（CSTBC 方案与 SISO 方案）

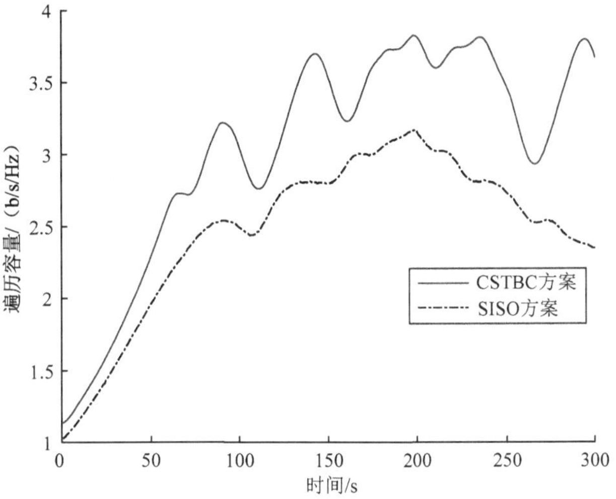

（b）遍历容量

图 3-16（续）

图 3-17 给出了路径损耗因子对无人机航迹的影响（路径损耗因子为 2 与 2.2）。图 3-17 中，实线代表路径损耗因子为 2 时的航迹，点划线代表路径损耗因子为 2.2 时的航迹。图 3-17 的曲线比较表明：①不同路径损耗因子情况下，所提出方法均可获得稳定飞行航迹；②路径损耗因子增大，无人机航迹没有明显变化。

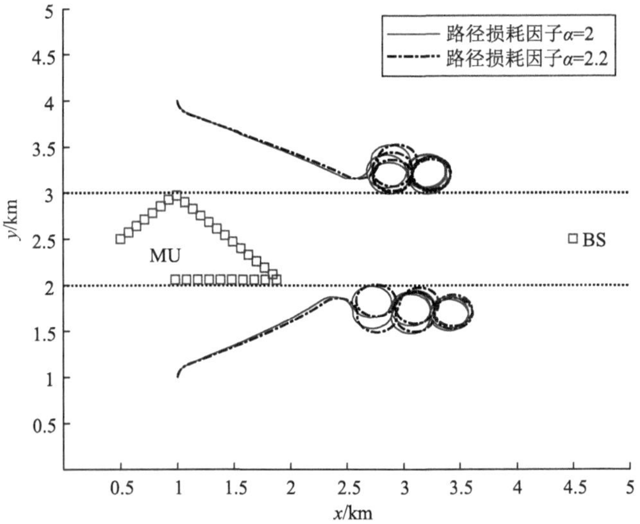

图 3-17　路径损耗因子对无人机航迹的影响（路径损耗因子为 2 与 2.2）

图 3-18 给出了路径损耗因子对中断概率与遍历容量的影响（路径损耗因子为 2 与 2.2）。图 3-18 中，实线代表路径损耗因子为 2 时的中断概率与遍历容量，点划线代表路径损耗因子为 2.2 时的中断概率与遍历容量。图 3-18 的曲线比较表明：随着路径损耗因子的增加，链路中断概率增加，遍历容量降低。

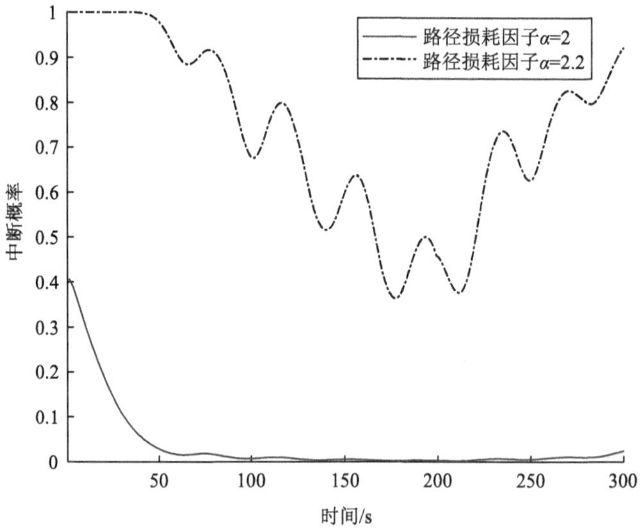

（a）中断概率

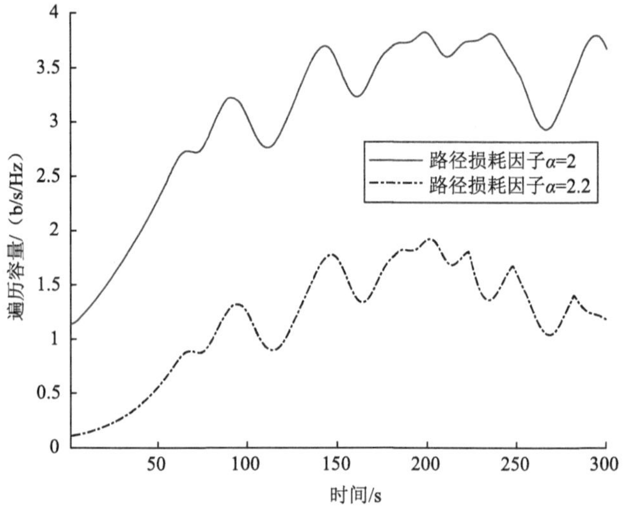

（b）遍历容量

图 3-18　路径损耗因子对中断概率与遍历容量的影响（路径损耗因子为 2 与 2.2）

本 章 小 结

为提高无人机中继通信系统链路传输的可靠性，本章介绍了两种基于空时分组编码发射分集的无人机中继传输系统：基于空时分组编码无人机中继通信系统与基于协作空时分组编码无人机中继通信系统。针对两种无人机中继传输方案，本章分别分析给出了中继无人机的航迹优化方法，并通过仿真验证了所提出方法的正确性与有效性。

本章研究结论如下：①与单天线无人机中继通信系统相比，空时分组编码的无人机中继通信系统可显著提高链路传输的可靠性；②协作空时分组编码无人机中继传输系统可充分获取信道提供的分集增益，改善链路传输的可靠性。

参 考 文 献

[1] ZHAN P, YU K, SWINDLEHURST A L. Wireless relay communications with unmanned aerial vehicles: performance and optimization[J]. IEEE Transactions on Aerospace and Electronics Systems, 2011, 47(3): 2068-2085.

[2] GOLDSMITH A. Wireless communications [M]. Cambridge: Cambridge university press, 2007.

[3] TAROKH V, JAFARKHANI H. Space-time block codes from orthogonal designs[J]. IEEE Transactions on Information Theory, 1999, 45(5): 1456-1467.

[4] PALAT R C, ANNAMALAU A, REED J R. Cooperative relaying for ad-hoc ground networks using swarm UAVs[C]// IEEE Military Communications Conference. Atlantic City: IEEE, 2005: 1588-1594.

[5] OUYANG J, ZHUANG Y, LIN M. Optimization of beamforming and path planning for UAV-assisted wireless relay networks [J]. Chinese Journal of Aeronautics, 2014, 27(2): 313-320.

[6] 刘海涛，赵文强，李春鸣，等. 空时分组编码的无人机中继通信航迹规划方法[J]. 航空学报，2017, 38(9): 274-283.

[7] 刘海涛，刘晓畅，黄金凤，等. 禁飞区约束的协作空时分组编码无人机中继通信系统航迹优化[J/OL].（2023-04-06）[2023-04-28]. 北京航空航天大学学报：1-18. DOI:10.13700/j.bh.1001-5965.2022.0351.

[8] FENG J, SWINDLEHURST A L. Optimization of UAV heading for the ground-to-air uplink[J]. IEEE Journal on Selected Areas in Communications, 2012, 30(5): 993-1005.

[9] ZAIDI Z R, MARK B L, THOMAS R K. A two-tier representation of node mobility in ad hoc networks[C]// IEEE Communications Society Conference on Sensor and Ad Hoc Communications and Networks. Piscataway: IEEE Press, 2004: 153-161.

[10] DUBINS L E. On curves of minimal length with a constraint on average curvature, and with prescribed initial and terminal positions and tangents[J]. American Journal of Mathematics, 1957, 79(3): 497-516.

[11] GREGSON P H. Using angular dispersion of gradient direction for detecting edge ribbons[J]. IEEE Transactions on Pattern Analysis & Machine Intelligence, 1993, 15(7): 682-696.

[12] SIMON M K, ALOUINI M S. Digital communication over fading channels[M]. 2nd ed. New York: John Wiley & Sons, 2005.

[13] RUI X Y. Capacity analysis of decode-and-forward protocol with partial relay selection[C]// International Conference on Wireless Communications & Signal Processing. Suzhou: IEEE, 2010:1-3.

附　　录

附录 A

假设在 FM 模型中，被估计的 $f_Z(z)$ 由 N 个服从高斯分布的概率密度函数 s 加权求和组成。因此，对于单变量的 FM 模型，随机变量 Z 的概率密度函数可表示为*

$$f_Z(z|\boldsymbol{\Theta})=\sum_{k=1}^{N}\pi_k\Phi_k(z;\boldsymbol{\theta}_k) \tag{A-1}$$

* MCLACHLAN G, PEEL D. Finite mixture models[M]. New York: Wiley, 2000.

式中，π_k 为第 k 个分量的加权系数且满足 $\sum_{k=1}^{N}\pi_k = 1(\pi_k > 0)$；符号 $\boldsymbol{\Theta}$ 为参数 $(\pi_1,\pi_2,\cdots,\pi_N;\ \boldsymbol{\theta}_1,\boldsymbol{\theta}_2,\cdots,\boldsymbol{\theta}_N)$ 的集合；$\boldsymbol{\Phi}_k(z;\boldsymbol{\theta}_k)$ 为 FM 模型中的第 k 个混合项，并且所含的未知参数为 $\boldsymbol{\theta}_k = \left[\sigma_k^2,\mu_k\right]$，具体可表示为

$$\boldsymbol{\Phi}_k(z;\boldsymbol{\theta}_k) = \left(\frac{1}{2\pi\sigma_k^2}\right)^{\frac{1}{2}} \exp\left[-\frac{(z-\mu_k)^2}{2\sigma_k^2}\right] \tag{A-2}$$

对于上述 FM 模型中混合项参数的估计，可利用经典算法——EM 算法。要利用 EM 算法估计 FM 模型中混合项的未知参数，首先要确定混合项的个数 N、被估计参数的初始值 $\boldsymbol{\Theta}_0$ 和 EM 算法迭代的终止条件 ε；其次，可利用 EM 算法的迭代公式不断更新这些参数值，直到满足 EM 算法的终止条件。接下来给出以上参数的具体迭代公式：

$$\sum_{p=1}^{M}\sum_{k=1}^{N}\tau_{p,k}^{(l)}\frac{\partial}{\partial\zeta_k}\log\left[\pi_k\boldsymbol{\Phi}_k\left(z_p;\boldsymbol{\theta}_k\right)\right] = 0 \tag{A-3}$$

式中，ζ_k 为加权系数 π_k 或者参数 $\boldsymbol{\theta}_k$；$\tau_{p,k}^{(l)}$ 为第 l 次更新参数集时样本点 z_p 属于第 k 个混合项的后验概率，具体可表示为

$$\tau_{p,k}^{(l)} = \frac{\hat{\pi}_k^{(l)}\boldsymbol{\Phi}_k\left(z_p;\boldsymbol{\theta}_k^{(l)}\right)}{\sum_{k=1}^{g}\hat{\pi}_k^{(l)}\boldsymbol{\Phi}_k\left(z_p;\boldsymbol{\theta}_k^{(l)}\right)},\quad k=1,2,\cdots,N;p=1,2,\cdots,M \tag{A-4}$$

根据式（A-4）及加权系数的限制条件 $\sum_{k=1}^{N}\pi_k = 1$，便可得到加权系数 π_k 的更新公式：

$$\pi_k^{(l+1)} = \frac{\sum_{p=1}^{M}\tau_{p,k}^{(l)}}{M} \tag{A-5}$$

再根据式（A-3），对 μ_k 求偏导数，可得 μ_k 的更新公式：

$$\mu_k^{(l+1)} = \frac{\sum_{p=1}^{M}\tau_{p,k}^{(l)}z_p}{\sum_{p=1}^{M}\tau_{p,k}^{(l)}} \tag{A-6}$$

进一步根据式（A-3）可求得 σ_k^2 的更新公式：

$$\sigma_k^{2(l+1)} = \frac{\sum_{p=1}^{M}\tau_{p,k}^{(l)}\left[z_p-\mu_k^{(l)}\right]^2}{\sum_{p=1}^{M}\tau_{p,k}^{(l)}} \tag{A-7}$$

综上，利用 EM 算法进行 FM 模型估计的实施步骤如下：

1）确定 FM 模型中混合项的项数 N。

2）对参数空间 $\boldsymbol{\Theta} = \left\{\pi_k,\mu_k,\sigma_k^2;k=1,2,\cdots,N\right\}$ 进行初始化。

3）利用式（A-4）计算每一个观测数据 z_p 所对应的后验概率。

4）利用式（A-5）～式（A-7）更新参数集 $\boldsymbol{\Theta}$。

5）重复第 3）步与第 4）步，直到 EM 算法收敛。

附录 B

MU 节点的运动模型采用一阶自回归模型。假定 MU 节点在 $t-\Delta t$ 时刻的状态用 $\boldsymbol{s}_{\mathrm{M},t-\Delta t}$ 表示，即

$$\boldsymbol{s}_{\mathrm{M},t-\Delta t}=\left[x_{\mathrm{M},t-\Delta t},y_{\mathrm{M},t-\Delta t},v_{\mathrm{M},t-\Delta t}^{x},v_{\mathrm{M},t-\Delta t}^{y}\right]^{\mathrm{T}} \tag{B-1}$$

式中，$x_{\mathrm{M},t-\Delta t}$ 与 $y_{\mathrm{M},t-\Delta t}$ 分别为 MU 节点在 $t-\Delta t$ 时刻的位置坐标在三维直角坐标系 x 轴和 y 轴方向上的分量；$v_{\mathrm{M},t-\Delta t}^{x}$ 与 $v_{\mathrm{M},t-\Delta t}^{y}$ 分别为 $t-\Delta t$ 时刻 MU 节点的速度在 x 轴和 y 轴方向上的分量。

因此，MU 节点在 $t-\Delta t$ 时刻的状态可表示为

$$\boldsymbol{s}_{\mathrm{M},t}=\boldsymbol{T}_{\mathrm{M}}\boldsymbol{s}_{\mathrm{M},t-\Delta t}+\boldsymbol{w}_{\mathrm{M},t} \tag{B-2}$$

$$\boldsymbol{T}_{\mathrm{M}}=\begin{bmatrix}1&0&\Delta t&0\\0&1&0&\Delta t\\0&0&1&0\\0&0&0&1\end{bmatrix} \tag{B-3}$$

式中，$\boldsymbol{w}_{\mathrm{M},t}\sim\mathcal{CN}\left(0,\sigma_w^2\boldsymbol{I}_4\right)$ 为状态噪声，即为了反映 MU 节点在 t 时刻的状态 $\boldsymbol{s}_{\mathrm{M},t}$ 是随机的。

附录 C

设 $X\sim E(\lambda_1),Y\sim E(\lambda_2),Z=X+Y$，其中 X 与 Y 相互独立，$\lambda_1\neq\lambda_2,\lambda_1,\lambda_2>0$，则 X 与 Y 的概率密度函数为

$$f_X(x)=\begin{cases}\lambda_1\mathrm{e}^{-\lambda_1 x}, & x>0\\0, & x\leqslant 0\end{cases} \tag{C-1}$$

$$f_Y(y)=\begin{cases}\lambda_2\mathrm{e}^{-\lambda_2 y}, & x>0\\0, & x\leqslant 0\end{cases} \tag{C-2}$$

由于X与Y统计独立，因此X与Y的联合概率密度函数为

$$f(x,y)=f_X(x)f_Y(y) \tag{C-3}$$

$Z=X+Y$的概率密度函数为

$$\begin{aligned}f_Z(z)&=\int_{-\infty}^{+\infty}f(x,z-x)\,\mathrm{d}x\\&=\int_{-\infty}^{+\infty}f_X(x)f_Y(z-x)\,\mathrm{d}x\end{aligned} \tag{C-4}$$

当 $z<0$ 时，Z的概率密度函数为

$$\begin{aligned}f_Z(z)&=\int_{-\infty}^{0}f_X(x)f_Y(z-x)\mathrm{d}x+\int_{0}^{+\infty}f_X(x)f_Y(z-x)\mathrm{d}x\\&=0\end{aligned} \tag{C-5}$$

当 $z\geqslant 0$ 时，Z的概率密度函数为

$$f_Z(z)=\frac{\lambda_1\lambda_2}{\lambda_1-\lambda_2}\left(\mathrm{e}^{-\lambda_2 z}-\mathrm{e}^{-\lambda_1 z}\right) \tag{C-6}$$

附录 D

译码转发通信系统的遍历容量为

$$
\begin{aligned}
C &= \min\left(E_{g_{\mathrm{M},1},g_{\mathrm{M},2}}(R_{\mathrm{M}}), E_{g_{1,\mathrm{B}},g_{2,\mathrm{B}}}(R_{\mathrm{B}})\right) \\
&= \frac{1}{2}\min\left(\begin{aligned}&E_{g_{\mathrm{M},1}}\left[\log_2\left(1+\bar{r}_{\mathrm{M}}\left|g_{\mathrm{M},1}\right|^2 d_{\mathrm{M},1}^{-2\alpha}\right)\right]+E_{g_{\mathrm{M},2}}\left[\log_2\left(1+\bar{r}_{\mathrm{M}}\left|g_{\mathrm{M},2}\right|^2 d_{\mathrm{M},2}^{-2\alpha}\right)\right],\\ &E_{g_{1,\mathrm{B}},g_{2,\mathrm{B}}}\left[\log_2\left(1+\bar{r}_{\mathrm{U}}\left|g_{1,\mathrm{B}}\right|^2 d_{1,\mathrm{B}}^{-2\alpha}+\bar{r}_{\mathrm{U}}\left|g_{2,\mathrm{B}}\right|^2 d_{2,\mathrm{B}}^{-2\alpha}\right)\right]\end{aligned}\right)
\end{aligned} \tag{D-1}
$$

由于$\bar{r}_{\mathrm{M}}\left|g_{\mathrm{M},j}\right|^2 d_{\mathrm{M},j}^{-2\alpha}\quad (j=1,2)$服从参数为$\bar{r}_{\mathrm{M}}^{-1}d_{\mathrm{M},j}^{2\alpha}$的指数分布，因此$E_{g_{\mathrm{M},1},g_{\mathrm{M},2}}(R_{\mathrm{M}})$可表示为

$$
\begin{aligned}
E_{g_{\mathrm{M},1},g_{\mathrm{M},2}}(R_{\mathrm{M}}) &= \frac{1}{2}\int_0^{+\infty}\log_2(1+x)\frac{d_{\mathrm{M},1}^{2\alpha}}{\bar{r}_{\mathrm{M}}}\exp\left(-\frac{d_{\mathrm{M},1}^{2\alpha}}{\bar{r}_{\mathrm{M},1}}x\right)\mathrm{d}x \\
&\quad +\frac{1}{2}\int_0^{+\infty}\log_2(1+y)\frac{d_{\mathrm{M},2}^{2\alpha}}{\bar{r}_{\mathrm{M}}}\exp\left(-\frac{d_{\mathrm{M},2}^{2\alpha}}{\bar{r}_{\mathrm{M},2}}y\right)\mathrm{d}y \\
&= -\frac{1}{2\ln 2}\left[\exp\left(\frac{d_{\mathrm{M},1}^{2\alpha}}{\bar{r}_{\mathrm{M}}}\right)E_1\left(-\frac{d_{\mathrm{M},1}^{2\alpha}}{\bar{r}_{\mathrm{M}}}\right)+\exp\left(\frac{d_{\mathrm{M},2}^{2\alpha}}{\bar{r}_{\mathrm{M}}}\right)E_1\left(-\frac{d_{\mathrm{M},2}^{2\alpha}}{\bar{r}_{\mathrm{M}}}\right)\right]
\end{aligned} \tag{D-2}
$$

式中，$E_1(\cdot)=\int_{-\infty}^{x}\frac{\mathrm{e}^u}{u}\mathrm{d}u$，表示一元指数积分函数。

当$d_{1,\mathrm{B}}\neq d_{2,\mathrm{B}}$时，由式（3-43），$E_{g_{1,\mathrm{B}},g_{2,\mathrm{B}}}(R_{\mathrm{B}})$可表示为

$$
E_{g_{1,\mathrm{B}},g_{2,\mathrm{B}}}(R_{\mathrm{B}})=\frac{1}{2\ln 2(\lambda_1-\lambda_2)}\left[\lambda_2 E_1(-\lambda_1)\exp(\lambda_1)-\lambda_1 E_1(-\lambda_2)\exp(\lambda_2)\right] \tag{D-3}
$$

式中，$\lambda_j=\bar{r}_{\mathrm{U}}^{-1}d_{j,\mathrm{B}}^{2\alpha}\,(j=1,2)$。

将式（D-2）、式（D-3）代入式（D-1），可得$d_{1,\mathrm{B}}\neq d_{2,\mathrm{B}}$时系统遍历容量为

$$
\begin{cases}
C=\dfrac{1}{2\ln 2}\min(C_1,C_2)\\
C_1=-\exp\left(\dfrac{d_{\mathrm{M},1}^{2\alpha}}{\bar{r}_{\mathrm{M}}}\right)E_1\left(-\dfrac{d_{\mathrm{M},1}^{2\alpha}}{\bar{r}_{\mathrm{M}}}\right)-\exp\left(\dfrac{d_{\mathrm{M},2}^{2\alpha}}{\bar{r}_{\mathrm{M}}}\right)E_1\left(-\dfrac{d_{\mathrm{M},2}^{2\alpha}}{\bar{r}_{\mathrm{M}}}\right)\\
C_2=\dfrac{\bar{r}_{\mathrm{U}}}{\left(d_{1,\mathrm{B}}^{2\alpha}-d_{2,\mathrm{B}}^{2\alpha}\right)}\left[\dfrac{d_{2,\mathrm{B}}^{2\alpha}}{\bar{r}_{\mathrm{U}}}E_1\left(-\dfrac{d_{1,\mathrm{B}}^{2\alpha}}{\bar{r}_{\mathrm{U}}}\right)\exp\left(\dfrac{d_{1,\mathrm{B}}^{2\alpha}}{\bar{r}_{\mathrm{U}}}\right)-\dfrac{d_{1,\mathrm{B}}^{2\alpha}}{\bar{r}_{\mathrm{U}}}E_1\left(-\dfrac{d_{2,\mathrm{B}}^{2\alpha}}{\bar{r}_{\mathrm{U}}}\right)\exp\left(\dfrac{d_{2,\mathrm{B}}^{2\alpha}}{\bar{r}_{\mathrm{U}}}\right)\right]
\end{cases} \tag{D-4}
$$

当$d_{1,\mathrm{B}}=d_{2,\mathrm{B}}$时，由式（3-46），$E_{g_{1,\mathrm{B}},g_{2,\mathrm{B}}}(R_{\mathrm{B}})$可表示为

$$
E_{g_{1,\mathrm{B}},g_{2,\mathrm{B}}}(R_{\mathrm{B}})=\frac{1}{2\ln 2}\left[(\lambda-1)E_1(-\lambda)\exp(\lambda)+1\right] \tag{D-5}
$$

式中，$\lambda=\bar{r}_{\mathrm{U}}^{-1}d_{\mathrm{B}}^{2\alpha}$。

将式（D-2）、式（D-5）代入式（D-1），可得到$d_{1,\mathrm{B}}=d_{2,\mathrm{B}}=d_{\mathrm{B}}$时系统遍历容量为

$$\begin{cases} C = \dfrac{1}{2\ln 2}\min(C_1, C_3) \\ C_1 = -\exp\left(\dfrac{d_{\mathrm{M},1}^{2\alpha}}{\overline{r}_{\mathrm{M}}}\right)E_1\left(-\dfrac{d_{\mathrm{M},1}^{2\alpha}}{\overline{r}_{\mathrm{M}}}\right) - \exp\left(\dfrac{d_{\mathrm{M},2}^{2\alpha}}{\overline{r}_{\mathrm{M}}}\right)E_1\left(-\dfrac{d_{\mathrm{M},2}^{2\alpha}}{\overline{r}_{\mathrm{M}}}\right) \\ C_3 = \left(\dfrac{d_{\mathrm{B}}^{2\alpha}}{\overline{r}_{\mathrm{U}}} - 1\right)E_1\left(-\dfrac{d_{\mathrm{B}}^{2\alpha}}{\overline{r}_{\mathrm{U}}}\right)\exp\left(\dfrac{d_{\mathrm{B}}^{2\alpha}}{\overline{r}_{\mathrm{U}}}\right) + 1 \end{cases} \tag{D-6}$$

式（D-4）与式（D-6）结合即式（3-56）。

第 4 章　共信道干扰环境下无人机中继通信系统

4.1　引　　言

与地基中继通信系统相比，无人机中继通信具有通信距离远、部署灵活、中继位置灵活可控、系统构建迅捷、维护成本低等多方面的优势，因此无人机中继通信在军用和民用领域获得广泛的应用[1-2]。由于无人机中继通信系统覆盖范围较广，无人机中继通信更容易受到共信道干扰的影响，共信道干扰会显著恶化无人机中继通信系统链路传输的可靠性[3]。围绕无人机中继通信系统航迹优化问题，近年来国内外开展了大量研究工作[4-8]。但对存在共信道干扰因素影响时无人机中继通信系统航迹优化问题的研究仍较匮乏，共信道干扰对中继无人机航迹的作用机理尚不十分清楚，因此面向共信道干扰环境下无人机中继通信航迹优化问题的研究非常迫切。本章重点研究共信道干扰环境下无人机中继通信系统航迹优化问题。

共信道干扰环境下无人机中继通信系统航迹优化问题的研究现状如下：以基站接收机输入信干噪比（signal to interference plus noise ratio，SINR）最大化准则为基础，文献[9]提出了中继无人机的航迹优化方法，但没有定量给出共信道干扰对链路传输可靠性的影响。以中继链路吞吐量最大化准则为基础，文献[10]利用连续凸近似技术提出了一种中继无人机的三维航迹优化方法。文献[11]提出了干扰检测-干扰源定位-干扰规避的无人机中继传输方案，并以中继链路误帧率最小化准则为基础，提出了中继无人机的航迹优化方法，研究表明，利用所提方法可有效规避地面干扰源的影响。

针对共信道干扰环境下无人机中继通信系统航迹优化问题，本章介绍了两种传输方案及无人机航迹优化方法。4.2 节以译码转发无人机中继通信系统为研究对象，首先给出共信道干扰环境下译码转发无人机中继通信系统模型，然后以链路中断概率最小化准则为基础，给出了联合无人机飞行速度及航迹的优化方法。4.3 节以放大转发无人机中继通信系统为研究对象，首先给出了共信道干扰环境下放大转发无人机中继通信系统的模型，随后分析给出了无人机中继通信系统的中断概率和遍历容量计算方法，最后以基站解调器 SINR 最大化准则为基础，给出中继无人机的航迹优化方法。

4.2　译码转发无人机中继通信系统

4.2.1　系统模型

图 4-1 给出了共信道干扰环境下译码转发无人机中继通信系统示意图[3]。系统由 4 类节点组成，它们分别是 MU 节点、BS 节点、固定翼 UAV 节点及 K 个静止共信道

干扰源（jammer，JM_k，$k=1,2,\cdots,K$）。假设 MU 节点与 BS 节点之间的距离遥远，不存在 MU 节点与 BS 节点之间的直达通信链路，可利用无人机搭载中继通信载荷，构建 MU 节点至 BS 节点的无人机中继通信链路。此外，在无人机中继通信过程中，UAV 节点会持续接收到地面静止干扰源发射的干扰信号。另外，假设系统内各个节点均使用单根天线，且 UAV 采用译码转发方式工作。最后，为方便叙述，仅考虑了 MU 节点至 BS 节点的单向通信。

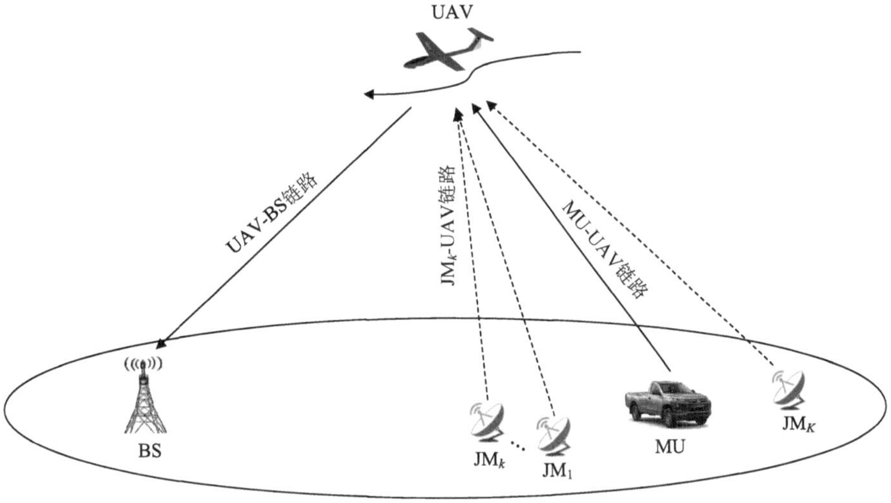

图 4-1　共信道干扰环境下译码转发无人机中继通信系统示意图

共信道干扰环境下译码转发无人机中继通信系统信号的传输分为两个时隙。t 时刻，第 1 个时隙，MU 节点发射信号至 UAV 节点，UAV 节点接收信号表示为[7]

$$r_{\mathrm{U},t}=\sqrt{P_{\mathrm{M}}}h_{\mathrm{MU},t}s_t+n_{\mathrm{MU},t}+\sum_{k=1}^{K}\sqrt{P_k}h_{k,t}w_{k,t} \tag{4-1}$$

式中，P_{M} 为 MU 节点发射信号功率；s_t 为 MU 节点在 t 时刻传输的调制符号，其满足 $E\left[|s_t|^2\right]=1$；$n_{\mathrm{MU},t}$ 为 UAV 接收天线输入的噪声信号，其建模为均值为 0、方差为 σ_{M}^2 的复高斯白噪声；$h_{\mathrm{MU},t}$ 为 MU 节点发射天线至 UAV 节点接收天线的信道衰落系数；K 为干扰源的数目；P_k 为第 k 个静止干扰源的发射信号功率；$w_{k,t}$ 为第 k 个静止干扰源发射的干扰符号，其满足 $E\left[|w_{k,t}|^2\right]=1$；$h_{k,t}$ 为第 k 个静止干扰源发射天线至 UAV 节点接收天线的信道衰落系数。

第 2 个时隙，UAV 节点采用译码转发方式中继接收信号，则 BS 节点处接收信号表示为[7]

$$r_{\mathrm{B},t}=\sqrt{P_{\mathrm{U}}}h_{\mathrm{UB},t}x_t+n_{\mathrm{UB},t} \tag{4-2}$$

式中，P_{U} 为 UAV 发射信号功率；x_t 为 t 时刻 UAV 节点传输的调制符号，其满足 $E\left[|x_t|^2\right]=1$；$n_{\mathrm{UB},t}$ 为 BS 节点接收天线输入的噪声信号，其建模为均值为 0，方差为 σ_{U}^2 的复高斯白噪声；$h_{\mathrm{UB},t}$ 为 UAV 节点发射天线至 BS 节点接收天线的信道衰落系数。

根据文献[6]，MU 节点至 UAV 节点、UAV 节点至 BS 节点及各个干扰源至 UAV 节点之间的信道衰落系数建模为包含路径损耗的瑞利衰落信道：

$$h_{X,t}=\frac{g_{X,t}}{d_{X,t}^{\alpha}},\quad X\in\{\mathrm{MU},\mathrm{UB},k\} \tag{4-3}$$

式中，$g_{X,t}$ 分别为 MU 节点至 UAV 节点、UAV 节点至 BS 节点、第 k 个干扰源至 UAV 节点之间信道的小尺度衰落系数，其建模为均值为 0、方差为 1 的复高斯随机变量；α 为信道的路径损耗因子；$d_{X,t}$ 分别为 UAV 节点至 MU 节点、UAV 节点至 BS 节点、UAV 节点至第 k 个干扰源节点之间的距离。

为得到 UAV 节点至 MU 节点、BS 节点及干扰源节点的距离，建立三维直角坐标系。假设 BS 节点和 JM_k 节点的三维坐标分别为 $(x_{\mathrm{B}},y_{\mathrm{B}},0)$ 和 $(x_k,y_k,0)$；t 时刻 MU 节点与 UAV 节点的三维坐标分别为 $(x_{\mathrm{M},t},y_{\mathrm{M},t},0)$ 和 $(x_{\mathrm{U},t},y_{\mathrm{U},t},h_t)$，则 $d_{\mathrm{MU},t}$、$d_{\mathrm{UB},t}$ 及 $d_{k,t}$ 可表示为

$$d_{\mathrm{MU},t}=\sqrt{\left(x_{\mathrm{U},t}-x_{\mathrm{M},t}\right)^2+\left(y_{\mathrm{U},t}-y_{\mathrm{M},t}\right)^2+h_t^2} \tag{4-4}$$

$$d_{\mathrm{UB},t}=\sqrt{\left(x_{\mathrm{U},t}-x_{\mathrm{B}}\right)^2+\left(y_{\mathrm{U},t}-y_{\mathrm{B}}\right)^2+h_t^2} \tag{4-5}$$

$$d_{k,t}=\sqrt{\left(x_{\mathrm{U},t}-x_k\right)^2+\left(y_{\mathrm{U},t}-y_k\right)^2+h_t^2} \tag{4-6}$$

假设在无人机中继通信过程中，无人机飞行的高度保持恒定，即 $h_t=h$，另外根据 Dubins 运动模型[11]，无人机在 t 时刻的位置坐标为

$$\begin{cases}x_{\mathrm{U},t}=x_{\mathrm{U},t-\Delta t}+v_{\mathrm{U},t}\Delta t\cos\delta_t\\ y_{\mathrm{U},t}=y_{\mathrm{U},t-\Delta t}+v_{\mathrm{U},t}\Delta t\sin\delta_t\end{cases} \tag{4-7}$$

式中，Δt 为 UAV 位置更新时间间隔；$(x_{\mathrm{U},t-\Delta t},y_{\mathrm{U},t-\Delta t})$为 $t-\Delta t$ 时刻 UAV 的二维平面坐标；$v_{\mathrm{U},t}$ 为 t 时刻无人机的飞行速度，其满足 $v_{\min}\leqslant v_{\mathrm{U},t}\leqslant v_{\max}$；$\delta_t$ 为 t 时刻 UAV 的航向角，其满足 $\delta_{t-\Delta t}-\delta_{\max}\leqslant\delta_t\leqslant\delta_{t-\Delta t}+\delta_{\max}$，$\delta_{\max}$ 为 UAV 的最大转弯角。

将式（4-7）分别代入式（4-4）、式（4-5）与式（4-6）中，t 时刻 UAV 节点与 MU 节点的距离为

$$d_{\mathrm{MU},t}=\sqrt{a_{\mathrm{M},t}+b_{\mathrm{M},t}\cos\delta_t+c_{\mathrm{M},t}\sin\delta_t} \tag{4-8}$$

式中，

$$\begin{cases}a_{\mathrm{M},t}=\left(x_{\mathrm{U},t-\Delta t}-x_{\mathrm{M},t}\right)^2+\left(y_{\mathrm{U},t-\Delta t}-y_{\mathrm{M},t}\right)^2+h^2+v_{\mathrm{U},t}^2\Delta t^2\\ b_{\mathrm{M},t}=2v_{\mathrm{U},t}\left(x_{\mathrm{U},t-\Delta t}-x_{\mathrm{M},t}\right)\Delta t\\ c_{\mathrm{M},t}=2v_{\mathrm{U},t}\left(y_{\mathrm{U},t-\Delta t}-y_{\mathrm{M},t}\right)\Delta t\end{cases} \tag{4-9}$$

同理

$$d_{\mathrm{UB},t},d_{k,t}=\sqrt{a_{Y,t}+b_{Y,t}\cos\delta_t+c_{Y,t}\sin\delta_t},\quad Y\in\{\mathrm{B},k\} \tag{4-10}$$

式中，

$$\begin{cases}a_{Y,t}=\left(x_{\mathrm{U},t-\Delta t}-x_Y\right)^2+\left(y_{\mathrm{U},t-\Delta t}-y_Y\right)^2+h^2+v_{\mathrm{U},t}^2\Delta t^2\\ b_{Y,t}=2v_{\mathrm{U},t}\left(x_{\mathrm{U},t-\Delta t}-x_Y\right)\Delta t\\ c_{Y,t}=2v_{\mathrm{U},t}\left(y_{\mathrm{U},t-\Delta t}-y_Y\right)\Delta t\end{cases} \tag{4-11}$$

假设 UAV 在 $t-\Delta t$ 时刻通过卡尔曼滤波[12]预测得到 t 时刻 MU 节点的空间位置，此外在 $t-\Delta t$ 时刻 UAV 三维位置坐标给定情况下，由式（4-8）与式（4-10）可观察到：影响 t 时刻 UAV 节点至 MU 节点、BS 节点及干扰源节点之间的距离的主要影响因素是 δ_t 和 $v_{\mathrm{U},t}$。

4.2.2 联合飞行速度与航迹的优化方法

在无线通信系统中，链路中断概率是衡量无线通信系统链路传输可靠性的一项重要技术指标[13]，本节基于链路中断概率最小化准则来优化中继无人机的航迹。下面首先分析给出 UAV 节点与 BS 节点输入瞬时 SINR，然后分析给出 MU-UAV 链路的中断概率计算公式，最后以链路中断概率最小化准则为基础，优化中继无人机的航迹。

根据式（4-1）与式（4-2）可分别计算得到 t 时刻 UAV 节点与 BS 节点接收机输入瞬时 SINR 为

$$\begin{aligned}\gamma_{\mathrm{U},t} &= \frac{P_{\mathrm{M}}\left|h_{\mathrm{MU},t}\right|^2}{\sigma_{\mathrm{M}}^2+\sum_{k=1}^{K}P_k\left|h_{k,t}\right|^2}\\ &= \frac{\overline{r}_{\mathrm{M}}d_{\mathrm{MU},t}^{-2\alpha}\cdot\left|g_{\mathrm{MU},t}\right|^2}{1+\sum_{k=1}^{K}\overline{r}_k d_{k,t}^{-2\alpha}\cdot\left|g_{k,t}\right|^2}\end{aligned} \tag{4-12}$$

$$\gamma_{\mathrm{B},t}=\overline{r}_{\mathrm{U}}d_{\mathrm{UB},t}^{-2\alpha}\cdot\left|g_{\mathrm{UB},t}\right|^2 \tag{4-13}$$

式中，$\overline{r}_{\mathrm{M}}=\dfrac{P_{\mathrm{M}}}{\sigma_{\mathrm{M}}^2}$；$\overline{r}_k=\dfrac{P_k}{\sigma_{\mathrm{M}}^2}$；$\overline{r}_{\mathrm{U}}=\dfrac{P_{\mathrm{U}}}{\sigma_{\mathrm{U}}^2}$。

由式（4-12）与式（4-13）可观测到：影响 t 时刻 UAV 接收机、BS 接收机输入瞬时 SINR 的因素是小尺度衰落 $\left(g_{\mathrm{MU},t},g_{\mathrm{UB},t},g_{k,t}\right)$ 和大尺度衰落 $\left(d_{\mathrm{MU},t},d_{\mathrm{UB},t},d_{k,t}\right)$。

t 时刻译码转发无人机中继通信系统的中断概率定义为

$$\begin{aligned}P_{\mathrm{out},t} &= \Pr\left\{\min\left\{\gamma_{\mathrm{U},t},\gamma_{\mathrm{B},t}\right\}\leqslant\gamma_{\mathrm{T}}\right\}\\ &= 1-\left(1-P_{\gamma_{\mathrm{U}},t}\right)\left(1-P_{\gamma_{\mathrm{B}},t}\right)\end{aligned} \tag{4-14}$$

式中，γ_{T} 为中断门限；$\Pr\{\mathrm{A}\}$ 为事件 A 的概率；$P_{\gamma_{\mathrm{U}},t}$ 为 t 时刻 MU-UAV 链路的中断概率；$P_{\gamma_{\mathrm{B}},t}$ 为 t 时刻 UAV-BS 链路的中断概率。

t 时刻，MU-UAV 链路的中断概率 $P_{\gamma_{\mathrm{U}},t}$ 可表示为

$$\begin{aligned}P_{\gamma_{\mathrm{U}},t} &= \int_0^{\gamma_{\mathrm{T}}} f_{\gamma_{\mathrm{U},t}}(x)\,\mathrm{d}x\\ &= F_{\gamma_{\mathrm{U},t}}\left(\gamma_{\mathrm{T}}\right)\end{aligned} \tag{4-15}$$

式中，$f_{\gamma_{\mathrm{U},t}}(x)$ 与 $F_{\gamma_{\mathrm{U},t}}\left(\gamma_{\mathrm{T}}\right)$ 分别为 t 时刻 UAV 接收机输入瞬时 SINR 的概率密度函数和累积分布函数。

在计算 $P_{\gamma_{\mathrm{U}},t}$ 之前，首先给出以下定理：

定理 4.1　已知随机变量 X_1 服从指数分布，且满足 $E[X_1]=\lambda_1$；随机变量 X_2 为 N 个服从指数分布的随机变量 $\{V_n\}_{n=1}^{N}$ 的和，且 V_n 满足 $E[V_n]=v_n$；另外 X_1 与 X_2 统计独立，则随机变量 $X=\dfrac{X_1}{1+X_2}$ 的累积分布函数可表示为

$$F_X(x)=1-\exp\left(-\frac{x}{\lambda_1}\right)\sum_{i=1}^{\alpha(\boldsymbol{V})}\sum_{j=1}^{\tau_i(\boldsymbol{V})}\chi_{i,j}(\boldsymbol{V})\left(\frac{xv_{[i]}}{\lambda_1}+1\right)^{-j} \tag{4-16}$$

式中，矩阵$\boldsymbol{V}=\operatorname{diag}(v_1,v_2,\cdots,v_N)$；$\alpha(\boldsymbol{V})$为$\boldsymbol{V}$对角线上不同元素的个数；$v_{[1]}>v_{[2]}>\cdots>v_{[\alpha(\boldsymbol{V})]}$为不同对角元素按递减排序；$\tau_i(\boldsymbol{V})$为$v_{[i]}$的重数；$\chi_{i,j}(\boldsymbol{V})$为$\boldsymbol{V}$的第$(i,j)$个特征系数。

证明 参考附录 A。

考虑到$g_{\mathrm{MU},t}\sim\mathcal{CN}(0,1)$，$g_{k,t}\sim\mathcal{CN}(0,1)$，故$|g_{\mathrm{MU},t}|^2$与$|g_{k,t}|^2$均服从指数分布，根据定理 1，$P_{\gamma_{\mathrm{U}},t}$可表示为

$$F_{\gamma_{\mathrm{U},t}}(\gamma_{\mathrm{T}})=1-\exp\left(-\frac{\gamma_{\mathrm{T}}}{\overline{r}_{\mathrm{M}}d_{\mathrm{MU},t}^{-2\alpha}}\right)\sum_{i=1}^{\alpha(\boldsymbol{R})}\sum_{j=1}^{\tau_i(\boldsymbol{R})}\chi_{i,j}(\boldsymbol{R})\left(\frac{\gamma_{\mathrm{T}}R_{[i]}}{\overline{r}_{\mathrm{M}}d_{\mathrm{MU},t}^{-2\alpha}}+1\right)^{-j} \tag{4-17}$$

式中，$\boldsymbol{R}=\operatorname{diag}(R_1,R_2,\cdots,R_k,\cdots,R_K)$，$R_k=\overline{r}_k d_{k,t}^{-2\alpha}$；$\alpha(\boldsymbol{R})$为对角线上不同元素的个数；$R_{[1]}>R_{[2]}>\cdots>R_{[\alpha(\boldsymbol{R})]}$为不同的对角元素按递减的顺序排序；$\tau_i(\boldsymbol{R})$为$R_{[i]}$的重数；$\chi_{i,j}(\boldsymbol{R})$为$\boldsymbol{R}$的第$(i,j)$个特征系数。

t时刻，UAV-BS 链路的中断概率$P_{\gamma_{\mathrm{B}},t}$可表示为

$$P_{\gamma_{\mathrm{B}},t}=\int_0^{\gamma_{\mathrm{T}}}f_{\gamma_{\mathrm{B}},t}(x)\mathrm{d}x \tag{4-18}$$

式中，$f_{\gamma_{\mathrm{B}},t}(x)$为$\gamma_{\mathrm{B},t}$的概率密度函数。

由于$g_{\mathrm{UB},t}\sim\mathcal{CN}(0,1)$，因此$|g_{\mathrm{UB},t}|^2$服从指数分布，则$P_{\gamma_{\mathrm{B}},t}$可表示为

$$P_{\gamma_{\mathrm{B}},t}=1-\exp\left(-\frac{\gamma_{\mathrm{T}}}{\overline{r}_{\mathrm{U}}d_{\mathrm{UB},t}^{-2\alpha}}\right) \tag{4-19}$$

将式（4-17）与式（4-19）代入式（4-14），化简后表示为

$$P_{\mathrm{out},t}=1-\exp\left(-\frac{\gamma_{\mathrm{T}}}{\overline{r}_{\mathrm{M}}d_{\mathrm{MU},t}^{-2\alpha}}-\frac{\gamma_{\mathrm{T}}}{\overline{r}_{\mathrm{U}}d_{\mathrm{UB},t}^{-2\alpha}}\right)\sum_{i=1}^{\alpha(\boldsymbol{R})}\sum_{j=1}^{\tau_i(\boldsymbol{R})}\chi_{i,j}(\boldsymbol{R})\left(\frac{\gamma_{\mathrm{T}}R_{[i]}}{\overline{r}_{\mathrm{M}}d_{\mathrm{MU},t}^{-2\alpha}}+1\right)^{-j} \tag{4-20}$$

由式（4-20）可观察得到下面结论：在中断门限γ_{T}给定的情况下，影响t时刻中断概率的因素是 UAV 节点至 MU 节点、UAV 节点至 BS 节点、UAV 节点至干扰源节点的距离，即大尺度衰落$(d_{\mathrm{MU},t},d_{\mathrm{UB},t},d_{k,t})$。

再进一步结合式（4-8）与式（4-10）的结论，容易得到：影响t时刻干扰环境下无人机中继通信系统中断概率的因素是t时刻无人机的航向角δ_t及飞行速度$v_{\mathrm{U},t}$。

为了提高干扰环境下无人机中继通信系统链路传输的可靠性，下面基于链路中断概率最小化准则来优化中继 UAV 的航向角和飞行速度，基于链路中断概率最小化准则来优化无人机飞行速度及航向角的问题可表述为

$$\{\delta_t^{\mathrm{opt}},v_{\mathrm{U},t}^{\mathrm{opt}}\}=\arg\min_{\delta_t,v_{\mathrm{U},t}}P_{\mathrm{out},t} \tag{4-21}$$

$$\text{s.t.}\begin{cases}\delta_t^l\leqslant\delta_t\leqslant\delta_t^u\\ v_{\min}\leqslant v_{\mathrm{U},t}\leqslant v_{\max}\end{cases} \tag{4-22}$$

式中，$\delta_t^l=\delta_{t-\Delta t}-\delta_{\max}$；$\delta_t^u=\delta_{t-\Delta t}+\delta_{\max}$。

式（4-22）给出的优化问题是一个含有边界约束的二维非线性最优化问题。解决此类问题通常需要对目标函数进行求导，但考虑到式（4-22）目标函数表达式过于复杂，难以直接对其进行求导运算。下面通过变量等价变换将式（4-22）中含有边界约束的最优化问题转换为无约束的最优化问题，随后利用 Nelder-Mead 的单纯形替换法[14]进行求解。

为了将式（4-22）的约束优化问题转化为无约束优化问题，引入了一种变量等效变换的方法，假设变量 x 满足

$$x^l \leqslant x \leqslant x^u \tag{4-23}$$

式中，x^l 和 x^u 分别为变量 x 的下界和上界。

引入新变量 y 对 x 进行等价替换，则 x 可等价替换为

$$x=x^l+\frac{\left(x^u-x^l\right)(\sin y+1)}{2} \tag{4-24}$$

利用式（4-24）的形式，分别对 δ_t 和 $v_{\mathrm{U},t}$ 进行等价变换，具体表示为

$$\delta_t=\delta_t^l+\frac{\left(\delta_t^u-\delta_t^l\right)\left(\sin\hat{\delta}_t+1\right)}{2} \tag{4-25}$$

$$v_{\mathrm{U},t}=v_{\min}+\frac{\left(v_{\max}-v_{\min}\right)\left(\sin\hat{v}_{\mathrm{U},t}+1\right)}{2} \tag{4-26}$$

式中，$\hat{\delta}_t\in\boldsymbol{R}$；$\hat{v}_{\mathrm{U},t}\in\boldsymbol{R}$。

将式（4-25）与式（4-26）代入式（4-22），则式（4-22）的优化问题可等价为无约束最优化问题：

$$\{\hat{\delta}_t^{\mathrm{opt}},\hat{v}_{\mathrm{U},t}^{\mathrm{opt}}\}=\arg\min_{\hat{\delta}_t,\hat{v}_{\mathrm{U},t}}\hat{P}_{\mathrm{out},t} \tag{4-27}$$

式中，$\hat{P}_{\mathrm{out},t}$ 是关于变量 $\hat{\delta}_t$ 和 $\hat{v}_{\mathrm{U},t}$ 的函数。

对于式（4-27）给出的无约束最优化问题的求解可利用 Nelder-Mead 单纯形替换法求解。最后，将式（4-27）求得的 $\hat{\delta}_t^{\mathrm{opt}}$ 与 $\hat{v}_{\mathrm{U},t}^{\mathrm{opt}}$ 分别代入式（4-25）与式（4-26）便可得到 t 时刻 UAV 的最佳航向角 δ_t^{opt} 和最佳飞行速度 $v_{\mathrm{U},t}^{\mathrm{opt}}$。

4.2.3　数值仿真

为了验证所提出方法的正确性，设计实现了共信道干扰环境下无人机中继通信航迹优化仿真系统。仿真系统由 UAV 节点、MU 节点、BS 节点及一个静止干扰源节点共 4 个节点组成，各个节点均使用单根天线。表 4-1 给出了无人机中继通信航迹优化仿真系统的主要仿真参数。

表 4-1　无人机中继通信航迹优化仿真系统的主要仿真参数

参数	数值
MU 节点的初始位置坐标/m	(3500,1000,0)
UAV 节点的初始位置坐标/m	(500,250,350)
BS 节点的初始位置坐标/m	(500,3500,0)
干扰源的位置坐标/m	(3000,1500,0)

续表

参数	数值
MU 节点的移动速度/(m/s)	v_M=20
UAV 的最大飞行速度/(m/s)	v_{max}=30
UAV 的最小飞行速度/(m/s)	v_{min}=10
UAV 的最大转弯角/(°)	$\delta_{max}=15$
仿真时间/s	300
位置更新时间间隔/s	$\Delta t=1$
路径损耗指数	$\alpha=1$
信噪比/dB	$\overline{r}_M=\overline{r}_U=70$
干扰功率/dB	$P_1=75,80,85$
中断门限/dB	$\gamma_T=4$

图 4-2 给出共信道干扰环境下中继无人机的最佳航迹。图 4-2 中标识为“◇”代表 MU 节点的初始位置坐标；标识为“+”代表 UAV 节点的初始位置坐标；标识为“□”代表 BS 节点的位置坐标；标识为“△”代表干扰源节点的位置坐标，其发射干扰信号的功率为 $P_1=75\text{dB}$；标识为实线的曲线代表本章所提出方法得到的 UAV 最佳航迹；标识为虚线的曲线代表通过穷举搜索法得到的 UAV 最佳航迹。

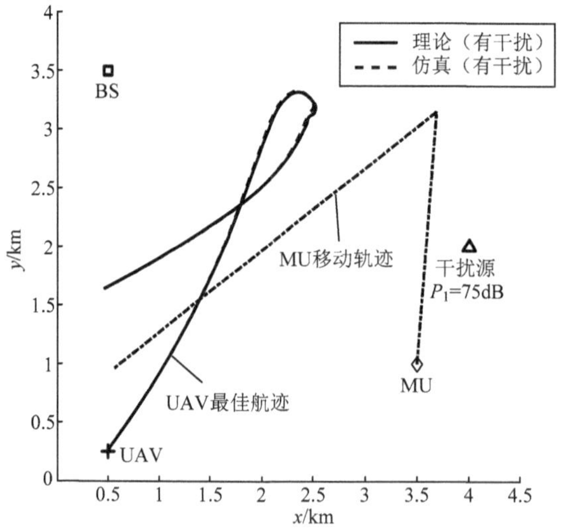

图 4-2　共信道干扰环境下中继无人机的最佳航迹

由图 4-2 的曲线可观测到：所提出的无人机航迹优化方法获得的无人机最佳航迹与穷举搜索法获得的无人机最佳航迹完全重合，验证了所提出方法的正确性。

图 4-3 显示了共信道干扰对无人机最佳航迹的影响。图 4-3 中 MU 节点的移动路线、UAV 节点的初始位置、BS 节点的位置及干扰源的位置标示方法与图 4-2 相同。标识为虚线的曲线代表无共信道干扰时 UAV 的最佳航迹（下面将该曲线称为 UAV 参考路径）；标识为实线的曲线分别代表干扰源发射功率为 75dB、80dB 与 85dB 时 UAV 的最佳航迹。

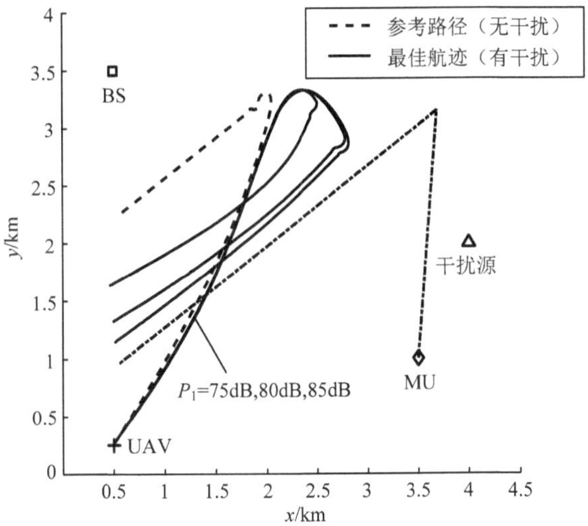

图 4-3　共信道干扰对无人机最佳航迹的影响

由图 4-3 的曲线可观测到：

1）与无共信道干扰时 UAV 最佳航迹相比，共信道干扰对 UAV 的最佳航迹产生影响。

2）随着干扰源发射功率的增大，UAV 的最优中继位置越接近于 MU 节点；出现以上现象的原因是：随着干扰功率的增大，干扰源对 MU-UAV 链路的影响越严重，为了保证 MU-UAV 链路的传输可靠性，UAV 的位置需要更接近 MU 节点，以抵消大尺度衰落和干扰源的影响。

图 4-4 显示了链路中断概率随仿真时间变化的曲线。标注“理论”的曲线代表由式（4-20）获得的链路中断概率性能曲线；标注 MC 的曲线代表由蒙特卡罗仿真方法获

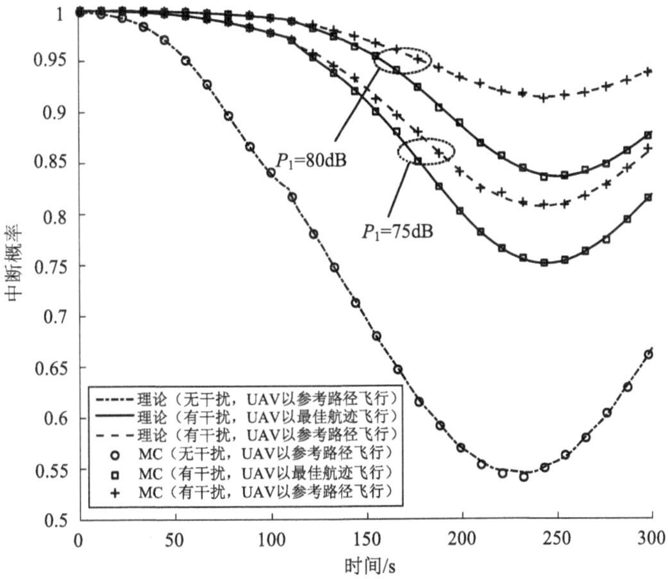

图 4-4　链路中断概率随仿真时间变化的曲线

得的性能曲线。其中，标识为点划线的曲线代表 UAV 在无共信道干扰条件下按参考路径飞行时所获得的中断概率性能曲线；标识为实线的曲线代表 UAV 在存在共信道干扰但按照最佳航迹飞行时得到的链路中断概率性能曲线；标识为虚线的曲线代表 UAV 在存在共信道干扰但按照参考路径飞行时获得的链路中断概率性能曲线。

由图 4-4 的曲线可观测到：

1）理论计算得到的链路中断概率性能曲线与蒙特卡罗仿真得到的曲线完全一致，表明式（4-20）给出的中断概率计算公式正确。

2）与无共信道干扰时链路中断概率性能曲线比较，共信道干扰对链路中断概率的恶化较明显，共信道干扰功率越大，链路中断概率性能恶化越严重。

3）与存在共信道干扰，但 UAV 按照参考路径飞行时获得的链路中断概率性能曲线相比，在有共信道干扰的环境下对 UAV 飞行航迹进行优化，可有效改善链路的中断概率性能。

图 4-5 给出了无人机飞行速度对最佳航迹的影响。图 4-5 中 MU 节点的移动路线、UAV 节点的初始位置、BS 节点的位置及干扰源节点的位置标示方法与图 4-2 相同。其中，标识为实线的曲线代表只优化无人机航向角获得的无人机最佳航迹（无人机飞行速度恒定为 30m/s）；标识为虚线的曲线代表联合优化无人机速度和航向角得到的无人机最佳航迹。

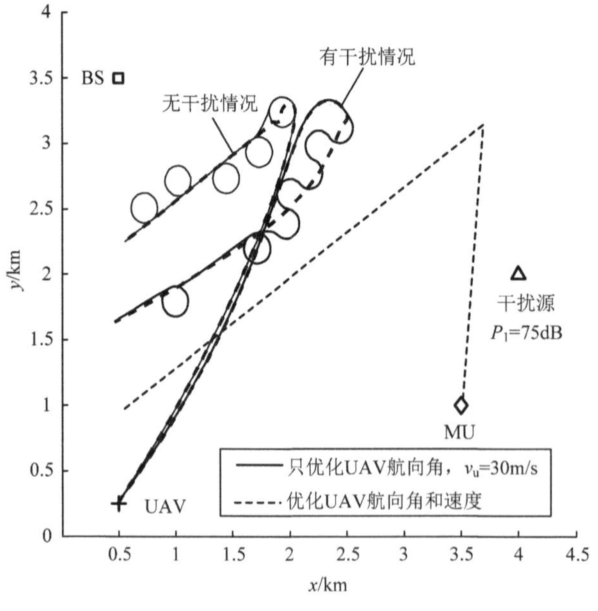

图 4-5 无人机飞行速度对最佳航迹的影响

由图 4-5 的曲线可观测到：

1）当无人机以恒定速度飞行时，在某些时刻无人机通过绕圆盘旋飞行的方式来保证中继链路传输的可靠性。

2）当无人机飞行速度大于 MU 节点移动速度时，联合优化无人机飞行速度和航向角可避免无人机绕圆盘旋飞行现象的出现。

图 4-6 给出了无人机飞行速度对链路中断概率性能的影响。其中，标识为实线的曲线代表联合优化无人机飞行速度和航向角得到的链路中断概率曲线；标识为虚线的曲线代表只优化无人机航向角得到的链路中断概率曲线（无人机飞行速度为 30m/s）；标识为点划线的曲线代表只优化无人机航向角得到的链路中断概率曲线（无人机飞行速度为 10m/s）。

由图 4-6 的曲线可观测到：联合优化无人机飞行速度和航向角可改善链路的中断概率性能。

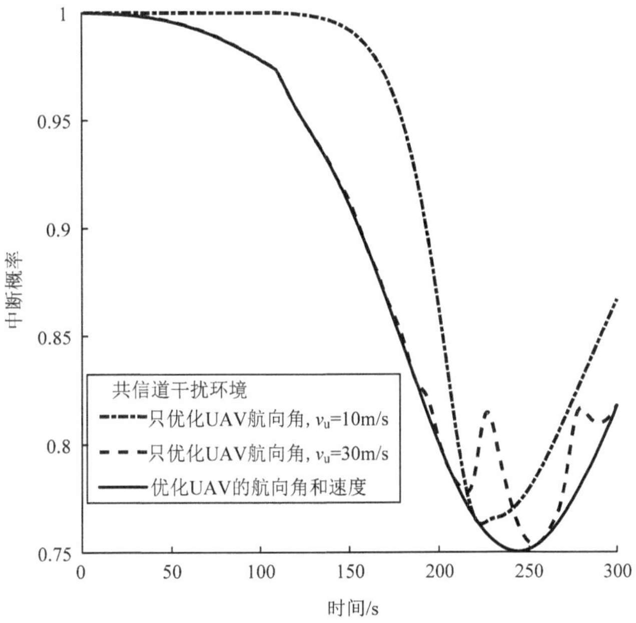

图 4-6　无人机飞行速度对链路中继概率性能的影响

4.3　放大转发无人机中继通信系统

4.3.1　系统模型

图 4-7 所示为干扰环境下放大转发无人机中继通信系统示意图。系统由 MU 节点、BS 节点、固定翼 UAV 节点及固定干扰源 JM 节点 4 个节点组成。假设 MU 节点与 BS 节点之间的距离遥远，不存在直达的通信链路，可利用无人机搭载中继通信载荷，构建 MU 节点至 BS 节点的中继通信链路。此外，在无人机中继通信过程中，UAV 节点会持续接收到地面固定部署干扰源节点发射信号的干扰。另外，假设系统内各节点均使用单根天线，UAV 节点采用放大转发方式工作。为便于叙述，仅考虑 MU 节点至 BS 节点的单向链路通信。

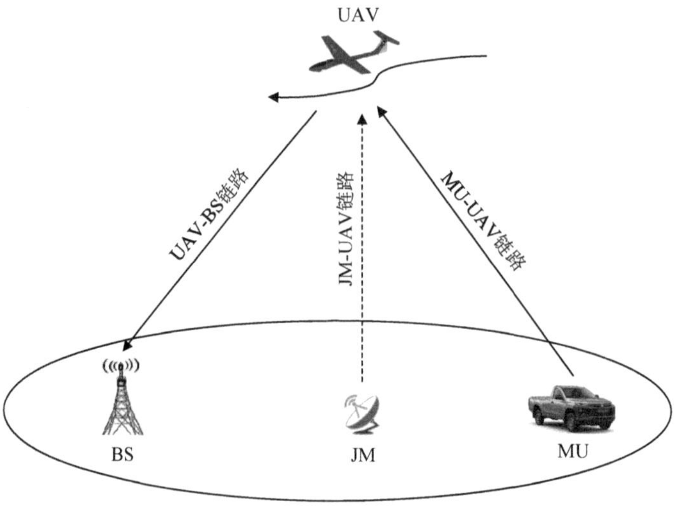

图 4-7　干扰环境下放大转发无人机中继通信系统示意图

在无人机中继通信系统中，MU 节点至 BS 节点的数据传输分为 2 个时隙。第 1 个时隙，MU 节点发射信号至 UAV 节点，则 UAV 节点接收信号表示为

$$r_{\mathrm{U},t}=\sqrt{P_{\mathrm{M}}}h_{\mathrm{MU},t}x_t+\sqrt{P_{\mathrm{J}}}h_{\mathrm{J},t}w_t+n_{\mathrm{MU},t} \tag{4-28}$$

式中，P_{M} 为 MU 节点发射信号功率；$h_{\mathrm{MU},t}$ 为 MU 节点发射天线至 UAV 节点接收天线的信道衰落系数；x_t 为 t 时刻 MU 节点传输的调制符号，其满足 $E\left[\left|x_t\right|^2\right]=1$；$P_{\mathrm{J}}$ 为 JM 节点发射的干扰信号功率；$h_{\mathrm{J},t}$ 为 JM 节点发射天线至 UAV 节点接收天线的信道衰落系数；w_t 代表干扰源传输的干扰信号，其满足 $E\left[\left|w_t\right|^2\right]=1$；$n_{\mathrm{MU},t}$ 为 UAV 节点接收天线输入的噪声信号，其建模为均值为 0、方差为 σ_{M}^2 的复高斯白噪声。

第 2 个时隙，UAV 节点将接收信号 $r_{\mathrm{U},t}$ 乘以一个放大因子 G_t：

$$G_t=\sqrt{\frac{1}{P_{\mathrm{M}}\left|h_{\mathrm{MU},t}\right|^2+P_{\mathrm{J}}\left|h_{\mathrm{J},t}\right|^2+\sigma_{\mathrm{M}}^2}} \tag{4-29}$$

随后将放大后的信号转发给 BS 节点，BS 节点接收信号表示为

$$r_{\mathrm{B},t}=\sqrt{P_{\mathrm{M}}P_{\mathrm{U}}}h_{\mathrm{MU},t}h_{\mathrm{UB},t}G_tx_t+\sqrt{P_{\mathrm{U}}P_{\mathrm{J}}}h_{\mathrm{UB},t}h_{\mathrm{J},t}G_tw_t+\sqrt{P_{\mathrm{U}}}h_{\mathrm{UB},t}G_tn_{\mathrm{MU},t}+n_{\mathrm{UB},t} \tag{4-30}$$

式中，P_{U} 为 UAV 转发信号的功率；$h_{\mathrm{UB},t}$ 为 UAV 节点发射天线至 BS 节点接收天线的信道衰落系数；$n_{\mathrm{UB},t}$ 为 BS 节点接收天线输入的均值为 0、方差为 σ_{U}^2 的复高斯白噪声。

在研究无人机中继通信系统航迹优化问题时，需综合考虑信道的小尺度衰落和大尺度衰落。将 MU 节点至 UAV 节点、UAV 节点至 BS 节点、JM 节点至 UAV 节点之间的信道衰落系数建模为含路径损耗的瑞利衰落信道[6]：

$$h_{X,t}=\frac{g_{X,t}}{d_{X,t}^{\alpha}},\quad X\in\{\mathrm{MU},\mathrm{UB},\mathrm{JU}\} \tag{4-31}$$

式中，$g_{X,t}$ 分别为 MU 节点至 UAV 节点、UAV 节点至 BS 节点、JM 节点至 UAV 节点之间信道的小尺度衰落系数，其建模为均值为 0、方差为 1 的复高斯随机变量；$d_{X,t}$ 分别为 MU 节点至 UAV 节点、UAV 节点至 BS 节点及 JM 节点至 UAV 节点之间的距离；

α 代表信道的路径损耗因子。

为便于描述 UAV 节点和 MU 节点的运动，可建立三维直角坐标系。假设 BS 节点和 JM 节点的位置坐标分别为 $(x_B, y_B, 0)$ 和 $(x_J, y_J, 0)$；t 时刻 MU 节点与 UAV 节点的位置坐标分别为 $(x_{M,t}, y_{M,t}, 0)$ 和 $(x_{U,t}, y_{U,t}, h_t)$。则 UAV 节点至 MU 节点、BS 节点及 JM 节点的距离 $d_{MU,t}$、$d_{UB,t}$ 及 $d_{JU,t}$ 分别表示为

$$d_{MU,t} = \sqrt{(x_{U,t} - x_{M,t})^2 + (y_{U,t} - y_{M,t})^2 + h_t^2} \tag{4-32}$$

$$d_{UB,t} = \sqrt{(x_{U,t} - x_B)^2 + (y_{U,t} - y_B)^2 + h_t^2} \tag{4-33}$$

$$d_{JU,t} = \sqrt{(x_{U,t} - x_J)^2 + (y_{U,t} - y_J)^2 + h_t^2} \tag{4-34}$$

根据 Dubin 运动模型[11]，可得到 t 时刻 UAV 节点的位置坐标为

$$\begin{cases} x_{U,t} = x_{U,t-\Delta t} + v_{U,t}\Delta t\cos\delta_t \\ y_{U,t} = y_{U,t-\Delta t} + v_{U,t}\Delta t\sin\delta_t \end{cases} \tag{4-35}$$

式中，Δt 为 UAV 节点位置更新的时间间隔；$(x_{U,t-\Delta t}, y_{U,t-\Delta t})$ 为 $t-\Delta t$ 时刻 UAV 节点在二维平面内的位置坐标；$v_{U,t}$ 为 t 时刻 UAV 节点的飞行速度；δ_t 为 t 时刻 UAV 节点的航向角，且满足 $\delta_{t-\Delta t} - \delta_{\max} \leqslant \delta_t \leqslant \delta_{t-\Delta t} + \delta_{\max}$（$\delta_{\max}$ 为中继 UAV 节点的最大转弯角）。

假设 UAV 节点飞行高度与飞行速度恒定不变，即 $h_t = h$、$v_{U,t} = v$。将式（4-35）代入式（4-32）、式（4-33）和式（4-34），式（4-32）表示为

$$d_{MU,t} = \sqrt{a_{M,t} + b_{M,t}\cos\delta_t + c_{M,t}\sin\delta_t} \tag{4-36}$$

式中，

$$\begin{cases} a_{MU,t} = (x_{U,t-\Delta t} - x_{M,t})^2 + (y_{U,t-\Delta t} - y_{M,t})^2 + h^2 + v^2\Delta t^2 \\ b_{MU,t} = 2v(x_{U,t-\Delta t} - x_{M,t})\Delta t \\ c_{MU,t} = 2v(y_{U,t-\Delta t} - y_{M,t})\Delta t \end{cases} \tag{4-37}$$

同理，式（4-33）和式（4-34）可表示为

$$d_{UB,t}, d_{JU,t} = \sqrt{a_{Y,t} + b_{Y,t}\cos\delta_t + c_{Y,t}\sin\delta_t}, \quad Y \in \{B, J\} \tag{4-38}$$

式中，

$$\begin{cases} a_{Y,t} = (x_{U,t-\Delta t} - x_Y)^2 + (y_{U,t-\Delta t} - y_Y)^2 + h^2 + v^2\Delta t^2 \\ b_{Y,t} = 2v(x_{U,t-\Delta t} - x_Y)\Delta t \\ c_{Y,t} = 2v(y_{U,t-\Delta t} - y_Y)\Delta t \end{cases} \tag{4-39}$$

由式（4-36）和式（4-38）可观察到：影响 t 时刻 UAV 节点至 MU 节点、BS 节点及 JM 节点之间距离的主要因素是该时刻无人机的航向角 δ_t。

4.3.2 中继无人机的航迹优化方法

下面首先给出 BS 节点接收机输入平均 SINR，然后以 BS 节点平均 SINR 最大化准则为基础，给出中继无人机的航迹优化方法。

由式（4-30）可计算得到期望信号的功率 $\gamma_{S,t}$，干扰加噪声信号的功率 $\gamma_{JN,t}$：

$$\gamma_{\mathrm{S},t}=P_{\mathrm{M}}P_{\mathrm{U}}G_t^2E\left[\left|h_{\mathrm{MU},t}\right|^2\right]E\left[\left|h_{\mathrm{UB},t}\right|^2\right] \tag{4-40}$$

$$\gamma_{\mathrm{JN},t}=P_{\mathrm{U}}P_{\mathrm{J}}G_t^2E\left[\left|h_{\mathrm{UB},t}\right|^2\right]E\left[\left|h_{\mathrm{J},t}\right|^2\right]+P_{\mathrm{U}}G_t^2E\left[\left|h_{\mathrm{UB},t}\right|^2\right]\sigma_{\mathrm{M}}^2+\sigma_{\mathrm{U}}^2 \tag{4-41}$$

式中，$E[\cdot]$代表统计平均运算。因此，t时刻BS节点接收机输入平均SINR为

$$\begin{aligned}\bar{\gamma}_{\mathrm{out},t}&=\frac{\gamma_{\mathrm{S},t}}{\gamma_{\mathrm{JN},t}}\\&=\frac{\bar{r}_{\mathrm{M}}\bar{r}_{\mathrm{U}}E\left[\left|g_{\mathrm{MU},t}\right|^2\right]E\left[\left|g_{\mathrm{UB},t}\right|^2\right]d_{\mathrm{MU},t}^{-2\alpha}d_{\mathrm{UB},t}^{-2\alpha}}{\begin{aligned}&\bar{r}_{\mathrm{U}}\bar{r}_{\mathrm{J}}E\left[\left|g_{\mathrm{UB},t}\right|^2\right]E\left[\left|g_{\mathrm{JU},t}\right|^2\right]d_{\mathrm{UB},t}^{-2\alpha}d_{\mathrm{JU},t}^{-2\alpha}+\bar{r}_{\mathrm{M}}E\left[\left|g_{\mathrm{MU},t}\right|^2\right]d_{\mathrm{MU},t}^{-2\alpha}\\&+\bar{r}_{\mathrm{U}}E\left[\left|g_{\mathrm{UB},t}\right|^2\right]d_{\mathrm{UB},t}^{-2\alpha}+\bar{r}_{\mathrm{J}}E\left[\left|g_{\mathrm{JU},t}\right|^2\right]d_{\mathrm{JU},t}^{-2\alpha}+1\end{aligned}}\\&=\frac{\bar{r}_{\mathrm{M}}\bar{r}_{\mathrm{U}}d_{\mathrm{MU},t}^{-2\alpha}d_{\mathrm{UB},t}^{-2\alpha}}{\bar{r}_{\mathrm{U}}\bar{r}_{\mathrm{J}}d_{\mathrm{UB},t}^{-2\alpha}d_{\mathrm{JU},t}^{-2\alpha}+\bar{r}_{\mathrm{M}}d_{\mathrm{MU},t}^{-2\alpha}+\bar{r}_{\mathrm{U}}d_{\mathrm{UB},t}^{-2\alpha}+\bar{r}_{\mathrm{J}}d_{\mathrm{JU},t}^{-2\alpha}+1}\end{aligned} \tag{4-42}$$

式中，$\bar{r}_{\mathrm{M}}=\dfrac{P_{\mathrm{M}}}{\sigma_{\mathrm{M}}^2}$、$\bar{r}_{\mathrm{U}}=\dfrac{P_{\mathrm{U}}}{\sigma_{\mathrm{U}}^2}$、$\bar{r}_{\mathrm{J}}=\dfrac{P_{\mathrm{J}}}{\sigma_{\mathrm{M}}^2}$。

进一步将式（4-36）与式（4-38）代入式（4-42）得到

$$\begin{aligned}\bar{\gamma}_{\mathrm{out},t}=\frac{\bar{r}_{\mathrm{M}}\bar{r}_{\mathrm{U}}\left(a_{\mathrm{M},t}+b_{\mathrm{M},t}\cos\delta_t+c_{\mathrm{M},t}\sin\delta_t\right)^{-\alpha}\left(a_{\mathrm{B},t}+b_{\mathrm{B},t}\cos\delta_t+c_{\mathrm{B},t}\sin\delta_t\right)^{-\alpha}}{\begin{aligned}&\bar{r}_{\mathrm{U}}\bar{r}_{\mathrm{J}}\left(a_{\mathrm{B},t}+b_{\mathrm{B},t}\cos\delta_t+c_{\mathrm{B},t}\sin\delta_t\right)^{-\alpha}\left(a_{\mathrm{J},t}+b_{\mathrm{J},t}\cos\delta_t+c_{\mathrm{J},t}\sin\delta_t\right)^{-\alpha}\\&+\bar{r}_{\mathrm{M}}\left(a_{\mathrm{M},t}+b_{\mathrm{M},t}\cos\delta_t+c_{\mathrm{M},t}\sin\delta_t\right)^{-\alpha}+\bar{r}_{\mathrm{U}}\left(a_{\mathrm{B},t}+b_{\mathrm{B},t}\cos\delta_t+c_{\mathrm{B},t}\sin\delta_t\right)^{-\alpha}\\&+\bar{r}_{\mathrm{J}}\left(a_{\mathrm{J},t}+b_{\mathrm{J},t}\cos\delta_t+c_{\mathrm{J},t}\sin\delta_t\right)^{-\alpha}+1\end{aligned}}\end{aligned} \tag{4-43}$$

由式（4-43）可观察到：影响t时刻BS节点接收机输入平均SINR的主要因素是该时刻无人机的航向角δ_t。

以BS节点接收机输入平均SINR最大化准则为基础，优化UAV航向角的问题可表述为

$$\delta_t^{\mathrm{opt}}=\arg\max_{\delta_t}\left\{\bar{\gamma}_{\mathrm{out},t}\right\} \tag{4-44}$$

$$\text{s.t.}\ \ \delta_t^l\leqslant\delta_t\leqslant\delta_t^u$$

式中，δ_t^{opt}为t时刻UAV的最佳航向角；$\delta_t^l=\delta_{t-\Delta t}-\delta_{\max}$；$\delta_t^u=\delta_{t-\Delta t}+\delta_{\max}$。

式（4-44）描述的优化问题为一维非线性最优化问题，常规方法通过求导以获取最优解。然而式（4-44）表达式过于复杂，难以直接通过求导方法获得最优航向角。下面采取粒子群优化算法[15-16]来获取最佳航向角。基于粒子群优化算法优化无人机航向角算法见算法4.1。

算法 4.1 粒子群优化算法

---

1. **输入**：迭代次数、惯性权重、学习因子等所需参数，初始化粒子群，产生N个满足$\delta_t^l<x_i\leqslant\delta_t^u$的随机粒子，并赋予每个粒子随机速度。

2. 建立适应度函数 fitness =式（4-43）

3. **while** 未满足终止条件 **do**

```
for i=1,2,…,N do
  根据适应度函数计算每个粒子的适应度值 fitness
  if fitness(x_i) < fitness(个体极值) then
    个体极值=x_i
    if fitness(x_i) < fitness(全局极值) then
      全局极值=x_i
    end if
  end if
end for
end for
for i=1,2,…,N do
  更新粒子速度以及粒子
end for
end while
输出：全局极值
```

4.3.3 中断概率与遍历容量

中断概率是衡量无线通信系统链路传输可靠性的一项重要技术指标，其定义为接收 SINR 低于某一门限值 γ_{T} 的概率，系统链路中断概率表示为

$$\begin{aligned} P_{\mathrm{out},t} &= \Pr\left(\gamma_{\mathrm{opt},t} \leqslant \gamma_{\mathrm{T}}\right) \\ &= \int_0^{\gamma_{\mathrm{T}}} f_{\mathrm{opt},t}(x)\mathrm{d}x \end{aligned} \tag{4-45}$$

式中，$\gamma_{\mathrm{opt},t}$ 为 t 时刻 BS 节点接收机解调器输入最佳瞬时 SINR，可由下式计算得出：

$$\gamma_{\mathrm{opt},t} = \frac{\bar{r}_{\mathrm{M}}\bar{r}_{\mathrm{U}}\left|g_{\mathrm{MU},t}\right|^2\left|g_{\mathrm{UB},t}\right|^2 d_{\mathrm{MU},t}^{-2\alpha(\mathrm{opt})} d_{\mathrm{UB},t}^{-2\alpha(\mathrm{opt})}}{\begin{aligned}&\bar{r}_{\mathrm{U}}\bar{r}_{\mathrm{J}}\left|g_{\mathrm{UB},t}\right|^2\left|g_{\mathrm{JU},t}\right|^2 d_{\mathrm{UB},t}^{-2\alpha(\mathrm{opt})} d_{\mathrm{JU},t}^{-2\alpha(\mathrm{opt})} + \bar{r}_{\mathrm{M}}\left|g_{\mathrm{MU},t}\right|^2 d_{\mathrm{MU},t}^{-2\alpha(\mathrm{opt})} \\ &+\bar{r}_{\mathrm{U}}\left|g_{\mathrm{UB},t}\right|^2 d_{\mathrm{UB},t}^{-2\alpha(\mathrm{opt})} + \bar{r}_{\mathrm{J}}\left|g_{\mathrm{JU},t}\right|^2 d_{\mathrm{JU},t}^{-2\alpha(\mathrm{opt})} + 1\end{aligned}} \tag{4-46}$$

其中，$f_{\mathrm{opt},t}(x)$ 为 $\gamma_{\mathrm{opt},t}$ 的概率密度函数。

由于 $\gamma_{\mathrm{opt},t}$ 是关于随机变量 $g_{\mathrm{MU},t}$、$g_{\mathrm{UB},t}$、$g_{\mathrm{JU},t}$ 的函数，直接计算其概率密度函数非常困难，下面采用 FM-EM 算法来估计得到 $f_{\mathrm{opt},t}(x)$，从而得到链路的中断概率。

在 FM 模型中，被估计的 $f_{\mathrm{opt},t}(x)$ 由 N 个服从高斯分布的概率密度函数加权求和组成。根据高斯 FM 模型，t 时刻 BS 节点接收机解调器输入的最佳瞬时 SINR 的概率密度函数表示为

$$f_{\mathrm{opt},t}(x) = \sum_{k=1}^{N} \frac{\pi_{k,t}}{\sqrt{2\pi\sigma_{k,t}^2}} \exp\left(-\frac{\left(x-\mu_{k,t}\right)^2}{2\sigma_{k,t}^2}\right) \tag{4-47}$$

式中，N 为构成 FM 模型混合项的数目；$\pi_{k,t}$ 为 t 时刻第 k 个混合项的加权系数，且满足 $\sum_{k=1}^{N}\pi_{k,t}=1$；$\mu_{k,t}$、$\sigma_{k,t}^2$ 分别为 t 时刻 FM 模型中第 k 项的均值与方差。本书采用经典 EM 算法来估计式（4-47）中的 $3N-1$ 个未知参数。

将式（4-47）代入式（4-46），进一步得到链路中断概率的表达式，即

$$\begin{aligned}P_{\text{out},t} &= \int_0^{\gamma_{\text{T}}} f_{\text{opt},t}(x)\mathrm{d}x \\ &= 1-\sum_{k=1}^{N}\pi_{k,t}\left[Q\left(\frac{\gamma_{\text{T}}-\mu_{k,t}}{\sigma_{k,t}}\right)+Q\left(\frac{\mu_{k,t}}{\sigma_{k,t}}\right)\right]\end{aligned} \tag{4-48}$$

式中，$Q(x)$ 为高斯 Q 函数，具体表示为

$$Q(x)=\int_x^{\infty}\frac{1}{\sqrt{2\pi}}\exp\left(-\frac{\rho^2}{2}\right)\mathrm{d}\rho \tag{4-49}$$

与中断概率一样，遍历容量也是衡量无线通信系统链路传输质量的一项重要技术指标。t 时刻干扰环境下无人机中继通信系统的遍历容量定义为[13]

$$C_t=\frac{1}{2}E\left[\log_2\left(1+\gamma_{\text{opt},t}\right)\right] \tag{4-50}$$

为了准确评估链路的遍历容量性能，同样利用上节提到的 FM-EM 算法估计得到 t 时刻系统遍历容量的概率密度函数 $f_{C_t}(c)$，可得到链路遍历容量为

$$\begin{aligned}C_t &= \int_0^{\infty} C_t f_{C_t}(c)\mathrm{d}c \\ &= \sum_{k=1}^{N}\int_0^{\infty} C_t\frac{\pi_{k,t}}{\sqrt{2\pi\sigma_{k,t}^2}}\exp\left(-\frac{c-\mu_{k,t}}{2\sigma_{k,t}^2}\right)\mathrm{d}c \\ &= \sum_{k=1}^{N}\pi_{k,t}\left[\frac{\sigma_{k,t}}{\sqrt{2\pi}}\exp\left(-\frac{\mu_{k,t}^2}{2\sigma_{k,t}^2}\right)+\mu_{k,t}\left(1-Q\left(\frac{\mu_{k,t}}{\sigma_{k,t}}\right)\right)\right]\end{aligned} \tag{4-51}$$

4.3.4 数值仿真

基于放大转发的无人机中继通信仿真系统由 MU 节点、UAV 节点、BS 节点与 JM 节点组成，且每个节点均使用单根天线。为模拟实际情况，假设在 T=110s 时，MU 节点发生较大的转向，且转向角满足 $\frac{\delta_{110}}{\delta_{109}}=-1.7059$。表 4-2 详细给出了共信道干扰下基于放大转发无人机中继通信系统的仿真参数设置。

表 4-2 共信道干扰下基于放大转发无人机中继通信系统的仿真参数设置

参数	取值
UAV 节点的初始位置坐标/m	(500, 250, 350)
MU 节点的初始位置坐标/m	(3500, 1000, 0)
BS 节点的位置坐标/m	(500, 3500, 0)
干扰源节点的位置坐标/m	(3000, 4000, 0)
MU 的移动速度/(m/s)	v_M=20
UAV 的飞行速度/(m/s)	v_U=30
UAV 的最大转弯角/(°)	$\delta_{\max}=15$
仿真时间/s	300
位置更新时间间隔/s	$\Delta t=1$

续表

参数	取值
路径损耗指数	$\alpha=2$
信道带宽/MHz	20
BS 及 UAV 节点发射功率/dBm	40
干扰源节点的干扰功率/dBm	45
噪声功率谱密度/(dBm/Hz)	−174
中断门限/dB	$\gamma_T=5$

图 4-8 给出了存在共信道干扰时中继无人机最佳航迹。其中，“□”“△”“+”“◇”分别代表 BS、JM、UAV 及 MU 节点的初始位置，点划线代表 MU 节点的移动轨迹，虚线代表穷举法得到的 UAV 最佳航迹，实线代表粒子群优化算法得到的 UAV 最佳航迹。

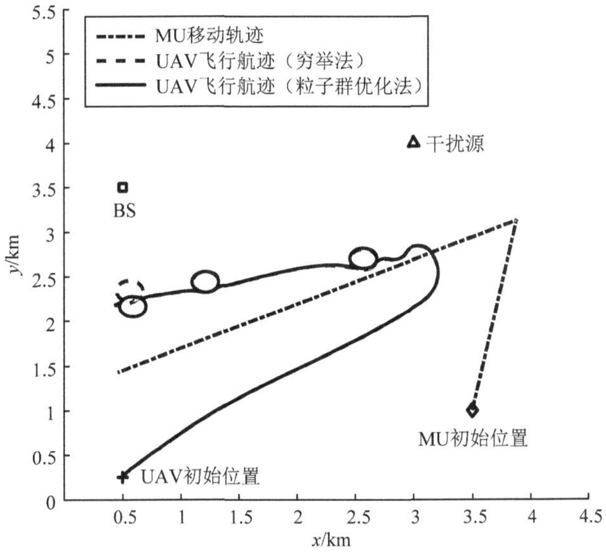

图 4-8 中继无人机最佳航迹（粒子群优化法与穷举法）

由图 4-8 的曲线可观测到：粒子群优化算法与穷举法获得的无人机最佳航迹完全一致，验证了所提出的粒子群优化算法的正确性。

图 4-9 给出了共信道干扰对中继无人机最佳航迹的影响。其中，虚线代表不存在干扰时无人机的最佳航迹，实线代表存在共信道干扰时无人机的最佳航迹（干扰源的发射功率分别为 45dBm 与 50dBm）。

由图 4-9 的曲线可观测到：

1）不存在共信道干扰时，为了保障链路传输可靠性，中继无人机始终位于 BS 节点和 MU 节点中央飞行。

2）存在共信道干扰时，为了提高链路传输可靠性，无人机的飞行航迹明显偏向 MU 节点。

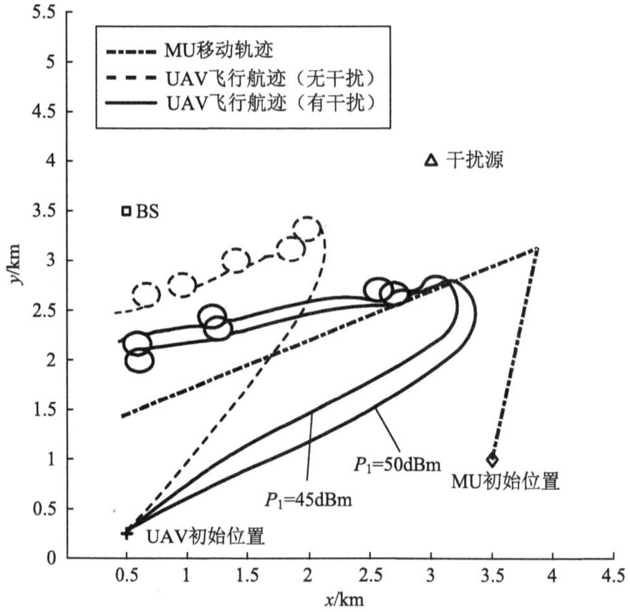

图 4-9 共信道干扰对中继无人机最佳航迹的影响（无干扰与存在共信道干扰）

图 4-10 给出了共信道干扰对中断概率和遍历容量的影响。其中，标注为“理论”的曲线代表由 FM-EM 方法得到的中断概率和遍历容量曲线；标注为 MC 曲线代表由蒙特卡罗法获得的中断概率和遍历容量曲线；虚线表示不存在干扰时，无人机中继通信系统的性能曲线；实线表示存在干扰时，无人机中继通信系统的性能曲线（干扰源功率分别为 45dBm 与 50dBm）。

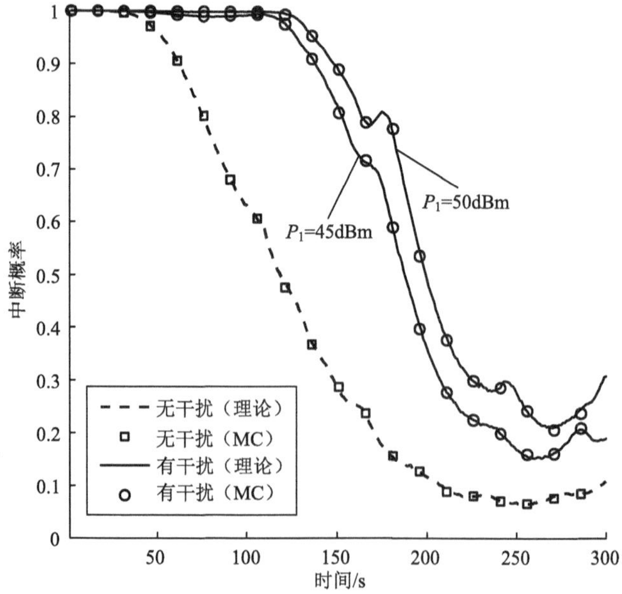

（a）中断概率

图 4-10 共信道干扰对中断概率与遍历容量的影响（无干扰与存在共信道干扰）

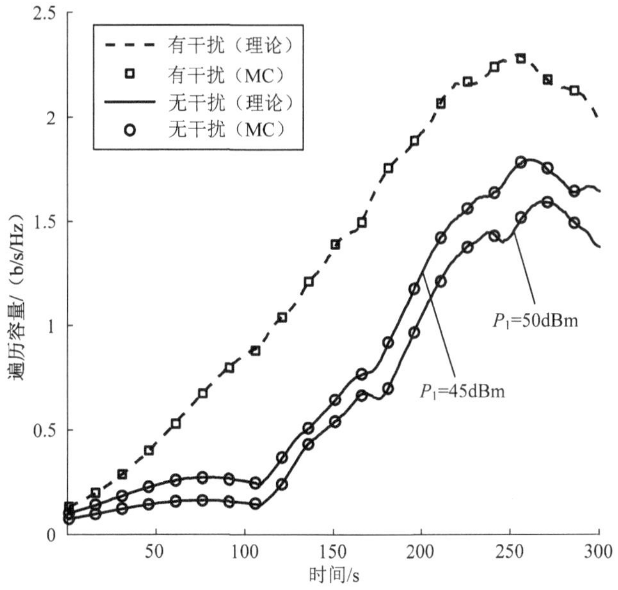

（b）遍历容量

图 4-10（续）

由图 4-10 的曲线可观测到：

1）FM-EM 方法获得的中断概率和遍历容量曲线与蒙特卡罗法得到的性能曲线保持一致，表明所提出 FM-EM 方法的正确性。

2）与不存在共信道干扰的性能曲线比较，存在共信道干扰时，系统的中断概率和遍历容量性能显著恶化。

图 4-11 给出了不同航迹优化准则[最大 SINR 准则与最大信噪比（SNR）准则]对中断概率和遍历容量的影响。其中，虚线表示无共信道干扰时，无人机中继通信系统的性

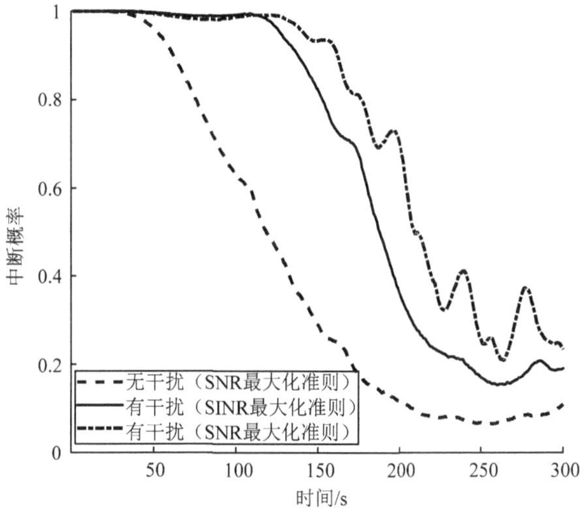

（a）中断概率

图 4-11　不同优化准则对中断概率与遍历容量的影响（SINR 最大化准则与 SNR 最大化准则）

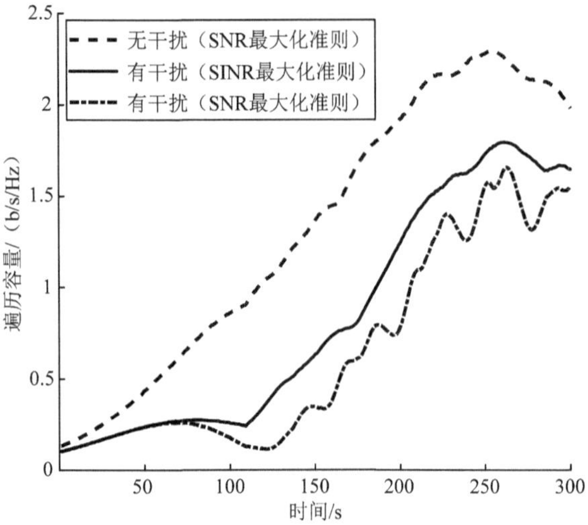

（b）遍历容量

图 4-11（续）

能曲线（参考曲线）；实线表示存在共信道干扰时，基于 SINR 最大化准则的无人机中继通信系统的性能曲线；点划线表示存在共信道时，基于信噪比最大化准则的无人机中继通信系统的性能曲线。

由图 4-11 的曲线可观测到：

1）与不存在共信道干扰的性能曲线相比，存在共信道干扰时，无人机中继通信系统的性能显著恶化。

2）存在共信道干扰时，采用 SINR 最大化准则的无人机中继通信系统的性能优于采用信噪比最大化准则的无人机中继通信系统，这表明所提出的 SINR 最大化准则的航迹优化方法可有效克服共信道干扰的影响，提高无人机中继通信系统链路传输可靠性。

本章小结

为克服共信道干扰恶化无人机中继通信系统链路传输可靠性的问题，针对译码转发无人机中继通信系统，基于中断概率最小化准则提出一种联合无人机飞行速度及无人机航迹的优化方法；针对放大转发无人机中继通信系统，基于 SINR 最大化准则，提出一种无人机航迹优化方法，并分析给出了无人机中继通信系统中断概率与遍历容量性能。

研究结论如下：①共信道干扰严重恶化无人机中继通信系统链路传输性能；②通过对无人机飞行航迹进行优化，可显著改善无人机通信系统的链路传输可靠性。

参考文献

[1] HAYAT S, YANMAZ E, MUZAFFAR R. Survey on unmanned aerial vehicle networks for civil applications: a communications viewpoint [J]. IEEE Communications Surveys & Tutorials, 2016, 18(4): 2624-2661.

[2] PINKNEY M F J, HAMPEL D, DIPIERRO S. Unmanned aerial vehicle (UAV) communications relay[C]// IEEE Military

Communications Conference. Piscataway: IEEE Press, 1996: 47-51.

[3] 赵文强. 点对点无人机中继通信系统航迹规划方法研究[D]. 天津：中国民航大学，2018.

[4] ZHANG G, YAN H, ZENG Y, et al. Trajectory optimization and power allocation for Multi-Hop UAV relaying communications [J]. IEEE Access, 2018, 6: 48566-48576.

[5] JIN Y, ZHANG D, CHALISE B K. Joint optimization of relay position and power allocation in cooperative broadcast wireless networks [J]. IEEE International Conference on Acoustics, 2012, 10: 2493-2496.

[6] OUYANG J, ZHUANG Y, LIN M. Optimization of beamforming and path planning for UAV-assisted wireless relay networks[J]. Chinese Journal of Aeronautics, 2014, 27(2): 313-320.

[7] 刘海涛，赵文强，李春鸣，等. 空时分组编码的无人机中继通信航迹规划方法[J]. 航空学报, 2017, 38(9): 321048.

[8] 刘海涛，顾新宇，方晓钰，等. 频率选择性衰落信道 DS-CDMA 无人机中继通信系统航迹规划[J]. 航空学报，2019，40(7): 322633.

[9] MAH M C, LIM H S, TAN A W C. UAV relay flight path planning in the presence of jamming signal[J]. IEEE Access, 2019, 7: 40913-40924.

[10] WANG H C, CHEN J, DING G R, et al. Trajectory planning in UAV communication with jamming[C]// 10th International Conference on Wireless Communications and Signal Processing. Piscataway: IEEE Press, 2018: 1-6.

[11] DUAN B Q, YIN D, CONG Y R, et al. Anti-jamming path planning for unmanned aerial vehicles with imperfect jammer information[C]// IEEE International Conference on Robotics and Biomimetics. Piscataway: IEEE Press, 2018: 729-735.

[12] 刘重，高晓光，符小卫. 基于通信与观测联合优化的多无人机协同目标跟踪控制[J]. 控制与决策，2018，33（10）：1747-1756.

[13] SIMON M K, ALOUINI M S. Digital communication over fading channels [M]. 2nd ed. Hoboken: John Wiley and Sons Press, 2005.

[14] LAGARIAS J C, REEDS J A, WRIGHT M H, et al. Convergence properties of the Nelder-Mead simplex method in low dimensions[J]. Siam Journal on Optimization A Publication of the Society for Industrial & Applied Mathematics, 1998, 9(1): 112-147.

[15] KENNEDY J, EBERHART. Particle swarm optimization[C]// IEEE International Conference on Neural Networks. Perth: IEEE Press, 1995: 1942-1948.

[16] PANDA S, PADHY N P. Comparison of particle swarm optimization and genetic algorithm for FACTS-based controller design [J]. Applied Soft Computing, 2008, 8(4): 1418-1427.

附　　录

证明：随机变量 X 的累积分布函数可表示为

$$\begin{aligned} F_X(x) &= \Pr\left(\frac{X_1}{1+X_2} < x\right) \\ &= \int_0^{\infty} \Pr[x(1+\rho)] f_{X_2}(\rho)\mathrm{d}\rho \\ &= \int_0^{\infty}\int_0^{x(1+\rho)} f_{X_1}(\eta) f_{X_2}(\rho)\mathrm{d}\eta\mathrm{d}\rho \end{aligned} \tag{1}$$

式中，$f_{X_1}(\eta)$ 和 $f_{X_2}(\rho)$ 分别为随机变量 X_1 和 X_2 的累积分布函数，它们可具体表示为

$$f_{X_1}(\eta)=\frac{1}{\lambda_1}\mathrm{e}^{-\frac{\eta}{\lambda_1}} \tag{2}$$

$$f_{X_2}(\rho)=\sum_{i=1}^{\alpha(\boldsymbol{V})}\sum_{j=1}^{\tau_i(\boldsymbol{V})}\chi_{i,j}(\boldsymbol{V})\frac{\left(v_{[i]}\right)^{-j}}{(j-1)!}\rho^{j-1}\mathrm{e}^{-\frac{\rho}{v_{[i]}}} \tag{3}$$

式中，$\boldsymbol{V}=\mathrm{diag}(v_1,v_2,\cdots,v_N)$；$\alpha(\boldsymbol{V})$ 为 $\boldsymbol{V}$ 的对角线上不同元素的个数；$v_{[1]}>v_{[2]}>\cdots>v_{[\alpha(\boldsymbol{V})]}$ 为不同对角元素按递减顺序排序；$\tau_i(\boldsymbol{V})$ 为 $v_{[i]}$ 的重数；$\chi_{i,j}(\boldsymbol{V})$ 为 $\boldsymbol{V}$ 的第 (i,j) 个特征系数，由于 $\boldsymbol{V}$ 为 Hermitian 矩阵，故 $\chi_{i,j}(\boldsymbol{V})$ 具体可表示为

$$\chi_{i,j}(\boldsymbol{V})=\frac{(-1)^{\varpi_{i,j}}}{v_{[i]}^{\varpi_{i,j}}}\sum_{\substack{k_1+k_2+\cdots+k_{\alpha(V)}=\varpi_{i,j}\\ k_l\in\{0,\mathbb{N}\}\text{for}\forall l\neq i\\ k_i=0}}\prod_{\substack{l=1\\ l\neq i}}^{\alpha(\boldsymbol{V})}\binom{\tau_l(\boldsymbol{V})+k_l-1}{k_l}\frac{v_{[l]}^{k_l}}{\left(1-\frac{v_{[l]}}{v_{[i]}}\right)^{\tau_l(\boldsymbol{V})+k_l}} \tag{4}$$

式中，$\varpi_{i,j}=\tau_i(\boldsymbol{V})-j$。将式（2）与式（3）代入式（1），可化简得到

$$\begin{aligned}F_{\mathrm{U}}(r)&=\int_0^{\infty}\int_0^{x(1+\rho)}f_{X_1}(\eta)f_{X_2}(\rho)\mathrm{d}\eta\mathrm{d}\rho\\&=1-\sum_{i=1}^{\alpha(\boldsymbol{V})}\sum_{j=1}^{\tau_i(\boldsymbol{V})}\chi_{i,j}(\boldsymbol{V})\frac{\left(v_{[i]}\right)^{-j}}{(j-1)!}\mathrm{e}^{-\frac{x}{\lambda_1}}\int_0^{\infty}\rho^{j-1}\mathrm{e}^{-\left(\frac{x}{\lambda_1}+\frac{1}{v_{[i]}}\right)\rho}\mathrm{d}\rho\\&=1-\sum_{i=1}^{\alpha(\boldsymbol{V})}\sum_{j=1}^{\tau_i(\boldsymbol{V})}\chi_{i,j}(\boldsymbol{V})\frac{\left(v_{[i]}\right)^{-j}}{(j-1)!}\mathrm{e}^{-\frac{x}{\lambda_1}}\left(\frac{x}{\lambda_1}+\frac{1}{v_{[i]}}\right)^{-j}\Gamma(j)\\&=1-\mathrm{e}^{-\frac{x}{\lambda_1}}\sum_{i=1}^{\alpha(\boldsymbol{V})}\sum_{j=1}^{\tau_i(\boldsymbol{V})}\chi_{i,j}(\boldsymbol{V})\left(\frac{xv_{[i]}}{\lambda_1}+1\right)^{-j}\end{aligned} \tag{5}$$

式（5）的化简过程中用到如下等式：

$$\int_0^{\infty}x^{v-1}\mathrm{e}^{-\mu x}\mathrm{d}x=\frac{1}{\mu^{v}}\Gamma(v)，\ \mu>0,v>0 \tag{6}$$

第 5 章　直接序列码分多址无人机中继通信系统

5.1　引　　言

中继载荷部署在机动飞行的无人机中，这为无人机中继通信系统带来了一系列新的问题，其中一个典型问题是中继无人机的航迹优化[1-3]。近年来，围绕无人机中继通信系统航迹优化问题，国内外学者开展了大量研究。然而，这些研究均假设无人机中继信道为平坦衰落信道，当无人机中继通信系统的信息速率较高时，无人机中继信道通常呈现为频率选择性衰落，相关研究所提出的航迹优化方法难以适用于频率选择性衰落信道。因此，有必要面向高速无人机中继通信带来的频率选择性衰落问题开展中继无人机航迹优化的研究。

围绕着频率选择性衰落信道无人机中继通信系统航迹优化问题，国内外研究现状如下：文献[4]、[5]研究了基于正交频分多址（OFDMA）的无人机中继广播通信系统的优化问题，并以所有用户节点最小平均吞吐量（minimum average throughput）最大化准则为基础，利用迭代参数辅助块坐标下降技术给出联合频率资源分配及无人机航迹的优化方法。针对基于（OFDMA）的旋翼无人机中继广播通信系统，文献[6]以广播链路吞吐量最大化准则为基础，提出了联合子载波分配及无人机航迹的优化方法。以基于非正交多址的无人机中继广播通信系统为研究对象，文献[7]以地面节点最小平均传输速率最大化准则为基础，利用惩罚对偶分解技术提出了联合无人机功率分配与无人机航迹的优化方法。作者[8]研究了基于直接序列码分多址（direct sequence code division multiple access，DS-CDMA）的无人机中继通信系统的航迹优化问题，以链路中断概率最小化准则为基础提出了中继无人机的航迹规划方法。

本章重点研究了基于 DS-CDMA 的无人机中继通信系统的航迹优化问题。5.2 节介绍了频率平坦型衰落信道下 DS-CDMA 的无人机中继通信系统的航迹优化问题；5.3 节研究了基于译码转发协议的 DS-CDMA 无人机中继通信系统，给出了链路中断概率与误码率计算公式，并以链路中断概率最小化准则为基础，给出了中继无人机的航迹优化方法。

5.2　平坦衰落信道 DS-CDMA 无人机中继通信系统

5.2.1　系统模型

图 5-1 给出了基于 DS-CDMA 的无人机中继通信系统。该系统由 MU 节点、固定翼 UAV 中继及地面固定 BS 节点组成。假设 MU 节点与 BS 节点之间的距离遥远，则两个

节点之间无法建立直达的通信链路，必须通过 UAV 节点的中继才能建立。假设 MU-UAV 链路及 UAV-BS 链路均采用 DS-CDMA 传输方案，UAV 节点采用放大转发方式中继。为方便叙述，这里仅考虑 MU-UAV-BS 的单向链路通信。

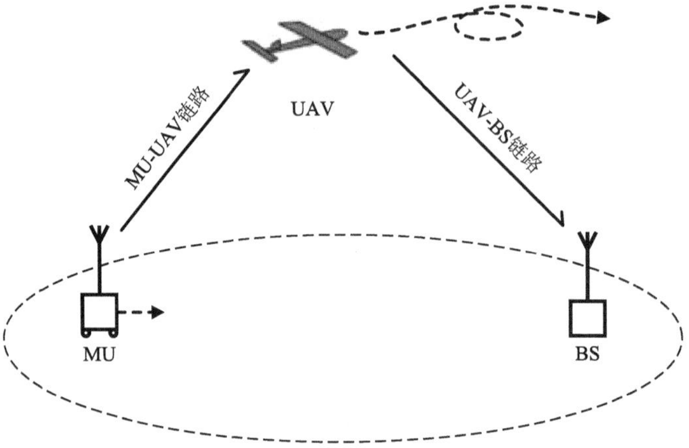

图 5-1 基于 DS-CDMA 的无人机中继通信系统

在无人机中继通信过程中，MU 节点至 BS 节点的中继通信过程分为两个时隙。第 1 个时隙，MU 节点传输的比特序列首先进行 BPSK（binary phase shift keying，二进制相移键控）调制，随后调制器输出的码元序列$\{a_n, n=1,2,\cdots,N\}$进行扩频调制，码元周期记为T_s，扩频特征波形的周期等于码元周期，扩频序列长度为V，则码片周期为$T_c=\dfrac{T_s}{V}$。UAV 节点接收的低通等效信号表示为

$$r_R(t)=A_M g(t)\sum_{n=0}^{N-1} a_n q(t-nT_s-\omega_R)+z_R(t) \tag{5-1}$$

式中，A_M为 MU 节点的发射信号的幅度；$\{a_n, n=1,2,\cdots,N\}$为第 1 时隙 MU 节点传输的码元序列；$q(t)$为 MU 节点的归一化扩频特征波形；ω_R为 MU-UAV 链路的传输迟延；$z_R(t)$为信道输入的噪声信号，其建模为均值为 0、方差为N_0的高斯白噪声；$g(t)$为 MU-UAV 信道的衰落系数，其建模为[8]

$$g(t)=\frac{u(t)}{d_{MR}^{\alpha}} \tag{5-2}$$

式中，$u(t)$为 MU-UAV 信道的小尺度衰落，服从复高斯分布；d_{MR}为 MU 节点至 UAV 节点的距离；α为 MU-UAV 信道的路径损耗因子。

第 2 个时隙，UAV 节点采用放大转发方式中继接收信号，UAV 节点发射的低通等效发射信号表示为

$$s_R(t)=D(t)r_R(t) \tag{5-3}$$

式中，$D(t)$为 UAV 节点的放大因子，可表示为

$$D(t)=\frac{A_R}{\sqrt{A_M^2|g(t)|^2+N_0}} \tag{5-4}$$

式中，A_R 为 UAV 节点发射信号的幅度。

经过 UAV-BS 链路的传输，BS 节点接收的低通等效信号可表示为

$$\begin{aligned} r_B(t) &= s_R(t-\omega_B)h(t)+z_B(t) \\ &= \frac{A_M A_R g(t-\omega_B)h(t)}{\sqrt{A_M^2|g(t-\omega_B)|^2+N_0}}\sum_{n=0}^{N-1}a_n q(t-nT_s-\omega_R-\omega_B) \\ &\quad + \frac{A_R h(t) z_R(t-\omega_B)}{\sqrt{A_M^2|g(t-\omega_B)|^2+N_0}} + z_B(t) \end{aligned} \tag{5-5}$$

式中，$z_B(t)$ 为 BS 节点接收天线输入的噪声信号，其建模为均值为 0、方差为 N_0 的高斯白噪声；ω_B 为 UAV-BS 链路的传输迟延；$h(t)$ 为 UAV-BS 信道的衰落系数，其建模为

$$h(t)=\frac{w(t)}{d_{RB}^{\beta}} \tag{5-6}$$

式中，$w(t)$ 为 UAV-BS 信道的小尺度衰落，其同样服从复高斯分布；d_{RB} 为 UAV 节点至 BS 节点的距离；β 为 UAV-BS 信道的路径损耗因子。

在 BS 节点接收机中，首先接收信号通过匹配滤波器[9]，匹配滤波器冲击响应为 $q(T_s-t)$；随后在 $t=(m+1)T_s+\omega_R+\omega_B$ 时刻对匹配滤波器输出信号进行采样。假设无人机中继通信系统的两跳链路的信道衰落系数在单个码元周期内恒定不变，则第 m 个码元抽样信号可表示为

$$x_m=\frac{A_M A_R g_m h_m a_m}{\sqrt{A_M^2|g_m|^2+N_0}}+\frac{A_R h_m}{\sqrt{A_M^2|g_m|^2+N_0}}z_{R,m}+z_{B,m} \tag{5-7}$$

式中，g_m、h_m、$z_{R,m}$ 和 $z_{B,m}$ 分别为 $g(t-\omega_B)$、$h(t)$、$z_R(t-\omega_B)$ 和 $z_B(t)$ 通过匹配滤波器后的采样值。

容易计算得到匹配滤波器输出信号 x_m 的瞬时信噪比为

$$\begin{aligned} \gamma &= \frac{A_M^2 A_R^2|g_m|^2|h_m|^2}{A_R^2 N_0|h_m|^2+N_0\left(A_M^2|g_m|^2+N_0\right)} \\ &= \frac{\mu\xi}{\mu+\xi+1} \end{aligned} \tag{5-8}$$

式中，$\mu=\dfrac{A_M^2|g_m|^2}{N_0}$；$\xi=\dfrac{A_R^2|h_m|^2}{N_0}$。

参量 μ 和 ξ 都服从指数分布，其概率密度函数分别为

$$f_\mu(x)=\bar{\mu}^{-1}e^{-\frac{x}{\bar{\mu}}} \tag{5-9}$$

$$f_\xi(x)=\bar{\xi}^{-1}e^{-\frac{x}{\bar{\xi}}} \tag{5-10}$$

式中，$\bar{\mu}=E[\mu]$；$\bar{\xi}=E[\xi]$。

5.2.2 中继无人机的航迹优化方法

链路中断概率是衡量无线通信系统传输可靠性的重要技术指标，因此本节采用链路

中断概率最小化准则来优化无人机的飞行航迹。无人机中继通信系统的链路中断概率定义为

$$P_{\text{out}} = P(\gamma \leqslant \gamma_{\text{th}}) \tag{5-11}$$

式中，γ_{th} 为门限值；$P(\gamma \leqslant \gamma_{\text{th}})$ 为 $\gamma \leqslant \gamma_{\text{th}}$ 的概率。

当信噪比较高时，式（5-8）给出 γ 的等效信噪比为

$$\gamma_{\text{eq}} = \frac{\mu\xi}{\mu+\xi} \tag{5-12}$$

将 γ_{eq} 代入式（5-11）中，化简后得到

$$\begin{aligned} P_{\text{out}} &= P\left(\frac{\mu\xi}{\mu+\xi} \leqslant \gamma_{\text{th}}\right) = P\left\{\mu \leqslant \frac{\gamma_{\text{th}}\xi}{\xi-\gamma_{\text{th}}}, \xi > \gamma_{\text{th}}\right\} + P\left\{\mu > \frac{\gamma_{\text{th}}\xi}{\xi-\gamma_{\text{th}}}, 0<\xi<\gamma_{\text{th}}\right\} \\ &= P\left\{\mu \leqslant \frac{\gamma_{\text{th}}\xi}{\xi-\gamma_{\text{th}}}, \xi > \gamma_{\text{th}}\right\} + P\{0<\xi<\gamma_{\text{th}}\} \end{aligned} \tag{5-13}$$

利用式（5-7）和式（5-8）给出的概率密度函数，式（5-13）可进一步表示为

$$\begin{aligned} P_{\text{out}} &= \int_0^{\gamma_{\text{th}}} \frac{1}{\bar{\xi}} \exp\left(-\frac{y}{\bar{\xi}}\right) \mathrm{d}y + \int_{\gamma_{\text{th}}}^{\infty} \frac{1}{\bar{\xi}} \exp\left(-\frac{y}{\bar{\xi}}\right) \mathrm{d}y \cdot \int_0^{\frac{\gamma_{\text{th}} y}{y-\gamma_{\text{th}}}} \frac{1}{\bar{\mu}} \exp\left(-\frac{x}{\bar{\mu}}\right) \mathrm{d}x \\ &= 1 - 2\exp\left(-\frac{\gamma_{\text{th}}}{\bar{\xi}} - \frac{\gamma_{\text{th}}}{\bar{\mu}}\right)\sqrt{\frac{\gamma_{\text{th}}^2}{\bar{\mu}\bar{\xi}}}\mathrm{K}_1\left(2\sqrt{\frac{\gamma_{\text{th}}^2}{\bar{\mu}\bar{\xi}}}\right) \end{aligned} \tag{5-14}$$

式（5-14）的化简利用了 v 阶贝塞尔函数的定义式[10]：

$$\int_0^{\infty} x^{v-1} \exp\left(-\frac{\beta}{x} - \gamma x\right) \mathrm{d}x = 2\sqrt{\frac{\beta}{\gamma}}\mathrm{K}_v\left(2\sqrt{\beta\gamma}\right) \tag{5-15}$$

在无人机中继通信过程中，假设 UAV 飞行高度固定为 C，飞行速度恒定为 v_{R}，UAV 可通过改变其航向角来优化飞行的航迹。

此外，无人机航向角的更新周期为 T，且在 $(j-1)T$ 时刻 UAV 的三维位置坐标为 $\left(X_{\text{R},j-1}, Y_{\text{R},j-1}, C\right)$。根据 Dubins 运动模型[11]，可得到 jT 时刻 UAV 的三维位置坐标为

$$\begin{cases} X_{\text{R},j} = X_{\text{R},j-1} + v_{\text{R}} T\cos\delta_j \\ Y_{\text{R},j} = Y_{\text{R},j-1} + v_{\text{R}} T\sin\delta_j \\ Z_{\text{R},j} = C \end{cases} \tag{5-16}$$

式中，$\delta_j = \delta_{j-1} + \Delta\delta_j$ 为 jT 时刻 UAV 的航向角，其中 $\Delta\delta_j$ 为 jT 时刻 UAV 的转弯角，且 $\Delta\delta_j \in [-\Delta\delta_{\max}, +\Delta\delta_{\max}]$，$\Delta\delta_{\max}$ 为 UAV 的最大转弯角。

假设 BS 节点位置坐标为 $(X_{\text{B}}, Y_{\text{B}}, 0)$，$jT$ 时刻 MU 节点的位置坐标为 $\left(X_{\text{M},j}, Y_{\text{M},j}, 0\right)$，则 jT 时刻 UAV 节点至 MU 及 BS 节点的距离分别为

$$d_{\text{MR}} = \left[\left(X_{\text{R},j-1} + v_{\text{R}} T\cos\delta_j - X_{\text{M},j}\right)^2 + \left(Y_{\text{R},j-1} + v_{\text{R}} T\sin\delta_j - Y_{\text{M},j}\right)^2 + C^2\right]^{\frac{1}{2}} \tag{5-17}$$

$$d_{\text{RB}} = \left[\left(X_{\text{B}} - X_{\text{R},j-1} - v_{\text{R}} T\cos\delta_j\right)^2 + \left(Y_{\text{B}} - Y_{\text{R},j-1} - v_{\text{R}} T\sin\delta_j\right)^2 + C^2\right]^{\frac{1}{2}} \tag{5-18}$$

将式（5-17）及式（5-18）代入式（5-14），整理后得到

$$P_{\text{out}} = 1 - 2\exp\left[-e(\delta_j) - f(\delta_j)\right] \cdot \sqrt{e(\delta_j)\cdot f(\delta_j)} \cdot \mathrm{K}_1\left[2\sqrt{e(\delta_j)\cdot f(\delta_j)}\right] \tag{5-19}$$

式中，函数 $e(\delta_j)$ 和 $f(\delta_j)$ 定义为

$$\begin{cases} e(\delta_j) = \dfrac{\gamma_{\text{th}} N_0}{A_{\text{M}}^2 \bar{G}}\left[\left(X_{\text{R},j-1} + v_{\text{R}} T\cos\delta_j - X_{\text{M},j}\right)^2 + \left(Y_{\text{R},j-1} + v_{\text{R}} T\sin\delta_j - Y_{\text{M},j}\right)^2 + C^2\right]^{\alpha} \\ f(\delta_j) = \dfrac{\gamma_{\text{th}} N_0}{A_{\text{R}}^2 \bar{H}}\left[\left(X_{\text{B}} - X_{\text{R},j-1} - v_{\text{R}} T\cos\delta_j\right)^2 + \left(Y_{\text{B}} - Y_{\text{R},j-1} - v_{\text{R}} T\sin\delta_j\right)^2 + C^2\right]^{\beta} \end{cases}$$

函数 $\mathrm{K}_1(x)$ 具有如下展开式[10]：

$$\mathrm{K}_1(x) = \frac{1}{2} + \sum_{k=0}^{\infty}\frac{x^{2k+1}}{2^{2k+1}k!(k+1)!}\left[\ln\frac{x}{2} + F - \frac{1}{2}\sum_{m=1}^{k+1}\frac{1}{m} - \frac{1}{2}\sum_{m=1}^{k}\frac{1}{m}\right] \tag{5-20}$$

式中，F 为欧拉-马歇罗尼常数，取值约为 0.5772；$\mathrm{K}_1(x)$ 为一阶修正贝塞尔函数，其级数展开式如下：

$$\mathrm{K}_1(x) = \sum_{k=0}^{\infty}\frac{\left(\dfrac{x}{2}\right)^{2m+1}}{m!(m+1)!}$$

基于链路中断概率最小化准则的无人机航向角优化问题可表述为

$$\begin{aligned} &\min_{\delta_j} P_{\text{out}} \\ &\text{s.t.}\quad \delta_{j-1} - \Delta\delta_{\max} \leqslant \delta_j \leqslant \delta_{j-1} + \Delta\delta_{\max} \end{aligned} \tag{5-21}$$

式（5-21）给出的是一个带线性约束的非线性规划问题。该问题可通过穷举法解决，也可采用一维线性搜索法解决[12]。

在高信噪情况下，由文献[13]可知，当 $x \to 0^+$ 时，$\mathrm{K}_1(x)$ 可近似表示为

$$\mathrm{K}_1(x) \approx \frac{1}{x}$$

将 $\mathrm{K}_1(x)$ 的近似公式代入式（5-19），化简为

$$P_{\text{HSNR}} = 1 - \exp(-e - f) \tag{5-22}$$

5.2.3 数值仿真

表 5-1 给出了平坦衰落信道基于 DS-CDMA 的无人机中继通信仿真系统的主要技术参数。

表 5-1　平坦衰落信道基于 DS-CDMA 的无人机中继通信仿真系统的主要技术参数

参数名称	取值
循环次数	300
时间间隔/s	1
MU 信号幅度/v	10
RU 信号幅度/v	10
RU 速度/(m/s)	40
RU 初始位置/m	(500,250,350)

续表

参数名称	取值
MU 速度/(m/s)	20
MU 初始位置/m	(3500,1000,0)
BS 位置/m	(500,3500,0)
噪声功率谱密度/(W/Hz)	$N_0=10^{-7}$
门限值/dB	$\gamma_{th}=5$

为了评估所提出方法的正确性，设置了 4 个仿真场景。

场景一：路径损耗因子$\alpha=\beta=1$，UAV 的最大转弯角$\Delta\delta_{max}=6°$，UAV 以式（5-19）作为优化目标函数，利用穷举法得到无人机的最佳航向角。

场景二：路径损耗因子及 UAV 的最大转弯角设置与场景一相同，UAV 以式（5-22）作为优化目标函数，利用穷举法得到无人机的最佳航向角。

场景三：路径损耗因子$\alpha=1.05$、$\beta=1$，UAV 的最大转弯角及优化目标函数与场景一相同。

场景四：路径损耗因子及优化目标函数与场景一相同，UAV 的最大转弯角$\Delta\delta_{max}=10°$。

图 5-2 显示了无人机最佳航迹（场景一与场景二）。图 5-2 中，实线为场景一无人机的最佳航迹，虚线为场景二无人机的最佳航迹，点划线为 MU 节点的运动轨迹。

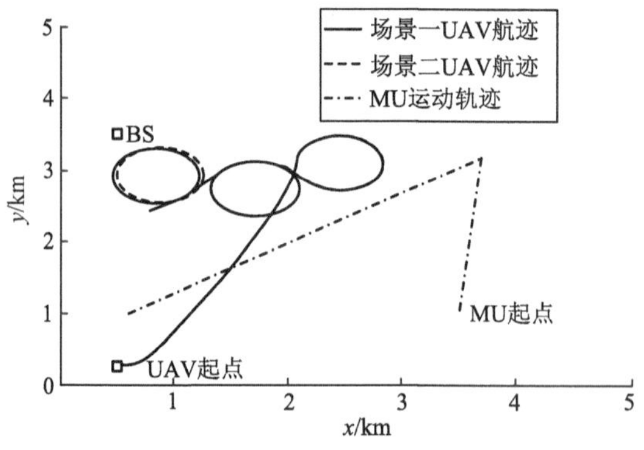

图 5-2 无人机最佳航迹（场景一与场景二）

由图 5-2 的航迹可观测到：

1）所提出航迹优化方法能够引导 UAV 跟踪 MU 节点的运动，并使 UAV 始终位于 BS 节点与 MU 节点之间飞行。

2）由于 UAV 飞行速度大于 MU 节点的运动速度，为保障中继链路传输性能最优，某些时刻 UAV 通过绕圆盘旋的方式来跟踪 MU 节点的运动。

3）采用式（5-19）作为优化目标函数与采用式（5-22）作为优化目标函数所获得的无人机航迹重合，表明在优化无人机航迹时，可使用式（5-22）给出的目标函数来替换式（5-19）的目标函数。

图 5-3 给出了链路中断概率随仿真时间变化的曲线（场景一与场景二）。图 5-3 中，实线为场景一链路中断概率的理论曲线，符号“□”表示场景一链路中断概率的仿真曲线；虚线为场景二链路中断概率的理论曲线，符号“+”表示场景二链路中断概率的仿真曲线。

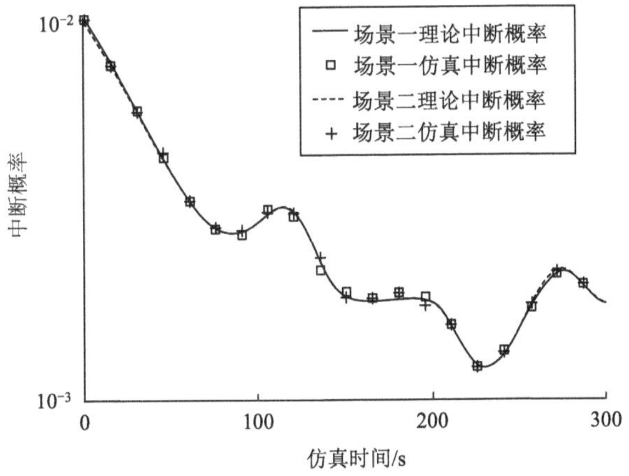

图 5-3　链路中断概率随仿真时间变化的曲线（场景一与场景二）

由图 5-3 的曲线可观测到：

1）中断概率的理论曲线与中断概率的仿真结果完全一致，验证了式（5-19）与式（5-22）的正确性。

2）场景一与场景二的中断概率曲线重合，表明在高信噪比下，式（5-22）是式（5-19）的良好近似。

图 5-4 显示了无人机最佳航迹（场景一与场景三）。图 5-4 中，实线为场景一无人机的最佳航迹，虚线为场景三无人机的最佳航迹，点划线为 MU 节点的运动轨迹。

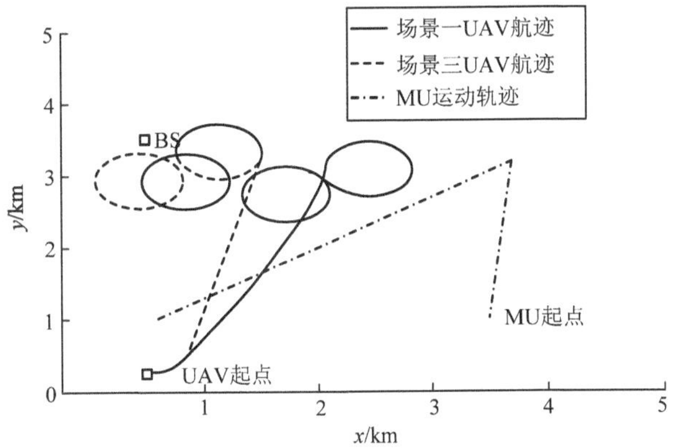

图 5-4　无人机最佳航迹（场景一与场景三）

由图 5-4 的航迹可观测到：相比于场景一无人机飞行航迹，场景三无人机飞行航迹明显偏向 BS 节点，表明路径损耗因子对无人机航迹的影响较明显。

图 5-5 给出了链路中断概率随仿真时间变化的曲线(场景一与场景三)。图 5-5 中，实线为场景一链路中断概率的理论曲线，符号“□”表示场景一链路中断概率的仿真曲线；虚线为场景三链路中断概率的理论曲线，符号“+”表示场景三链路中断概率的仿真曲线。

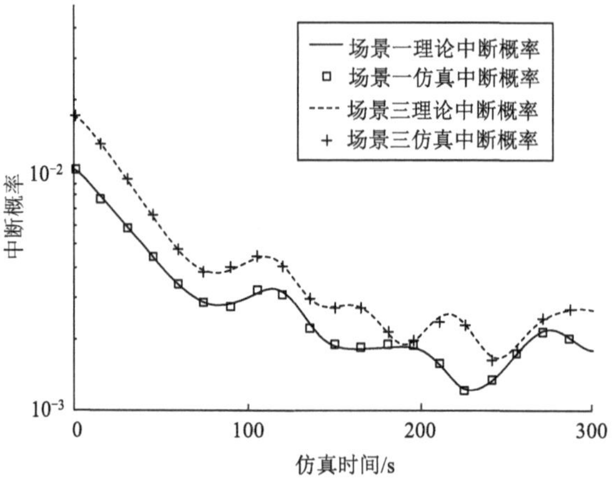

图 5-5 链路中断概率随仿真时间变化的曲线（场景一与场景三）

由图 5-5 的曲线可观测到：场景三的中断概率明显高于场景一的中断概率，信道路径损耗因子对链路中断概率的影响非常显著。

图 5-6 显示了无人机最佳航迹（场景一与场景四)。图 5-6 中，实线为场景一无人机的最佳航迹，虚线为场景四无人机的最佳航迹，点划线为 MU 节点的运动轨迹。

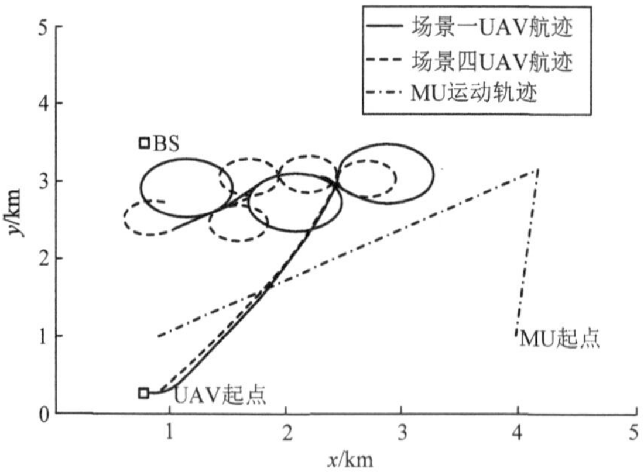

图 5-6 无人机最佳航迹（场景一与场景四）

由图 5-6 的航迹可观测到：随着 UAV 最大转弯角的增加，无人机绕圆盘旋半径减小。

图 5-7 给出了链路中断概率随仿真时间变化的曲线（场景一与场景四)。图 5-7 中，实线为场景一链路中断概率的理论曲线，符号“□”表示场景一链路中断概率的仿真曲

线；虚线为场景四链路中断概率的理论曲线，符号“+”表示场景四链路中断概率的仿真曲线。

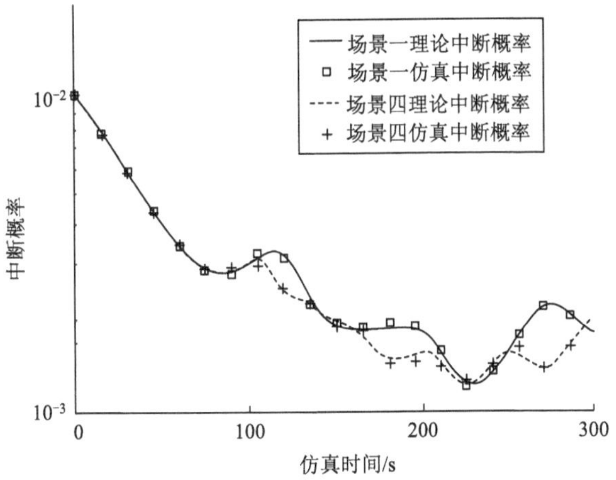

图 5-7　链路中断概率随仿真时间变化的曲线（场景一与场景四）

由图 5-7 的曲线可观测到：随着 UAV 最大转弯角的增加，链路中断概率波动幅度减小，即无人机的最大转弯角的增加有助于提升中继链路传输的可靠性。

5.3　频率选择性衰落信道无人机中继通信系统

5.3.1　系统模型

参见图 5-1 给出的基于 DS-CDMA 的无人机中继通信系统，频率选择性衰落信道无人机中继通信系统由 MU 节点、UAV 节点和 BS 节点组成。假设 MU 节点与 BS 节点之间的距离遥远，不存在两个节点的直达通信链路，因此必须借助 UAV 节点的中继才可建立 MU 节点至 BS 节点的通信链路。考虑到两跳链路之间信道均呈现频率选择性衰落，且远距离传输存在路径损耗效应，因此将 MU-UAV 链路及 UAV-BS 链路信道建模为包含路径损耗的频率选择性 Nakagami-m 衰落信道[14-16]。此外，为了克服信道的频率选择性衰落，无人机中继通信系统采用 DS-CDMA 传输方案，UAV 节点采用译码转发方式中继信号，且 UAV 节点与 BS 节点接收机均采用最大比值合并（MRC）瑞克（RAKE）接收方法。

在图 5-1 所示的无人机中继通信过程中，MU 节点至 BS 节点的中继通信过程分为两个时隙。第 1 个时隙内，MU 节点传输的比特序列首先进行 BPSK 调制，随后将调制器输出的码元序列$\{a_n, n=1,2,\cdots,N\}$进行扩频调制，再通过 MU-UAV 链路传输至 UAV 节点，则 UAV 节点接收的低通等效信号表示为

$$r_{\mathrm{U}}(t)=A_{\mathrm{M}}\sum_{i=1}^{I}\sum_{n=0}^{N-1}a_n g(t,\tau_i)q(t-nT_{\mathrm{s}}-\tau_i)+z_{\mathrm{U}}(t) \tag{5-23}$$

式中，A_{M}为 MU 节点发射信号的幅度；$\{a_n, n=1,2,\cdots,N\}$为第 1 时隙 MU 节点传输的

码元序列；T_s 为码元周期；$q(t)$ 为归一化扩频特征波形；I 为 MU 节点至 UAV 节点之间多径信道的路径数目；$g(t,\tau_i)$ 为 MU 节点至 UAV 节点之间第 i 条路径的衰落系数；τ_i 为 MU 节点至 UAV 节点之间第 i 路径的传输时延；$z_U(t)$ 为 UAV 节点接收天线输入的复高斯白噪声，其建模为均值为 0、方差为 N_0 的随机变量。

式（5-23）的接收信号送入图 5-8 所示的 MRC 瑞克接收机模型[17]。根据本章附录 A 的推导，MRC 瑞克接收机输出的第 m 个码元检验统计量为

$$y_U = \sum_{i=1}^{I} y_{U,i} = \sum_{i=1}^{I}\left(y_{U,i}^{es} + y_{U,i}^{mi} + y_{U,i}^{no}\right) \tag{5-24}$$

式中，$y_{U,i}$ 为 MU 节点 MRC 第 i 路输出信号；$y_{U,i}^{es}$、$y_{U,i}^{mi}$ 和 $y_{U,i}^{no}$ 分别为 MRC 第 i 路输出的期望信号、多径干扰信号及噪声信号。

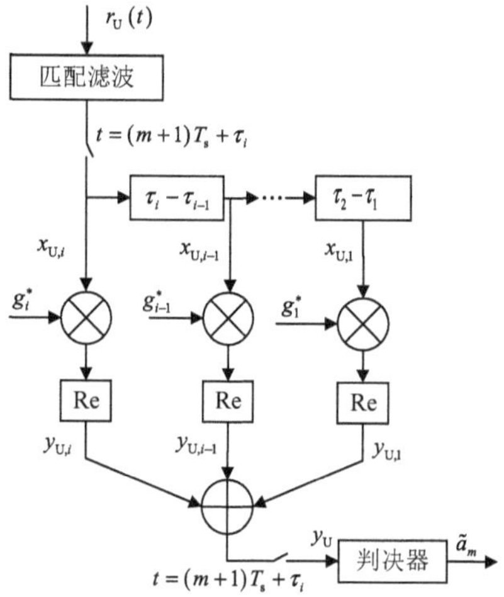

图 5-8 MRC 瑞克接收机模型（UAV 节点）

BS 节点接收机的判决器表示为

$$\tilde{a}_m = \underset{\bar{a}=\{+1,-1\}}{\arg\max}\,(\bar{a}\cdot y_U),\quad m=0,1,2,\cdots,N-1 \tag{5-25}$$

第 2 个时隙内，UAV 节点对判决码元序列 $\{\tilde{a}_n,\ n=1,2,\cdots,N\}$ 重新进行扩频调制，并转发给 BS 节点。BS 节点接收到的低通等效信号表示为

$$r_B(t) = \sum_{j=1}^{J} A_U \sum_{n=0}^{N-1} \tilde{a}_n q\left(t-nT_s-\mu_j\right) h\left(t,\mu_j\right) + z_B(t) \tag{5-26}$$

式中，A_U 为 UAV 节点发射信号的幅度；J 为 UAV 节点至 BS 节点之间多径信道的路径数目；$h(t,\mu_j)$ 为 UAV 节点至 BS 节点第 j 条路径的信道衰落系数；μ_j 为 UAV 节点至 BS 节点第 j 条路径的传输时延；$z_B(t)$ 为 BS 节点接收天线输入的复高斯白噪声，其统计特性与 $z_U(t)$ 相同。

BS 节点接收到信号后，同样使用 MRC 瑞克接收方法恢复出 UAV 节点传输的码元序列，参考本章附录 A 的推导。BS 节点 MRC 瑞克输出的第 m 个码元检验统计量表示为

$$y_{\mathrm{B}}=\sum_{j=1}^{J}y_{\mathrm{B},j}=\sum_{j=1}^{J}\left(y_{\mathrm{B},j}^{\mathrm{es}}+y_{\mathrm{B},j}^{\mathrm{mi}}+y_{\mathrm{B},j}^{\mathrm{no}}\right) \tag{5-27}$$

式中，$y_{\mathrm{B},j}$ 为 BS 节点 MRC 第 j 条路径输出信号；$y_{\mathrm{B},i}^{\mathrm{es}}$、$y_{\mathrm{B},i}^{\mathrm{mi}}$ 和 $y_{\mathrm{B},i}^{\mathrm{no}}$ 分别为 MRC 第 j 条路径输出的期望信号、多径干扰信号及噪声信号。

相应判决器输出为

$$\hat{a}_m=\underset{\{\bar{a}=+1,-1\}}{\arg\max}\left(\bar{a}\cdot y_{\mathrm{B}}\right),\quad m=0,1,2,\cdots,N-1 \tag{5-28}$$

MU 节点至 UAV 节点的信道为包含路径损耗的频率选择性衰落信道，其第 i 条路径的衰落系数建模为[14-15]

$$g(t,\tau_i)=\frac{u(t,\tau_i)}{d_{\mathrm{MU}}^{\alpha}},\quad i=1,2,\cdots,I \tag{5-29}$$

式中，$u(t,\tau_i)$ 为第 i 条路径的小尺度衰落系数，其包络服从 Nakagami-m 分布；d_{MU} 为 MU 节点至 UAV 节点的距离；α 为 MU 节点至 UAV 节点信道的路径损耗因子。

$g(t,\tau_i)$ 的二阶原点矩由如下多径强度分布得到[17-18]：

$$\Omega_i=\frac{\bar{G}_i\mathrm{e}^{-\varepsilon(\tau_i-\tau_1)}}{d_{\mathrm{MU}}^{2\alpha}},\quad i=1,2,\cdots,I \tag{5-30}$$

式中，$\bar{G}_i\equiv E\left[\left|u(t,\tau_i)\right|^2\right]$，且 $\sum_{i=1}^{I}\bar{G}_i\equiv1$；$\varepsilon$ 为 MU 节点至 UAV 节点之间信道的小尺度衰落的指数衰落因子。

同理，UAV 节点至 BS 节点之间信道建模为包含路径损耗的频率选择性衰落信道，其第 j 条路径衰落系数建模为

$$h(t,\mu_j)=\frac{w(t,\mu_j)}{d_{\mathrm{UB}}^{\beta}},\quad j=1,2,\cdots,J \tag{5-31}$$

式中，$w(t,\mu_j)$ 为第 j 条路径信道小尺度衰落系数，其包络服从 Nakagami-m 分布；d_{UB} 为 UAV 节点至 BS 节点的距离；β 为 UAV 节点至 BS 节点信道的路径损耗因子。

$h(t,\mu_j)$ 的二阶原点矩由如下多径强度分布得到

$$\varXi_j=\frac{\bar{H}_j\mathrm{e}^{-\kappa(\mu_j-\mu_1)}}{d_{\mathrm{UB}}^{2\beta}},\quad j=1,2,\cdots,J \tag{5-32}$$

式中，$\bar{H}_j\equiv E\left[\left|w(t,\mu_j)\right|^2\right]$，且 $\sum_{j=1}^{j}\bar{H}_j\equiv1$；$\kappa$ 为 UAV-BS 信道小尺度衰落的指数衰落因子。

5.3.2　中继无人机的航迹优化方法

链路中断概率是衡量无线通信系统传输可靠性的重要技术指标，本节基于 MU-UAV-BS 链路中断概率最小化准优化中继无人机的航迹。

利用文献[19]的研究结果，对于采用译码转发协议的无线中继通信系统，当 UAV 中继节点输入信干噪比（SINR）及 BS 节点输入 SINR 均较高时，MU-UAV-BS 链路可等效为单跳链路，且该链路的等效 SINR 为

$$\gamma_{\text{eq}} = \min\{\gamma_{\text{U}}, \gamma_{\text{B}}\} \tag{5-33}$$

则 MU-UAV-BS 链路的中断概率可表示为

$$\begin{aligned} P_{\text{out}} &= P\left(\gamma_{\text{eq}} \leqslant \gamma_{\text{th}}\right) \\ &= 1 - \left[1 - P\left(\gamma_{\text{U}} \leqslant \gamma_{\text{th}}\right)\right]\left[1 - P\left(\gamma_{\text{B}} \leqslant \gamma_{\text{th}}\right)\right] \end{aligned} \tag{5-34}$$

式中，γ_{th} 为门限值。

根据本章附录 B 的推导，可得 MU-UAV-BS 链路中断概率的上界为

$$P_{\text{out,u}} = 1 - \left[1 - F\left(c_1, \cdots, c_I; \frac{\gamma_{\text{th}} c_1}{\bar{G}_1 \xi_1}, \cdots, \frac{\gamma_{\text{th}} c_I}{\bar{G}_I \xi_I}\right)\right] \times \left[1 - F\left(e_1, \cdots, e_J; \frac{\gamma_{\text{th}} e_1}{\bar{H}_1 \zeta_1}, \cdots, \frac{\gamma_{\text{th}} e_J}{\bar{H}_J \zeta_J}\right)\right] \tag{5-35}$$

式中，c_i 和 e_j 分别为 $u(t,\tau_i)$ 和 $w(t,\mu_j)$ 的 Nakagami-m 衰落因子[16]；ξ_i 及 ζ_j 分别定义为

$$\xi_i = \frac{A_{\text{M}}^2}{A_{\text{M}}^2 R_{\text{U,max}} \sum_{i'=1, i' \neq i}^{I} \bar{G}_{i'} + N_0 d_{\text{MU}}^{2\alpha}}$$

$$\zeta_j = \frac{A_{\text{U}}^2}{A_{\text{U}}^2 R_{\text{B,max}} \sum_{j'=1, j' \neq j}^{J} \bar{H}_{j'} + N_0 d_{\text{UB}}^{2\beta}}$$

由式（5-35）可观测到：当参量 α、β、N_0、$\{c_i, \bar{G}_i, \tau_i | i = 1, 2, \cdots, I\}$ 及 $\{e_j, \bar{H}_j, \mu_j | j = 1, 2, \cdots, J\}$ 给定时，MU-UAV-BS 链路的中断概率取决于 MU 节点到 UAV 节点的距离 d_{MU} 及 UAV 节点到 BS 节点的距离 d_{UB}。

在无人机中继通信过程时，假设无人机飞行状态平稳，飞行高度固定为 C，飞行速度恒定为 v_{U}，无人机仅通过改变航向角来优化飞行航迹。假设无人机航向角的更新周期为 T，且在 $(l-1)T$ 时刻无人机的坐标为 $(X_{\text{U},l-1}, Y_{\text{U},l-1}, C)$，则根据 Dubins 运动模型[11]，可得到 lT 时刻无人机的位置坐标为

$$\begin{cases} X_{\text{U},l} = X_{\text{U},l-1} + v_{\text{U}} T \cos \delta_l \\ Y_{\text{U},l} = Y_{\text{U},l-1} + v_{\text{U}} T \sin \delta_l \\ Z_{\text{U},l} = C \end{cases} \tag{5-36}$$

式中，$\delta_l = \delta_{l-1} + \Delta\delta_l$ 为 lT 时刻无人机的航向角，其中 $\Delta\delta_l$ 为 lT 时刻 UAV 的转弯角，且 $\Delta\delta_l \in [-\Delta\delta_{\max}, +\Delta\delta_{\max}]$，$\Delta\delta_{\max}$ 为无人机的最大转弯角。

假设BS节点位置坐标为 $(X_{\text{B}}, Y_{\text{B}}, 0)$，且 lT 时刻MU节点的位置坐标为 $(X_{\text{M},l}, Y_{\text{M},l}, 0)$，则 lT 时刻 UAV 节点至 MU 节点及 BS 节点的距离分别为

$$d_{\text{MU}} = \left[\left(X_{\text{U},l-1} + v_{\text{U}} T \cos \delta_l - X_{\text{M},l}\right)^2 + \left(Y_{\text{U},l-1} + v_{\text{U}} T \sin \delta_l - Y_{\text{M},l}\right)^2 + C^2\right]^{\frac{1}{2}} \tag{5-37}$$

$$d_{\text{UB}} = \left[\left(X_{\text{B}} - X_{\text{U},l-1} - v_{\text{U}} T \cos \delta_l\right)^2 + \left(Y_{\text{B}} - Y_{\text{U},l-1} - v_{\text{U}} T \sin \delta_l\right)^2 + C^2\right]^{\frac{1}{2}} \tag{5-38}$$

进一步将式（5-37）与式（5-38）代入式（5-35），可得到 lT 时刻链路中断概率的上界为

$$P_{\text{out,u}}=1-\left[1-F\left(c_1,\cdots,c_I;\theta_1,\cdots,\theta_I\right)\right]\times\left[1-F\left(e_1,\cdots,e_J;\phi_1,\cdots,\phi_J\right)\right] \tag{5-39}$$

式中，

$$\theta_i=\frac{\gamma_{\text{th}}c_i}{\bar{G}_i}\left\{R_{\text{U,max}}\sum_{i'=1,i'\neq i}^{I}\bar{G}_{i'}+\frac{N_0}{A_{\text{M}}^2}\left[\left(X_{\text{U},l-1}+v_{\text{U}}T\cos\delta_l-X_{\text{M},l}\right)^2+\left(Y_{\text{U},l-1}+v_{\text{U}}T\sin\delta_l-Y_{\text{M},l}\right)^2+C^2\right]^{\alpha}\right\}$$

$$\phi_j=\frac{\gamma_{\text{th}}e_j}{\bar{H}_j}\left\{R_{\text{B,max}}\sum_{j'=1,j'\neq j}^{J}\bar{H}_{j'}+\frac{N_0}{A_{\text{U}}^2}\left[\left(X_{\text{B}}-X_{\text{U},l-1}-v_{\text{U}}T\cos\delta_l\right)^2+\left(Y_{\text{B}}-Y_{\text{U},l-1}-v_{\text{U}}T\sin\delta_l\right)^2+C^2\right]^{\beta}\right\}$$

式（5-39）表明：在$(l-1)T$时刻 UAV 位置给定的情况下，lT 时刻 UAV 中继通信系统的链路中断概率仅取决于 lT 时刻 UAV 的航向角 δ_l。

因此，可通过优化无人机的航向角 δ_l 来使 lT 时刻链路中断概率最小化，无人机航迹优化问题可表述为

$$\min_{\delta_l} P_{\text{out,u}} \tag{5-40}$$

$$\text{s.t.}\quad \delta_{l-1}-\Delta\delta_{\max}\leqslant\delta_l\leqslant\delta_{l-1}+\Delta\delta_{\max}$$

式（5-40）给出的是一个带约束条件的一维非线性最优化问题，由于代价函数表达式较复杂，因此通常情况可采取一维线性搜索法得到最优解。

5.3.3　链路误码率与分集增益

为给出译码转发协议下 MU-UAV-BS 链路的误码率性能，定义下面 5 个事件：$E_1\equiv$ {MU-UAV-BS链路中，单个码元传输错误}，$E_2\equiv$ {MU-UAV链路中，单个码元传输错误}，$\bar{E}_2\equiv$ {MU-UAV链路中，单个码元传输正确}，$E_3\equiv$ {UAV-BS链路中，单个码元传输错误}，$\bar{E}_3\equiv$ {UAV-BS链路中，单个码元传输正确}，则当 MU-UAV 链路及 UAV-BS 链路的输入 SINR 给定情况下，MU-UAV-BS 链路的条件误码率为

$$\begin{aligned}P_{\text{ser}}^{\text{DF}}&=P\left(E_1\middle|\gamma_{\text{R}}^{\text{DF}},\gamma_{\text{B}}^{\text{DF}}\right)\\&=P\left\{E_2,\bar{E}_3\middle|\gamma_{\text{R}}^{\text{DF}},\gamma_{\text{B}}^{\text{DF}}\right\}+P\left\{\bar{E}_2,E_3\middle|\gamma_{\text{R}}^{\text{DF}},\gamma_{\text{B}}^{\text{DF}}\right\}\\&=P\left\{E_2\middle|\gamma_{\text{R}}^{\text{DF}}\right\}P\left\{\bar{E}_3\middle|\gamma_{\text{B}}^{\text{DF}}\right\}+P\left\{\bar{E}_2\middle|\gamma_{\text{R}}^{\text{DF}}\right\}P\left\{E_3\middle|\gamma_{\text{B}}^{\text{DF}}\right\}\\&=P\left\{E_2\middle|\gamma_{\text{R}}^{\text{DF}}\right\}\left(1-P\left\{E_3\middle|\gamma_{\text{B}}^{\text{DF}}\right\}\right)+P\left\{E_3\middle|\gamma_{\text{B}}^{\text{DF}}\right\}\left(1-P\left\{E_2\middle|\gamma_{\text{R}}^{\text{DF}}\right\}\right)\end{aligned} \tag{5-41}$$

考虑到$P\left\{E_2\middle|\gamma_{\text{R}}^{\text{DF}}\right\}=Q\left(\sqrt{2\gamma_{\text{R}}^{\text{DF}}}\right)$及$P\left\{E_3\middle|\gamma_{\text{B}}^{\text{DF}}\right\}=Q\left(\sqrt{2\gamma_{\text{B}}^{\text{DF}}}\right)$，式（5-41）可进一步化简为

$$P\left(E_1\middle|\gamma_{\text{R}}^{\text{DF}},\gamma_{\text{B}}^{\text{DF}}\right)=Q\left(\sqrt{2\gamma_{\text{R}}^{\text{DF}}}\right)+Q\left(\sqrt{2\gamma_{\text{B}}^{\text{DF}}}\right)-2Q\left(\sqrt{2\gamma_{\text{R}}^{\text{DF}}}\right)Q\left(\sqrt{2\gamma_{\text{B}}^{\text{DF}}}\right) \tag{5-42}$$

最后，对式（5-42）中的 $\gamma_{\text{R}}^{\text{DF}}$ 和 $\gamma_{\text{B}}^{\text{DF}}$ 进行统计平均，可得 MU-UAV-BS 链路的平均误码率为

$$\begin{aligned}P(E_1)&=\int_0^{\infty}\int_0^{\infty}P\left\{E_1\middle|\gamma_{\text{R}}^{\text{DF}},\gamma_{\text{B}}^{\text{DF}}\right\}f_{\gamma_{\text{R}}^{\text{DF}}}(x)f_{\gamma_{\text{B}}^{\text{DF}}}(y)\,\mathrm{d}x\,\mathrm{d}y\\&=P(E_2)+P(E_3)-2P(E_2)P(E_3)\end{aligned} \tag{5-43}$$

式中，$f_{\gamma_{\text{R}}^{\text{DF}}}(x)$和$f_{\gamma_{\text{B}}^{\text{DF}}}(y)$为$\gamma_{\text{R}}^{\text{DF}}$和$\gamma_{\text{B}}^{\text{DF}}$的概率密度函数。

进一步参考文献[20]，可得$P(E_2)$和$P(E_3)$的表达式分别为

$$P(E_2)=F'_{(L)}\left(\tilde{u}_1,\cdots\tilde{u}_L;\varphi_{\mathrm{R},1},\cdots,\varphi_{\mathrm{R},L}\right) \tag{5-44}$$

$$P(E_3)=F'_{(L')}\left(\tilde{w}_1,\cdots\tilde{w}_L;\varphi_{\mathrm{B},1},\cdots,\varphi_{\mathrm{B},L}\right) \tag{5-45}$$

式中，$\varphi_{\mathrm{R},l}=\dfrac{\tilde{u}_l}{\left(\tilde{u}_l+\overline{\gamma}_{\mathrm{R},l}^{\mathrm{DF}}\right)}$； $\varphi_{\mathrm{B},l}=\dfrac{\tilde{w}_l}{\tilde{w}_l+\overline{\gamma}_{\mathrm{B},l}^{\mathrm{DF}}}$。

函数 $F'_{(L)}$ 的定义为

$$F'_{(L)}\left(a_1,\cdots a_L;\varphi_1,\cdots,\varphi_L\right)=\frac{1}{2\pi}\prod_{l=1}^{L}\varphi_l^{a_l}\int_0^1 t^{-\frac{1}{2}}(1-t)^{\sum_{l=1}^{L}a_l-\frac{1}{2}}\prod_{l=1}^{L}(1-\varphi_l t)^{-a_l}\mathrm{d}t \tag{5-46}$$

将式（5-44）及式（5-45）代入式（5-43），即可得平均误码率表达式为

$$\begin{aligned}P_{\mathrm{ser}}^{\mathrm{DF}}&=F'_{(L)}\left(\tilde{u}_1,\cdots\tilde{u}_L;\varphi_{\mathrm{R},1},\cdots,\varphi_{\mathrm{R},L}\right)+F'_{(L')}\left(\tilde{w}_1,\cdots\tilde{w}_L;\varphi_{\mathrm{B},1},\cdots,\varphi_{\mathrm{B},L}\right)\\&\quad-2F'_{(L)}\left(\tilde{u}_1,\cdots\tilde{u}_L;\varphi_{\mathrm{R},1},\cdots,\varphi_{\mathrm{R},L}\right)\cdot F'_{(L')}\left(\tilde{w}_1,\cdots\tilde{w}_L;\varphi_{\mathrm{B},1},\cdots,\varphi_{\mathrm{B},L}\right)\end{aligned} \tag{5-47}$$

下面考查高信噪比情况下，链路所获得的分集增益性能。假设 MU-UAV 链路及 UAV-BS 链路信道对称，$L=L'$，且各个子信道具有相同增益，即 $\tilde{u}_1=\tilde{w}_1,\tilde{u}_2=\tilde{w}_2,\cdots,\tilde{u}_L=\tilde{w}_L$，且 $\overline{\gamma}_{\mathrm{R},1}^{\mathrm{DF}}=\overline{\gamma}_{\mathrm{R},2}^{\mathrm{DF}}=\cdots=\overline{\gamma}_{\mathrm{R},L}^{\mathrm{DF}}=\overline{\gamma}_{\mathrm{B},1}^{\mathrm{DF}}=\overline{\gamma}_{\mathrm{B},2}^{\mathrm{DF}}=\cdots=\overline{\gamma}_{\mathrm{B},L}^{\mathrm{DF}}$，则式（5-44）与式（5-45）近似表示为

$$P(E_2)=P(E_3)\approx\overline{W}\cdot\left(\overline{\gamma}_{\mathrm{R},1}^{\mathrm{DF}}\right)^{-\sum_{l=1}^{L}\tilde{u}_l} \tag{5-48}$$

式中，

$$\overline{W}=\frac{1}{2\pi}\int_0^1\left(t-t^2\right)^{-\frac{1}{2}}\prod_{l=1}^{L}(\tilde{u}_l-\tilde{u}_l t)^{\tilde{u}_l}\mathrm{d}t$$

高信噪比情况下，考虑到 $2P(E_2)P(E_3)$ 项远小于 $P(E_2)+P(E_3)$，因此系统的平均误码率近似表示为

$$P(E_1)\approx 2W\cdot\left(\overline{\gamma}_{\mathrm{R},1}^{\mathrm{DF}}\right)^{-\sum_{l=1}^{L}\tilde{u}_l} \tag{5-49}$$

式（5-49）表明：当 MU-UAV 链路及 UAV-BS 链路对称，且各个子信道具有相同增益时，系统的分集增益由因子 $\sum_{l=1}^{L}\tilde{u}_l$ 确定，即系统分集增益为 $\sum_{l=1}^{L}\tilde{u}_l$。

5.3.4 数值仿真

频率选择性衰落信道 DS-CDMA 无人机中继通信仿真系统基本参数如下：伪随机序列采用 31 位的 m 序列，仿真时长为 1000s；MU 节点按照确定轨迹运动，并在 400s 时刻进行大转角机动；接收机噪声功率谱密度 $N_0=-120\mathrm{dBW/Hz}$。其余参数如表 5-2 所示。

表 5-2 仿真参数

参数名称	数值
路径数	$L=L'=3$
发射信号强度/V	$A_{\mathrm{M}}=A_{\mathrm{U}}=10$
Nakagami-m 衰落系数	$\tilde{u}_1=\tilde{w}_1=3$ $\tilde{u}_2=\tilde{w}_2=1$ $\tilde{u}_3=\tilde{w}_3=0.5$

续表

参数名称	数值
路径时延	$\tau_1=\mu_1=0$ $\tau_2=\mu_2=T_c$ $\tau_3=\mu_3=6T_c$
信道指数衰落因子	$\lambda=\kappa=\frac{0.5}{T_c}$
中断概率截短项数	$E=10$
门限值/dB	$\gamma_{th}=-2$
处理增益	$V=31$
MU 起始位置/m	$(10000,0,0)$
MU 速度/(m/s)	$v_M=20$
RU 起始位置/m	$(0,0,1000)$
RU 速度/(m/s)	$v_R=40$
RU 最大转弯角/(°)	$\delta_{max}=6$
BS 坐标	$(0,10000,0)$

仿真实验设置了 4 个场景。

场景一：MU-UAV 及 UAV-BS 信道的路径损耗因子相同[14]，$\alpha=\beta=1.7$，UAV 节点采用译码转发协议，UAV 节点及 BS 节点均采用 MRC 接收方法。

场景二：MU-UAV 及 UAV-BS 信道路径损耗因子与场景一相同，但 UAV 节点及 BS 节点采用选择合并方法[16]。

场景三：MU-UAV 及 UAV-BS 信道路径损耗因子及 UAV 节点中继协议与场景一完全相同，但 UAV 节点采用基于平均误码率[式（5-47）]最小化准则的航迹优化方法优化航迹。

场景四：MU-UAV 信道的路径损耗因子 $\alpha=1.7$，UAV-BS 信道的路径损耗因子 $\beta=1.8$，门限值 $\gamma_{th}=-7\,\text{dB}$，UAV 节点及 BS 节点的接收方法与场景一相同。

图 5-9 显示了无人机最佳航迹（场景一与场景二）。图 5-9 中，实线为场景一无人机的最佳航迹，虚线为场景二无人机的最佳航迹，点划线为 MU 节点的运动轨迹。

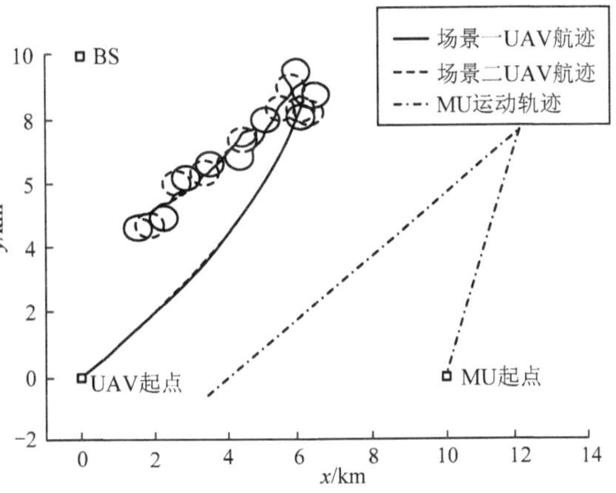

图 5-9　无人机最佳航迹（场景一与场景二）

由图 5-9 的航迹可观测到：

1）所提出航迹优化方法能够引导 UAV 节点跟踪 MU 节点的运动，并使得 UAV 节点位于 BS 节点及 MU 节点之间飞行。

2）由于 UAV 飞行速度大于 MU 节点的移动速度，因此在某些时刻 UAV 通过绕圆盘旋的方式跟踪 MU 节点的运动，以保障中继链路传输性能最优。

3）场景一与场景二 UAV 最佳航迹基本一致，表明 UAV 节点及 BS 节点的接收方法对 UAV 航迹影响不明显。

图 5-10 给出了链路中断概率与误码率随仿真时间变化的曲线（场景一与场景二）。图 5-10 中，实线为场景一链路中断概率的理论性能曲线，符号“□”表示场景一链路中断概率的仿真性能曲线；虚线为场景二链路中断概率的理论性能曲线，符号“+”表示场景二链路中断概率的仿真性能曲线。

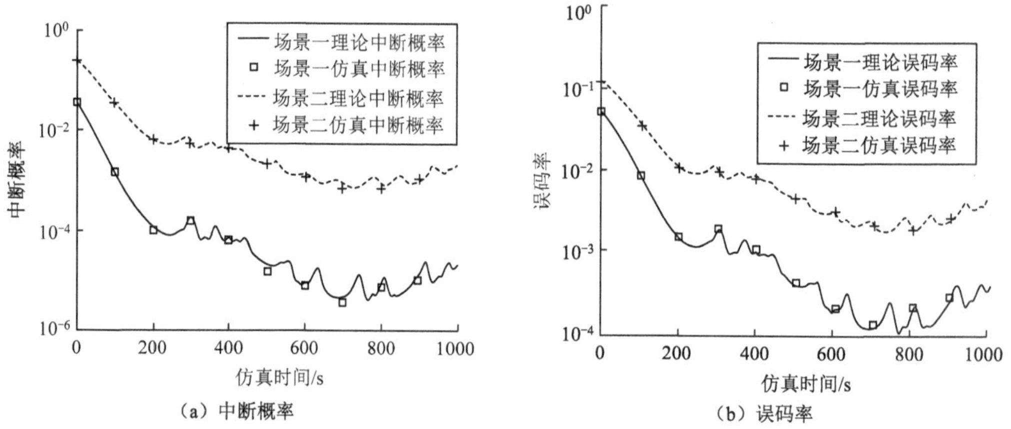

图 5-10　链路中断概率与误码率随仿真时间变化的曲线（场景一与场景二）

由图 5-10 的曲线可观测到：

1）链路中断概率及误码率仿真性能与理论性能完全一致，验证了理论公式的正确性。

2）尽管场景一与场景二 UAV 航迹基本一致，但场景一链路中断概率及误码率性能明显优于场景二，表明 MRC 接收方法可充分获得频率选择性衰落信道提供的分集增益，改善链路传输可靠性。

图 5-11 显示了无人机最佳航迹（场景一与场景三）。图 5-11 中，实线表示场景一无人机的最佳航迹，虚线表示场景三无人机的最佳航迹，点划线表示 MU 节点的运动轨迹。

由图 5-11 的航迹可观测到：采用中断概率作为优化目标函数时得到的 UAV 最佳航迹与用平均误码率作为优化目标函数时得到的 UAV 最佳航迹保持一致，这表明中断概率最小化准则与误码率最小化准则具有相同的航迹优化效果。

图 5-12 给出了误码率随仿真时间变化的曲线（场景一与场景三）。图 5-12 中，实线为场景一误码率的理论性能曲线，符号“□”表示场景一误码率仿真性能曲线；虚线为场景三误码率的理论性能曲线，符号“+”表示场景三误码率的仿真性能曲线。

由图 5-12 的曲线可观测到：场景一和场景三的误码率性能基本一致，这表明当 UAV 节点及 BS 节点的接收方法给定情况下，改变优化目标函数对误码率基本没有影响。

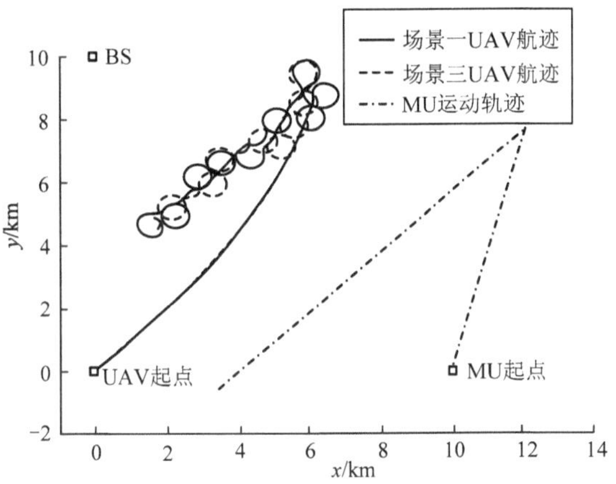

图 5-11　无人机最佳航迹（场景一与场景三）

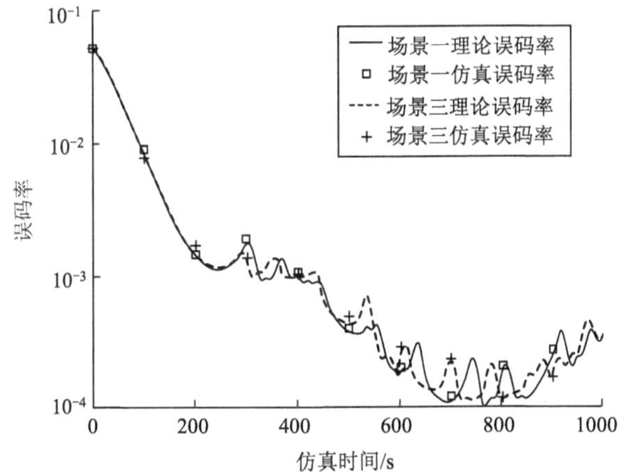

图 5-12　误码率随仿真时间变化的曲线（场景一与场景三）

图 5-13 显示了无人机最佳航迹（场景一与场景四）。图 5-13 中，实线表示场景一无人机的最佳航迹，虚线表示场景四无人机的最佳航迹，点划线表示 MU 的运动轨迹。

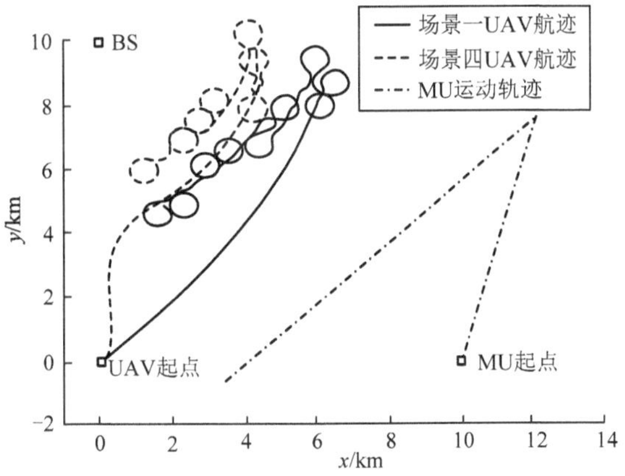

图 5-13　无人机最佳航迹（场景一与场景四）

由图 5-13 的航迹可观测到：UAV-BS 链路的路径损耗因子大于 MU-UAV 链路的路径损耗因子时，UAV 最佳航迹明显偏向 BS 节点，这表明信道路径损耗因子对 UAV 航迹影响较明显。

本 章 小 结

本章重点研究了 DS-CDMA 无人机中继通信系统的航迹优化问题。本章首先介绍了频率平坦性衰落信道环境下 DS-CDMA 无人机中继通信系统的航迹优化方法；随后介绍了频率选择性衰落信道 DS-CDMA 无人机中继通信系统，并以链路中断概率最小化准则为基础，提出了中继无人机的航迹优化方法。

本章研究结论如下：①所提出航迹优化方法可引导中继无人机跟踪 MU 节点的运动，使无人机处于最佳中继位置，以保障链路传输可靠性；②基于最多比值合并的 DS-CDMA 无人机中继通信系统可获取信道提供的分集增益提高链路传输可靠性。

参 考 文 献

[1] NAMUDURI K, CHAUMETTE S, KIM J H, et al. UAV networks and communications[M]. Cambridge: Cambridge University Press, 2018.

[2] HAYAT S, YANMAZ E, MUZAFFAR R. Survey on unmanned aerial vehicle networks for civil applications: a communications viewpoint[J]. IEEE Communications Surveys & Tutorials, 2016, 18(4): 2426-2661.

[3] GUPTA L, JAIN R, VASZKUN G. Survey of important issues in UAV communication networks[J]. IEEE Communications Surveys & Tutorials, 2016, 18(2): 1123-1152.

[4] WU Q Q, ZHANG R. Delay-constrained throughput maximization in UAV-enabled OFDM systems[C]// 2017 23rd Asia-Pacific Conference on Communications. Perth: IEEE, 2017: 1-6.

[5] WU Q Q, ZHANG R. Common throughput maximization in UAV-enabled OFDMA systems with delay consideration[J]. IEEE Transactions on Communications, 2018, 66(12): 6614-6627.

[6] LI R D, WEI Z Q, YANG L, et al. Joint trajectory and resource allocation design for UAV communication Systems[C]// 2018 IEEE Globecom Workshops (GC Wkshps). Abu Dhabi: IEEE, 2018: 1-6.

[7] CUI F, CAI Y, QIN Z, et al. Joint trajectory design and power allocation for UAV-enabled non-orthogonal multiple access systems[C]// 2018 IEEE Global Communications Conference (GLOBECOM). Abu Dhabi: IEEE, 2018: 1-6.

[8] 刘海涛，顾新宇，方晓钰，等. 频率选择性衰落信道 DS-CDMA 无人机中继通信系统航迹规划方法[J]. 航空学报，2019，40(7)：149-158.

[9] TORRIERI D. Principles of spread-spectrum communication systems [M]. 2nd ed. New York: Springer, 2011: 126-132.

[10] GRADSHTEYN I S, RYZHIK I M. Table of integrals, series and products [M]. 8th ed. Waltham: Elsevier, 2015.

[11] OUYANG J, ZHUANG Y, LIN M. Optimization of beamforming and path planning for UAV-assisted wireless relay networks [J]. Chinese Journal of Aeronautics, 2014, 27(2): 313-320.

[12] 陈宝林. 最优化理论与算法[M]. 2 版. 北京：清华大学出版社，2005.

[13] OLVER F W, LOZIER D W, BOISVERT R F, et al. NIST Handbook of mathematical functions[M]. Cambridge: Cambridge University Press, 2010.

[14] MATOLAK D W, SUN R. Air-ground channel characterization for unmanned aircraft systems—Part I: methods, measurements, and models for over-water settings [J]. IEEE Transactions on Vehicular Technology, 2017, 66(3): 26-44.

[15] PROAKIS J G, SALEHI M. Digital communications [M]. 5th ed. New York: The McGraw-Hill Companies, Inc., 2008: 869-872.

[16] SIMON M, ALOUINI M. Digital communication over fading channels [M]. 2nd ed. New York: John Wiley & Sons, Inc., 2005: 24-25, 736-741.

[17] ENG T, MILSTEIN L B. Coherent DS-CDMA performance in nakagami multipath fading [J]. IEEE Transactions on Communications, 1995, 43(2/3/4): 1134-1143.

[18] KONG N, MILSTEIN L B. Error probability of multicell CDMA over frequency selective fading channels with power control error[J]. IEEE Transactions on Communications, 1999, 47(4): 608-617.

[19] WANG T, CANO A, GIANNAKIS G B, et al. High-performance cooperative demodulation with decode-and-forward relays [J]. IEEE Transactions on Communications, 2007, 55(7): 1427-1438.

[20] AALO V A, PIBOONGUNGON T, EFTHYMOGLOU G P. Another look at the performance of MRC schemes in nakagami-m fading channels with arbitrary parameters [J]. IEEE Transactions on Communications, 2005, 53(12): 2002-2005.

附　　录

附录 A

可将 UAV 节点匹配滤波器输出的信号表示为如下矢量：

$$\boldsymbol{x}_{\mathrm{R}} = \boldsymbol{x}_{\mathrm{R}}^{\mathrm{es}} + \boldsymbol{x}_{\mathrm{R}}^{\mathrm{mi}} + \boldsymbol{x}_{\mathrm{R}}^{\mathrm{no}}$$

式中，$\boldsymbol{x}_{\mathrm{R}}^{\mathrm{es}} = \left[x_{\mathrm{R},1}^{\mathrm{es}}, x_{\mathrm{R},2}^{\mathrm{es}}, \cdots, x_{\mathrm{R},L}^{\mathrm{es}}\right]^{\mathrm{T}}$；$\boldsymbol{x}_{\mathrm{R}}^{\mathrm{mi}} = \left[x_{\mathrm{R},1}^{\mathrm{mi}}, x_{\mathrm{R},2}^{\mathrm{mi}}, \cdots, x_{\mathrm{R},L}^{\mathrm{mi}}\right]^{\mathrm{T}}$；$\boldsymbol{x}_{\mathrm{R}}^{\mathrm{no}} = \left[x_{\mathrm{R},1}^{\mathrm{no}}, x_{\mathrm{R},2}^{\mathrm{no}}, \cdots, x_{\mathrm{R},L}^{\mathrm{no}}\right]^{\mathrm{T}}$。

UAV 节点 MRC 的输出 SINR 为

$$\gamma_{\mathrm{R}}^{\mathrm{DF}} = \frac{E\left[\boldsymbol{u}^{\mathrm{H}} \boldsymbol{x}_{\mathrm{R}}^{\mathrm{es}} \left(\boldsymbol{x}_{\mathrm{R}}^{\mathrm{es}}\right)^{\mathrm{H}} \boldsymbol{u}\right]}{E\left[\boldsymbol{u}^{\mathrm{H}} \left(\boldsymbol{x}_{\mathrm{R}}^{\mathrm{mi}} + \boldsymbol{x}_{\mathrm{R}}^{\mathrm{no}}\right)\left(\boldsymbol{x}_{\mathrm{R}}^{\mathrm{mi}} + \boldsymbol{x}_{\mathrm{R}}^{\mathrm{no}}\right)^{\mathrm{H}} \boldsymbol{u}\right]} = \sum_{l=1}^{L} \frac{X_{\mathrm{R},ll}^{\mathrm{e}}}{X_{\mathrm{R},ll}^{\mathrm{n}}} \tag{A-1}$$

式中，$X_{\mathrm{R},ll}^{\mathrm{e}}$ 为期望信号协方差矩阵 $\boldsymbol{X}_{\mathrm{R}}^{\mathrm{e}}$ 的主对角线元素，其表达式为

$$X_{\mathrm{R},ll}^{\mathrm{e}} = \frac{A_{\mathrm{M}}^{2} G_{l}}{d_{\mathrm{R}}^{2\alpha}} \tag{A-2}$$

式中，$G_l = |u_l|^2$。

$X_{\mathrm{R},ll}^{\mathrm{n}}$ 为干扰加噪声协方差矩阵 $\boldsymbol{X}_{\mathrm{R}}^{\mathrm{n}}$ 的主对角线元素。下面推导 $X_{\mathrm{R},ll}^{\mathrm{n}}$ 的表达式。

多径干扰分量 $x_{\mathrm{R},l}^{\mathrm{mi}}$ 的统计特性较为复杂，一般可将其近似为高斯噪声加以简化。利用李雅普洛夫中心极限定理*，可将 $x_{\mathrm{R},l}^{\mathrm{mi}}$ 近似为高斯随机变量。引入 MRC 权向量的相位信息，则在给定 $|u_l|$ 的条件下，多径干扰分量的协方差矩阵第 l 个主对角线元素为

$$E\left[x_{\mathrm{R},l}^{\mathrm{mi}} \left(x_{\mathrm{R},l}^{\mathrm{mi}}\right)^{*}\right] = \sum_{l'=1, l' \neq l}^{L} \sum_{n=m-1}^{m+1} A_{\mathrm{M}}^{2} \bar{G}_{l'} d_{\mathrm{MR}}^{-2\alpha} \left(R_{m,n}^{l,l'}\right)^{2} \tag{A-3}$$

而 $x_{\mathrm{R},l}^{\mathrm{no}}$ 的均值为 0，引入 MRC 权向量的相位信息，则噪声分量的协方差矩阵第 l 个主对角线元素为

* DESHPANDE J V. Nonparametric statistics: theory and methods [M]. New Jersey : World Scientific, 2017.

$$E\left[x_{\mathrm{R},l}^{\mathrm{no}}\left(x_{\mathrm{R},l}^{\mathrm{no}}\right)^*\right]=E\left\{\left[\int_0^{T_s}z\left(\tau+t_m^l\right)q(\tau)\mathrm{d}\tau\right]\left[\int_0^{T_s}z\left(\tau+t_m^l\right)q(\tau)\mathrm{d}\tau\right]^*\right\}$$
$$=\int_0^{T_s}\int_0^{T_s}E\left[z\left(\tau+t_m^l\right)z^*\left(\tau'+t_m^l\right)\right]q(\tau)q(\tau')\mathrm{d}\tau'\mathrm{d}\tau$$
$$=N_0 \tag{A-4}$$

则由式（A-3）及式（A-4）可得 $\boldsymbol{X}_{\mathrm{R}}^{\mathrm{n}}$ 的第 l 个主对角线元素 $X_{\mathrm{R},ll}^{\mathrm{n}}$ 为

$$X_{\mathrm{R},ll}^{\mathrm{n}}=E\left[x_{\mathrm{R},l}^{\mathrm{mi}}\left(x_{\mathrm{R},l}^{\mathrm{mi}}\right)^*\right]+E\left[x_{\mathrm{R},l}^{\mathrm{no}}\left(x_{\mathrm{R},l}^{\mathrm{no}}\right)^*\right]=\sum_{l'=1,l'\neq l}^{L}\sum_{n=m-1}^{m+1}A_{\mathrm{M}}^2\bar{G}_{l'}d_{\mathrm{MR}}^{-2\alpha}\left(R_{m,n}^{l,l'}\right)^2+N_0 \tag{A-5}$$

最终可得 UAV 节点 MRC 输出 SINR 为

$$\gamma_{\mathrm{R}}^{\mathrm{DF}}=\sum_{l=1}^{L}A_{\mathrm{M}}^2G_l d_{\mathrm{MR}}^{-2\alpha}\left(X_{\mathrm{R},ll}^{\mathrm{n}}\right)^{-1} \tag{A-6}$$

附录 B

参考附录 A 的推导，可得干扰加噪声协方差矩阵 $\boldsymbol{X}_{\mathrm{N}}$ 的第 i 行第 j 列元素为

$$X_{\mathrm{N}}^{ij}=N_0\eta_{ij}+\frac{A_{\mathrm{R}}^2\sum_{l_2=1}^{L'}\left|h_{l_2}\right|^2\left(N_0 d_{\mathrm{MR}}^{2\alpha}\sum_{n=m-1}^{m+1}R_{i,j}^{n,m}+A_{\mathrm{M}}^2\sum_{\substack{l_1=1\\ l_1\neq i-l_2,l_1\neq j-l_2}}^{L}\bar{G}_{l_1}\sum_{n=m-1}^{m+1}R_{i,l_1+l_2}^{m,n}R_{j,l_1+l_2}^{m,n}\right)}{\left(A_{\mathrm{M}}^2\sum_{l=1}^{L}\left|g_l\right|^2+N_0\right)d_{\mathrm{MR}}^{2\alpha}} \tag{B-1}$$

式中，

$$\eta_{ij}=\begin{cases}1, & i=j\\ 0, & i\neq j\end{cases}$$

假设使信噪比 γ 最大的权向量为 c，由于式（B-1）为非对角矩阵，因此 $\boldsymbol{c}$ 的求解较困难。将 $\boldsymbol{X}_{\mathrm{N}}$ 分解为对角线矩阵 $\boldsymbol{X}_{\mathrm{N}}^{\mathrm{d}}$ 与 $\boldsymbol{X}_{\mathrm{N}}^{\mathrm{n}}$ 之和，其中 $\boldsymbol{X}_{\mathrm{N}}^{\mathrm{d}}$ 的对角线元素与 $\boldsymbol{X}_{\mathrm{N}}$ 的主对角线元素相同，则由特征值的摄动定理可知，对 $\boldsymbol{X}_{\mathrm{N}}^{\mathrm{d}}$ 的任意特征值 $\hat{\lambda}$，总存在 $\boldsymbol{X}_{\mathrm{N}}$ 的一个特征值 λ，满足

$$\left|\hat{\lambda}-\lambda\right|\leqslant\left\|\boldsymbol{X}_{\mathrm{N}}^{\mathrm{n}}\right\|_{\infty}=\sum_{\substack{j=0\\ j\neq i}}^{I-1}X_{\mathrm{N}}^{ij} \tag{B-2}$$

该定理给出了利用 $\boldsymbol{X}_{\mathrm{N}}$ 的对角线元素 $\hat{\lambda}$ 作为 $\boldsymbol{X}_{\mathrm{N}}$ 的特征值估计的误差。利用特征波形 $p(t)$ 的性质，可知 $R_{i,j}^{0,0}\ll R_{i,i}^{0,0}=1$，因此 $\hat{\lambda}$ 可近似表示 λ。利用 $\boldsymbol{X}_{\mathrm{N}}^{\mathrm{d}}$ 近似表示 $\boldsymbol{X}_{\mathrm{N}}$，则 SINR 近似表示为

$$\gamma\approx\frac{\boldsymbol{c}^{\mathrm{H}}\boldsymbol{X}_{\mathrm{E}}\boldsymbol{c}}{\boldsymbol{c}^{\mathrm{H}}\boldsymbol{X}_{\mathrm{N}}^{\mathrm{d}}\boldsymbol{c}} \tag{B-3}$$

由文献[9]可得使信噪比 γ 最大的最优权向量 $\boldsymbol{c}$ 为

$$\boldsymbol{c}=\left[\frac{b_1}{X_{\mathrm{N}}^{11}},\frac{b_2}{X_{\mathrm{N}}^{22}},\cdots,\frac{b_I}{X_{\mathrm{N}}^{II}}\right]^{\mathrm{T}}\approx\left[\frac{b_1}{\tilde{X}_{\mathrm{N}}^{11}},\frac{b_2}{\tilde{X}_{\mathrm{N}}^{22}},\cdots,\frac{b_I}{\tilde{X}_{\mathrm{N}}^{II}}\right]^{\mathrm{T}}$$
$$\equiv\left[b_1,b_2\cdots,b_I\right]^{\mathrm{T}} \tag{B-4}$$

第 6 章　正交频分复用无人机中继通信系统

6.1　引　　言

无线通信系统克服频率选择性衰落的主要技术手段包括正交频分复用（orthogonal frequency division multiplexing，OFDM）、单载波频域均衡（single carrier frequency domain equalization，SC-FDE）或直接序列码分多址（DS-CDMA）。与 SC-FDE 及 DS-CDMA 传输技术相比，OFDM 具有抗频率选择性衰落能力强、频谱效率高、工程实现简单、便于与多天线相结合等优势，因此 OFDM 在现代通信系统中获得了广泛的应用[1-12]。

围绕基于 OFDM 的无人机中继通信系统航迹优化问题，相关研究如下：文献[13]研究了基于正交频分多址（OFDMA）的无人机中继通信系统，并以地面用户最小可达速率最大化准则为基础，提出了一种联合 OFDMA 资源分配及无人机航迹的优化方法。以基于 OFDMA 的无人机中继广播通信系统为研究对象，文献[14]以所有用户节点最小平均吞吐量最大化准则为基础，利用迭代参数辅助块坐标下降技术给出了一种联合 OFDMA 资源分配及无人机航迹的优化方法。针对基于旋翼无人机的 OFDMA 中继广播通信系统，文献[15]以广播链路吞吐量最大化准则为基础，提出了联合子信道分配及无人机航迹的优化方法。

本章重点介绍了基于 OFDM 的无人机中继通信系统的航迹优化。6.2 节给出了基于 OFDM 的无人机中继通信系统的模型，6.3 节分析给出了无人机中继通信系统链路中断概率近似计算公式，6.4 节介绍了联合功率分配及无人机航迹的优化方法，6.5 节给出了数值仿真结果。

6.2　无人机中继通信系统模型

6.2.1　系统模型

图 6-1 给出了基于 OFDM 的无人机中继通信系统。该系统由地面固定 BS 节点、UAV 中继节点及 MU 节点组成。假设 BS 节点与 MU 节点之间距离遥远，两个节点之间无法建立直达的通信链路，则 BS 节点必须通过 UAV 节点的中继才可建立 BS 节点至 MU 节点的中继通信链路。另外，假设 BS 节点与 UAV 节点、UAV 节点与 MU 节点之间的信道为频率选择性衰落信道，无人机中继通信系统采用了 OFDM 传输方案；假设 BS 节点、UAV 节点及 MU 节点均使用单个天线，无人机中继通信过程中飞行状态稳定，飞行高度恒定为 H，飞行速度恒定为 v。

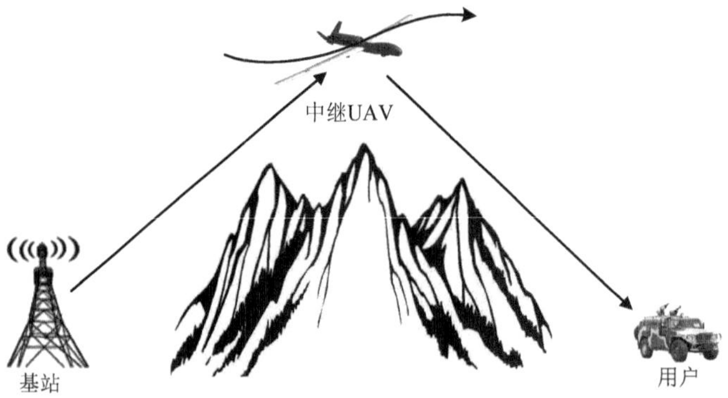

图 6-1 基于 OFDM 的无人机中继通信系统

6.2.2 信号模型

在无人机中继通信系统中，从 BS 节点至 MU 节点的中继传输需要两个时隙。在第 1 个时隙，BS 节点发送信号，UAV 节点接收信号，UAV 节点第 k 个子信道接收信号表示为[16]

$$Y_{\mathrm{R}}(k)=\sqrt{\frac{P_1}{d_1^{2\alpha}}}H_1(k)S_1(k)+N_1(k),\ k=1,2,\cdots,K \tag{6-1}$$

式中，k 为 OFDM 系统子载波的序号，K 为 OFDM 系统子载波总数目；P_1 为 BS 节点第 k 个子信道发射信号的功率（假设各个子信道发射功率相同，且取值均为 P_1）；d_1 为 BS 节点与 UAV 节点之间的距离；α 为 BS 节点至 UAV 节点之间信道的路径损耗因子；$H_1(k)$ 为 BS 节点至 UAV 节点之间（简称第 1 跳链路）第 k 个子信道的小尺度衰落系数；$S_1(k)$ 为 BS 节点在第 k 个子信道上传输的复调制符号，其满足 $E\left\{|S_1(k)|^2\right\}=1$；$N_1(k)$ 为 UAV 节点第 k 个子信道输入的复高斯白噪声信号，其建模为均值为 0、方差为 σ_n^2 的复高斯随机变量。

在 UAV 中继节点，可采用放大转发或译码转发方式来实现 BS 节点至 MU 节点的通信。当采用译码转发方式中继信号时，UAV 节点对各个子信道接收信号 $\left\{Y_{\mathrm{R}}(k),\ k=1,2,\cdots,K\right\}$ 分别进行判决，再通过相同的子信道转发给 MU 节点。此时 UAV 中继节点在第 k 个子信道上传输的复调制符号记为 $S_2(k)$，其满足 $E\left\{|S_2(k)|^2\right\}=1$。

当采用放大转发方式中继信号时，UAV 中继节点将接收信号 $Y_{\mathrm{R}}(k)$ 乘以放大因子 $G_{\mathrm{R}}(k)=\dfrac{1}{\sqrt{P_1|H_1(k)|^2 d_1^{-2\alpha}+\sigma_n^2}}$，然后以一定功率转发至 MU 节点。UAV 中继节点在第 k 个子信道传输的信号表示为

$$S_2(k)=G_{\mathrm{R}}(k)Y_{\mathrm{R}}(k) \tag{6-2}$$

MU 节点第 k 个信道接收的信号表示为

$$Y_{\mathrm{U}}(k)=\sqrt{\frac{P_2}{d_2^{2\alpha}}}H_2(k)S_2(k)+N_2(k) \tag{6-3}$$

式中，P_2 为 UAV 中继节点在第 k 个子信道传输信号的功率；d_2 为 UAV 节点与 MU 节点之间的距离；$H_2(k)$ 为 UAV 节点至 MU 节点之间（简称第 2 跳链路）第 k 个子信道的小尺度衰落系数；$N_2(k)$ 为 MU 节点输入的复高斯白噪声信号，其建模为均值为 0、方差为 σ_n^2 的复高斯随机变量。

BS 节点至 UAV 节点之间，以及 UAV 节点至 MU 节点之间第 k 个信道的小尺度衰落系数建模为[17]

$$H_i(k)=\sum_{l=0}^{L_i-1}h_{i,l}\mathrm{e}^{\frac{-\mathrm{j}2\pi kl}{K}},\quad i=1,2 \tag{6-4}$$

式中，L_i 为第 i 跳信道的路径数目；$h_{i,l}$ 为第 i 跳信道第 l 径的抽头系数，其建模为均值为 0、方差为 $\sigma_{i,l}^2$ 的复高斯随机变量，且 $h_{i,l}\,(l=1,2,\cdots,L_i)$ 彼此统计独立。

此外，假设信道功率是归一化的，即 $\sum_{l=0}^{L_i-1}\sigma_{i,l}^2=1$，因此 $H_i(k)$ 为均值为 0、方差为 1 的复高斯随机变量。

6.3　无人机中继通信系统的中断概率

链路中断概率是衡量无线通信系统链路传输可靠性的重要技术指标，本节分别给出译码转发和放大转发 OFDM 无人机中继通信系统的链路中断概率。

6.3.1　译码转发系统的中断概率

根据式（6-1）和式（6-3），容易计算得到第 i 跳链路接收机第 k 个子信道输入瞬时信噪比为

$$\gamma_i(k)=\frac{P_i|H_i(k)|^2}{d_i^{2\alpha}\sigma_n^2},\quad i=1,2 \tag{6-5}$$

假设中继通信系统的带宽已归一化处理，此时系统的归一化容量可表示为[18]

$$C^{\mathrm{DF}}=\min\{C_1,C_2\} \tag{6-6}$$

式中，$C_i\,(i=1,2)$ 为第 i 跳链路所有子信道的归一化瞬时总容量。

根据式（6-5），C_i 可表示为

$$C_i=\frac{1}{2K}\sum_{k=0}^{K-1}\log_2\left[1+\gamma_i(k)\right],\quad i=1,2 \tag{6-7}$$

由于式（6-6）及式（6-7）给出的系统归一化容量的计算公式较复杂，另考虑到 $\log_2(1+x)$ 是关于 x 的上凸函数，因此利用 Jenson 不等式，可得到译码转发中继通信系统的归一化容量 C^{DF} 的上界为[18]

$$C^{\mathrm{DF\text{-}up}}\frac{1}{2}\log_2\left\{1+\min\left(X_1,X_2\right)\right\} \tag{6-8}$$

式中，$X_i=\frac{1}{K}\sum_{k=0}^{K-1}\gamma_i(k)\,(i=1,2)$ 为第 i 跳链路接收机 K 个子信道的平均瞬时信噪比。

根据无线通信系统链路中断概率的定义，可得到译码转发中继通信系统的中断概率的下界为

$$P_{\text{out}}^{\text{lb}} = P_r\left\{C^{\text{DF-up}} < R\right\} \tag{6-9}$$

式中，R 为门限值。

将式（6-8）代入式（6-9），并令 $Z=\min(X_1,X_2)$，则中断概率 $P_{\text{out}}^{\text{lb}}$ 可进一步表示为

$$P_{\text{out}}^{\text{lb}} = P_r\{Z \leqslant \gamma_{\text{th}}\} = F_Z(\gamma_{\text{th}}) \tag{6-10}$$

式中，$\gamma_{\text{th}} = 2^{2R}-1$；$F_Z(\cdot)$ 为 Z 的累积分布函数，其表示为[19]

$$F_Z(\gamma_{\text{th}}) = F_{X_1}(\gamma_{\text{th}}) + F_{X_2}(\gamma_{\text{th}}) - F_{X_1}(\gamma_{\text{th}})\cdot F_{X_2}(\gamma_{\text{th}}) \tag{6-11}$$

式中，$F_{X_i}(\cdot)(i=1,2)$ 为 X_i 的累积分布函数。

为了精确得到 $F_{X_i}(\cdot)$ 的计算公式，需要知道 X_i 的分布。由于接收机各子信道输入信噪比 $\gamma_i(k)(i=1,2;k=1,2,\cdots,K)$ 彼此相关，直接推导较为复杂，因此可先利用帕斯瓦尔理论将 X_i 进行转换[18]：

$$X_i = \frac{1}{K}\sum_{k=0}^{K-1}\gamma_i(k) = \sum_{l=0}^{L_i-1}\mu_{i,l},\quad i=1,2 \tag{6-12}$$

式中，$\mu_{i,l} = \dfrac{P_i\left|h_{i,l}\right|^2}{d_i^{2\alpha}\sigma_n^2}(l=0,1,2,\cdots,L_i-1)$。

考虑第 i 跳链路多径信道的抽头系数 $\left|h_{i,l}\right|$ 彼此统计独立，且服从瑞利衰落分布，则 $\mu_{i,l}$ 服从参数为 $\lambda_{i,l} = \dfrac{d_i^{2\alpha}\sigma_n^2}{P_i\sigma_{i,l}^2}$ 的指数分布。另外，进一步假设多径信道的抽头系数 $h_{i,l}(l=0,1,\cdots,L_i-1)$ 独立同分布，即服从 $\mathcal{CN}\left(0,\dfrac{1}{L_i}\right)$，则 $\mu_{i,l}(l=0,1,2,\cdots,L_i-1)$ 独立同分布。此时 X_i 的分布由下面引理给出。

引理 设 L_i 个随机变量 $\mu_{i,l}(l=0,1,2,\cdots,L_i-1)$ 相互独立，且均服从参数为 $\lambda_i = \dfrac{1}{\bar{\mu}_i}$ 的指数分布，则 L_i 个随机变量和 X_i 的概率密度函数为[18, 20]

$$f_{X_i}(x) = \frac{\bar{\mu}_i^{-L_i}}{(L_i-1)!}x^{L_i-1}\exp\left(-\frac{x}{\bar{\mu}_i}\right),\quad x \geqslant 0; i=1,2 \tag{6-13}$$

X_i 的累积分布函数为

$$F_{X_i}(x) = \frac{\gamma\left(L_i,\dfrac{x}{\bar{\mu}_i}\right)}{\Gamma(L_i)},\quad x \geqslant 0; i=1,2 \tag{6-14}$$

式中，$\bar{\mu}_i = \dfrac{P_i}{L_i d_i^{2\alpha}\sigma_n^2}$；$\gamma\left(L_i,\dfrac{x}{\bar{\mu}_i}\right) = \int_0^{x/\bar{\mu}_i} u^{L_i-1}\mathrm{e}^{-u}\,\mathrm{d}u$ 为不完全伽马函数；$\Gamma(L_i) = \gamma(L_i,\infty)$ 为完全伽马函数。

将式（6-14）代入式（6-10），可得到系统的中断概率下界为

$$P_{\text{out}}^{\text{lb}}=\frac{\gamma\left(L_1,\dfrac{\gamma_{\text{th}}}{\bar{\mu}_1}\right)}{\Gamma(L_1)}+\frac{\gamma\left(L_2,\dfrac{\gamma_{\text{th}}}{\bar{\mu}_2}\right)}{\Gamma(L_2)}-\frac{\gamma\left(L_1,\dfrac{\gamma_{\text{th}}}{\bar{\mu}_1}\right)}{\Gamma(L_1)}\frac{\gamma\left(L_2,\dfrac{\gamma_{\text{th}}}{\bar{\mu}_2}\right)}{\Gamma(L_2)} \tag{6-15}$$

根据文献[18]，伽马函数 $\gamma(a,b)$ 的闭合表达式为

$$\gamma(a,b)=\sum_{n=0}^{\infty}\frac{(-1)^n b^{n+a}}{n!(n+a)} \tag{6-16}$$

按照式（6-16）给出的表达式，将式（6-15）各项展开。考虑到实际系统中 $\bar{\mu}_i(i=1,2)$ 的值较大，因此式（6-15）各项展开式仅取第 1 项；此外，由于式（6-15）中最后一项 $\dfrac{\gamma\left(L_1,\dfrac{\gamma_{\text{th}}}{\bar{\mu}_i}\right)}{\Gamma(L_1)}\dfrac{\gamma\left(L_2,\dfrac{\gamma_{\text{th}}}{\bar{\mu}_i}\right)}{\Gamma(L_2)}$ 取值较小，可忽略不计，因此最后可得到系统的中断概率下界近似为

$$P_{\text{out}}^{\text{lb}}\approx\frac{\left(\dfrac{\gamma_{\text{th}}}{\bar{\mu}_1}\right)^{L_1}}{\Gamma(L_1+1)}+\frac{\left(\dfrac{\gamma_{\text{th}}}{\bar{\mu}_2}\right)^{L_2}}{\Gamma(L_2+1)} \tag{6-17}$$

6.3.2 放大转发系统的中断概率

将式（6-2）代入式（6-3），可计算得到放大转发中继通信系统 MU 节点第 k 个子信道的瞬时输入信噪比为

$$\gamma^{\text{AF}}(k)=\frac{\gamma_1(k)\gamma_2(k)}{\gamma_1(k)+\gamma_2(k)+1},\quad k=1,2,\cdots,K \tag{6-18}$$

根据瞬时容量的计算方法，放大转发中继通信系统的瞬时容量表示为

$$C^{\text{AF}}=\frac{1}{2K}\sum_{k=0}^{K-1}\log_2\left[1+\frac{\gamma_1(k)\gamma_2(k)}{\gamma_1(k)+\gamma_2(k)+1}\right] \tag{6-19}$$

根据通信系统中断概率的定义，放大转发中继系统的中断概率可表示为

$$P_{\text{out}}^{\text{AF}}=\text{P}_r\left\{C^{\text{AF}}<R\right\} \tag{6-20}$$

利用文献[18]的结论：$C^{\text{AF}}\leqslant C^{\text{DF}}\leqslant C^{\text{DF-up}}$，最后可得到

$$P_{\text{out}}^{\text{AF}}\geqslant P_{\text{out}}^{\text{DF}}\geqslant P_{\text{out}}^{\text{lb}} \tag{6-21}$$

6.4 无人机功率与无人机航迹优化方法

为方便分析，将式（6-17）进一步简写为

$$P_{\text{out}}^{\text{lb}}\approx\frac{M_1 d_1^{2\alpha L_1}}{P_1^{L_1}}+\frac{M_2 d_2^{2\alpha L_2}}{P_2^{L_2}} \tag{6-22}$$

式中，$M_i=\dfrac{\left(L_i\gamma_{\text{th}}\sigma_n^2\right)^{L_i}}{\Gamma(L_i+1)}(i=1,2)$。

式（6-22）表明：在信道多径数目及信道输入噪声功率给定情况下，系统的中断概率由BS节点发射信号功率P_1、UAV节点发射信号功率P_2、BS节点与UAV节点之间的距离d_1及UAV节点与MU节点之间的距离d_2联合决定。

6.4.1 基站与无人机节点功率分配方法

假设t时刻，BS节点、UAV节点及MU节点的位置已确定，则BS节点至UAV节点的距离d_1和UAV节点至MU节点的距离d_2为固定值。由式（6-22）可观测到：影响系统中断概率的因素是BS节点的发射功率P_1及UAV节点的发射功率P_2。另外，假设BS节点与UAV节点总发射功率为P，即$P=P_1+P_2$，则基于中断概率最小化准则的BS节点与UAV节点发射功率分配问题可表述为

$$\min_{P_1,P_2} P_{\text{out}}^{\text{lb}} = \min_{P_1,P_2}\left(\frac{M_1 d_1^{2\alpha L_1}}{P_1^{L_1}}+\frac{M_2 d_2^{2\alpha L_2}}{P_2^{L_2}}\right) \tag{6-23}$$
$$\text{s.t.}\ \ P=P_1+P_2 \quad P_1,P_2>0$$

下面引入功率分配系数$\beta_t\in(0,1)$，则t时刻BS节点和UAV节点发射功率分别表示为$P_1=\beta_t P$与$P_2=(1-\beta_t)P$。式（6-23）给出的BS节点与UAV节点之间功率分配问题转换为寻找功率分配系数β_t，使得系统中断概率最小化的问题：

$$\min_{\beta_t\in(0,1)} P_{\text{out}}^{\text{lb}} = \min_{\beta_t\in(0,1)}\left\{\frac{M_1 d_1^{2\alpha L_1}}{(\beta_t P)^{L_1}}+\frac{M_2 d_2^{2\alpha L_2}}{\left[(1-\beta_t)P\right]^{L_2}}\right\} \tag{6-24}$$

将式（6-24）给出的目标函数对β_t求导，并使之等于0，可得到最优功率分配系数：

$$\frac{\partial P_{\text{out}}^{\text{lb}}}{\partial \beta_t} = -\frac{M_1 d_1^{2\alpha L_1}}{P^{L_1}\beta_t^{L_1+1}}+\frac{M_2 d_2^{2\alpha L_2}}{P^{L_2}(1-\beta_t)^{L_2+1}} \tag{6-25}$$

分析式（6-25）可知：在区间(0,1)上，$\dfrac{\partial P_{\text{out}}^{\text{lb}}}{\partial \beta_t}$是关于变量$\beta_t$的单调递增函数，因此可通过二分搜索法在区间(0,1)内搜索得到β_t的最优值β_t^{opt}，最后得到t时刻BS节点与UAV节点最优功率分别为$P_1^{\text{opt}}=\beta_t^{\text{opt}}P$，$P_2^{\text{opt}}=\left(1-\beta_t^{\text{opt}}\right)P$。

6.4.2 无人机航迹优化方法

由式（6-22）可观测到：在BS节点与UAV节点的发射功率给定情况下，t时刻系统中断概率仅取决于该时刻BS节点与UAV节点之间的距离d_1和UAV节点与MU节点之间的距离d_2。为使得系统中断概率最小化，可根据MU节点的运动轨迹优化无人机的航向角。

假设t时刻BS节点、UAV节点及MU节点的三维坐标分别为$\boldsymbol{b}=[x_{\text{B}},y_{\text{B}},0]^{\text{T}}$、$\boldsymbol{r}_t=\left[x_{\text{R},t},y_{\text{R},t},H\right]^{\text{T}}$、$\boldsymbol{u}_t=\left[x_{\text{U},t},y_{\text{U},t},0\right]^{\text{T}}$。根据3个节点位置坐标可得到距离$d_1$和$d_2$，随后将其代入式（6-22），化简后得到系统的中断概率为

$$P_{\text{out}}^{\text{lb}} \approx \frac{M_1\left\|\boldsymbol{r}_t-\boldsymbol{b}\right\|^{2\alpha L_1}}{P_1^{L_1}}+\frac{M_2\left\|\boldsymbol{r}_t-\boldsymbol{u}_t\right\|^{2\alpha L_2}}{P_2^{L_2}} \tag{6-26}$$

此外，假设无人机中继通信过程中飞行状态稳定，无人机飞行高度恒定为 H，飞行速度恒定为 v。在 $t-\Delta\tau$ 时刻 UAV 节点的位置矢量 $\boldsymbol{r}_{t-\Delta\tau}=\left[x_{\mathrm{R},t-\Delta\tau},y_{\mathrm{R},t-\Delta\tau},H\right]^{\mathrm{T}}$ 已知情况下，t 时刻 UAV 节点在二维平面内的坐标为

$$\begin{cases}x_{\mathrm{R},t}=x_{\mathrm{R},t-\Delta\tau}+v\Delta\tau\cos(\delta_t)\\ y_{\mathrm{R},t}=y_{\mathrm{R},t-\Delta\tau}+v\Delta\tau\sin(\delta_t)\end{cases}\tag{6-27}$$

式中，$\Delta\tau$ 为 UAV 的位置更新间隔；δ_t 为 t 时刻 UAV 的航向角，其取值范围为 $\delta_{t-\Delta\tau}-\delta_{\max}\leqslant\delta_t\leqslant\delta_{t-\Delta\tau}+\delta_{\max}$，其中 $\delta_{\max}$ 为 UAV 的最大转弯角。

将式（6-27）代入式（6-26），整理后得到

$$P_{\mathrm{out}}^{\mathrm{lb}}\approx\frac{M_1\left[\xi_{1,t}+\psi_{1,t}\cdot\cos\left(\delta_t-\varphi_{1,t}\right)\right]^{L_1}}{P_1^{L_1}}+\frac{M_2\left[\xi_{2,t}+\psi_{2,t}\cdot\cos\left(\delta_t-\varphi_{2,t}\right)\right]^{L_2}}{P_2^{L_2}}\tag{6-28}$$

式中，

$$\begin{cases}\xi_{1,t}=\left[\left(x_{\mathrm{R},t-\Delta\tau}-x_{\mathrm{B}}\right)^2+\left(y_{\mathrm{R},t-\Delta\tau}-y_{\mathrm{B}}\right)^2+H^2+v^2\Delta\tau^2\right]^{\alpha}\\ \xi_{2,t}=\left[\left(x_{\mathrm{R},t-\Delta\tau}-x_{\mathrm{U},t}\right)^2+\left(y_{\mathrm{R},t-\Delta\tau}-y_{\mathrm{U},t}\right)^2+H^2+v^2\Delta\tau^2\right]^{\alpha}\\ \psi_{i,t}=\sqrt{\varsigma_{i,t}^2+\tau_{i,t}^2}, \qquad i=1,2\\ \varphi_{i,t}=\begin{cases}\arctan\left(\dfrac{\varsigma_{i,t}}{\tau_{i,t}}\right), & \tau_{i,t}\geqslant 0\\ \arctan\left(\dfrac{\varsigma_{i,t}}{\tau_{i,t}}\right)+\pi, & \tau_{i,t}<0\end{cases}, \quad i=1,2\\ \tau_{1.t}=2\alpha\left[\left(x_{\mathrm{R},t-\Delta\tau}-x_{\mathrm{B}}\right)^2+\left(y_{\mathrm{R},t-\Delta\tau}-y_{\mathrm{B}}\right)^2+H^2+v^2\Delta\tau^2\right]^{\alpha-1}\left(x_{\mathrm{R},t-\Delta\tau}-x_{\mathrm{B}}\right)v\Delta\tau\\ \tau_{2.t}=2\alpha\left[\left(x_{\mathrm{R},t-\Delta\tau}-x_{\mathrm{U},t}\right)^2+\left(y_{\mathrm{R},t-\Delta\tau}-y_{\mathrm{U},t}\right)^2+H^2+v^2\Delta\tau^2\right]^{\alpha-1}\left(x_{\mathrm{R},t-\Delta\tau}-x_{\mathrm{U},t}\right)v\Delta\tau\\ \varsigma_{1,t}=2\alpha\left[\left(x_{\mathrm{R},t-\Delta\tau}-x_{\mathrm{B}}\right)^2+\left(y_{\mathrm{R},t-\Delta\tau}-y_{\mathrm{B}}\right)^2+H^2+v^2\Delta\tau^2\right]^{\alpha-1}\left(y_{\mathrm{R},t-\Delta\tau}-y_{\mathrm{B}}\right)v\Delta\tau\\ \varsigma_{2,t}=2\alpha\left[\left(x_{\mathrm{R},t-\Delta\tau}-x_{\mathrm{U},t}\right)^2+\left(y_{\mathrm{R},t-\Delta\tau}-y_{\mathrm{U},t}\right)^2+H^2+v^2\Delta\tau^2\right]^{\alpha-1}\left(y_{\mathrm{R},t-\Delta\tau}-y_{\mathrm{U},t}\right)v\Delta\tau\end{cases}\tag{6-29}$$

式（6-28）表明：在 $t-\Delta\tau$ 时刻 UAV 位置给定情况下，t 时刻系统中断概率仅与该时刻 UAV 节点的航向角 δ_t 有关。

根据以上分析，基于系统中断概率最小化准则的无人机航迹优化问题可表述为

$$\delta_t^{\mathrm{opt}}=\arg\min_{\delta_t}P_{\mathrm{out}}^{\mathrm{lb}}\tag{6-30}$$
$$\text{s.t.}\quad\left|\delta_t-\delta_{t-\Delta\tau}\right|\leqslant\delta_{\max}$$

式（6-30）给出的优化问题是一个非线性规划问题，可通过在可行区间 $[\delta_{t-\Delta\tau}-\delta_{\max},\delta_{t-\Delta\tau}+\delta_{\max}]$ 内搜索得到 UAV 的最佳航向角。

6.4.3　联合功率分配与无人机航迹优化方法

假设 t 时刻 UAV 航向角 δ_t 给定情况下，利用式（6-25）可得到 t 时刻最优功率分配系数 β_t^{opt}；根据 t 时刻最优功率分配系数，利用式（6-30）可进一步计算得到该时刻 UAV

最佳航向角 δ_t^{opt}。上述过程迭代进行，每次迭代均会使得中断概率减小，直到中断概率 $P_{\text{out}}^{\text{lb}}$ 趋于稳定，即可获得最优的中断概率性能[16]。

t 时刻联合功率分配及无人机航迹优化算法的步骤如下。

算法 6.1　迭代搜索优化算法

输入： $t-\Delta\tau$ 时刻 UAV 的位置坐标及最佳航向角 $\delta_{t-\Delta\tau}^{\text{opt}}$，$t$ 时刻 BS 节点、MU 节点位置坐标，总功率 P，最大转弯角 $\delta_{\max}$，参数 M_1、M_2、ε。

输出： t 时刻最优功率分配系数 β_t^{opt} 和 UAV 最佳航向角 δ_t^{opt}。

1）初始化：迭代次数 $c=0$，$\delta_{t(c)}^{\text{opt}}=\delta_{t-\Delta\tau}^{\text{opt}}$，$P_{\text{out}(c)}^{\text{lb}}=1$。

2）$c=c+1$。

3）计算 t 时刻的 UAV 与地面机动的距离 d_1 和 d_2，根据式（6-25）得到 $\dfrac{\partial P_{\text{out}}^{\text{lb}}}{\partial \beta_t}$ 的瞬时表达式。

4）利用二分搜索法得到最优功率分配系数 $\beta_{t(c)}^{\text{opt}}$，并计算得到 P_1 和 P_2。

5）计算式（6-29）中的参数 $\xi_{i,t},\psi_{i,t},\varphi_{i,t}(i=1,2)$，建立式（6-30）的优化问题。

6）利用一维线性搜索法求得 UAV 的最佳航向角 $\delta_{t(c)}^{\text{opt}}$。

7）利用 $\beta_{t(c)}^{\text{opt}}$ 和 $\delta_{t(c)}^{\text{opt}}$ 计算得到 $P_{\text{out}(c)}^{\text{lb}}$。

8）计算 $P_{\text{out}(c-1)}^{\text{lb}}$ 与 $P_{\text{out}(c)}^{\text{lb}}$ 的差值，若 $P_{\text{out}(c-1)}^{\text{lb}}-P_{\text{out}(c)}^{\text{lb}}>\varepsilon\,(\varepsilon>0)$，则返回步骤 2)，否则。

9）结束循环，输出 t 时刻最优功率分配系数 β_t^{opt} 和最佳航向角 δ_t^{opt}。

6.5 数 值 仿 真

6.5.1 仿真参数

为了验证所提出功率分配及无人机航迹优化方法的正确性，建立了基于 OFDM 无人机中继通信系统仿真平台，表 6-1 给出了仿真系统的主要技术参数。

表 6-1　仿真系统的主要技术参数

参数	数值
BS 节点发射功率 $\dfrac{P_1}{\sigma_n^2}\Big/\text{dB}$	82
UAV 节点发射功率 $\dfrac{P_2}{\sigma_n^2}\Big/\text{dB}$	82
信道类型	频率选择性瑞利衰落信道
信道路径损耗因子 α	1
信噪比门限 γ_{th} /dB	5
BS 节点位置坐标/m	[500, 3500, 0]
UAV 节点初始位置坐标/m	[700, 300, 350]
UAV 飞行高度 H/m	350
UAV 飞行速度 v/(m/s)	40
UAV 初始航向角/rad	π/6 (与 x 轴夹角)

续表

参数	数值
UAV 最大转弯角 δ_{max} /(°)	10
MU 节点初始位置坐标/m	[3500, 1000, 0]
MU 运动速度/(m/s)	20
100s 时 MU 节点航向角变化量	$\frac{\delta_{100}}{\delta_{99}} = -1.7059$
UAV 及 MU 节点位置更新周期/s	1
子信道总数目 K	128
仿真时长/s	300

在仿真系统中，假设 BS 节点至 UAV 节点之间信道及 UAV 节点至 MU 节点之间信道的多径数目相等，即 $L_1 = L_2 = L$ 。此外，为使仿真环境接近实际情况，假设 MU 节点在 100s 时进行剧烈机动，航向角发生显著改变。

6.5.2 仿真结果

图 6-2 显示了无人机最佳航迹（信道多径数目分别为 3 和 5），其中，符号“□”“△”“◇”分别表示 BS 节点、UAV 节点和 MU 节点的初始位置，标示为虚线的曲线代表 MU 节点的运动轨迹，标示为实线的曲线代表 UAV 节点的最佳航迹，标示为“+”的曲线代表利用穷举搜索法得到的 UAV 最佳航迹。

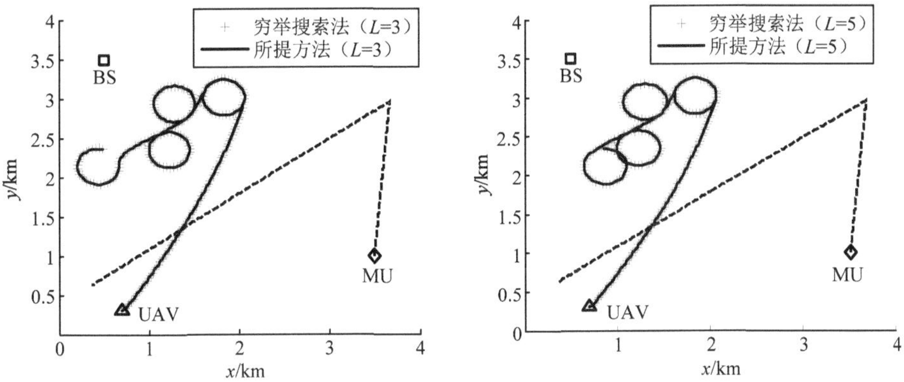

（a）最佳航迹（$L = 3$）　（b）最佳航迹（$L = 5$）

图 6-2　无人机最佳航迹

由图 6-2 的航迹可观测到：

1）当 MU 节点运动时，UAV 节点通过调整航向角跟随 MU 节点的运动飞行。

2）所提出方法得到的 UAV 最佳航迹与穷举法得到的 UAV 航迹完全一致，验证了所提出方法的正确性。

3）由于 UAV 节点飞行速度大于 MU 节点的移动速度，因此为了使链路中断性能最优，在某些特定时刻，UAV 节点以绕圆盘旋的方式飞行。

图 6-3 给出了中断概率随仿真时间变化的曲线。图 6-3 包含 3 组曲线，分别表示路径数目为 1、3 和 5 时中断概率理论性能和仿真性能曲线。其中，实线代表式（6-17）给出的译码转发系统的理论中断概率的性能曲线；标示为“★”的曲线为译码转发系统中断概率的仿真性能曲线；标示为“○”的曲线为放大转发系统中断概率的仿真性能曲线。

由图 6-3 的曲线可观测到：

1）译码转发和放大转发系统中断概率仿真性能曲线与理论性能曲线变化趋势一致，且满足式（6-21）所示的关系，验证了理论分析的正确性。

2）平坦衰落信道下（$L=1$），放大转发和译码转发系统中断概率性能曲线非常接近。在多径信道环境下，译码转发系统的中断概率曲线显著优于放大转发系统，该结果与文献[18]的研究结果一致。

3）随着信道多径数目的增加，链路中断概率呈现下降趋势，该结果与文献[20]、[21]研究结果一致。

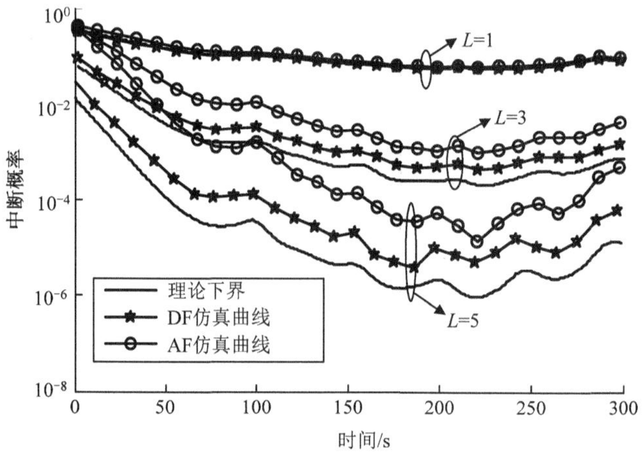

图 6-3 中断概率随仿真时间变化的曲线

图 6-4 给出了不同航迹优化方法对中断概率的影响（联合功率分配及无人机航迹优化法、等功率分配的无人机航迹优化法）。图 6-4 包含两组曲线，分别代表信道多径数目为 3 和 5 时的结果。其中，实线表示联合功率分配与无人机航迹优化法得到的中断概率性能曲线；虚线表示 BS 和 UAV 节点等功率分配情况下，仅对无人机航迹进行优化时的中断概率性能曲线。

由图 6-4 的曲线可观测到：联合功率分配与无人机航迹优化方法优于等功率分配情况下无人机航迹优化方法。

图 6-5 给出了最大转弯角对最佳航迹及中断概率的影响。图 6-5（a）给出了转弯角对 UAV 最佳航迹的影响，实线代表最大转弯角为 10° 时的 UAV 最佳航迹，虚线代表最大转弯角为 20° 时的 UAV 最佳航迹；图 6-5（b）给出了最大转弯角对中断概率曲线的影响。

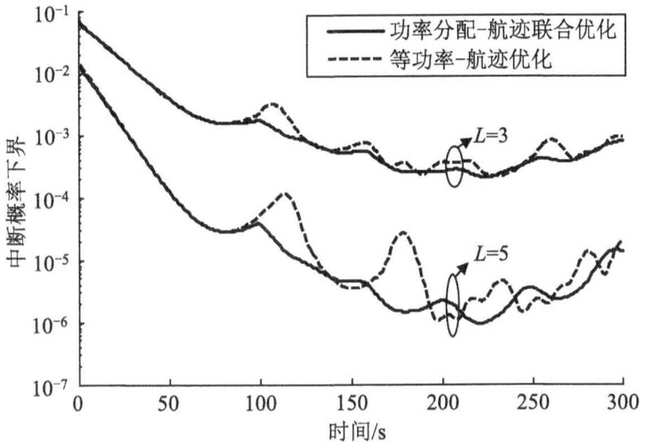

图 6-4　不同航迹优化方法对中断概率的影响

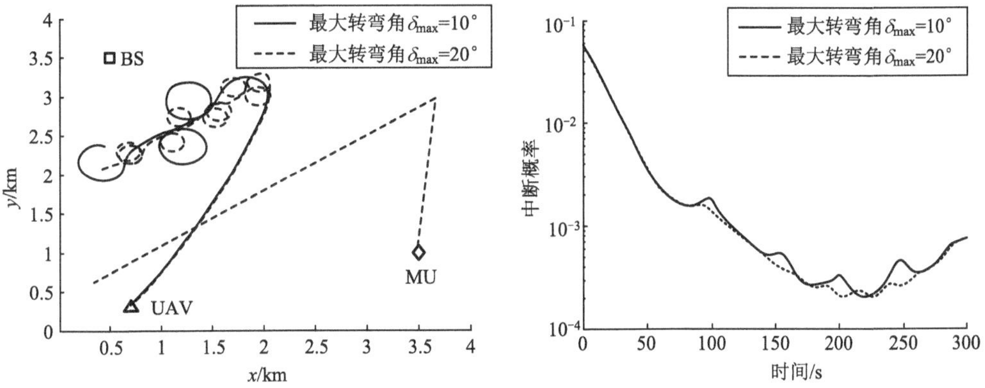

（a）无人机最佳航迹　　（b）中断概率性能曲线

图 6-5　最大转弯角对最佳航迹及中断概率的影响（$L=3$）

由图 6-5 的航迹和曲线可观测到：

1）随着转弯角的增大，无人机绕圆盘旋半径减小。

2）随着最大转弯角的增加，中断概率性能曲线的波动减小。

本 章 小 结

本章研究了频率选择性衰落信道下正交频分复用无人机中继通信系统的航迹优化问题。首先给出了基于正交频分复用的无人机中继通信系统的模型，理论分析给出了译码转发与放大转发无人机中继通信系统的中断概率近似计算公式；随后以链路中断概率最小化准则为基础，提出了联合功率分配与无人机航迹优化方法。

本章研究结论如下：①译码转发中继通信系统性能优于放大转发中继通信系统，且随着信道多径数目的增加，译码转发系统的中断概率性能显著改善；②联合功率分配及无人机航迹的优化方法优于等功率分配无人机航迹优化方法。

参考文献

[1] NAMUDURI K, CHAUMETTE S, KIM J H, et al. UAV networks and communications[M]. Cambridge: Cambridge University Press, 2018.

[2] HAYAT S, YANMAZ E, MUZAFFAR R. Survey on unmanned aerial vehicle networks for civil applications: a communications viewpoint[J]. IEEE Communications Surveys & Tutorials, 2016, 18(4): 2426-2661.

[3] GUPTA L, JAIN R, VASZKUN G. Survey of important issues in UAV communication networks[J]. IEEE Communications Surveys & Tutorials, 2016, 18(2): 1123-1152.

[4] JIN Y, ZHANG Y D, CHALISE B K. Joint optimization of relay position and power allocation in cooperative broadcast wireless networks[C]// IEEE International Conference on Acoustics, Speech, and Signal Processing. Kyoto: IEEE, 2012: 2493-2496.

[5] LI D, LI C, LIU H. Path-optimization method for UAV-aided relay broadcast communication system[J]. Physical Communication, 2018, 31(12): 40-48.

[6] 欧阳键，庄毅，薛羽. 非对称衰落信道下无人机中继传输方案及性能分析[J]. 航空学报，2013，34(1): 130-140.

[7] NEE R V, PRASAD R. OFDM for wireless multimedia communications[M]. Boston: Artech House, 2000.

[8] FALCONER D, ARIYAVISITAKUL S L, BENYAMIN-SEEYARA, et al. Frequency domain equalization for single-carrier broadband wireless systems[J]. IEEE Communications Magazine, 2002(4): 58-66.

[9] HOLTZMAN J M, JALLOUL L M A. Rayleigh fading effect reduction with wideband DS/CDMA signals[J]. IEEE Transactions on Communications, 1994, 42(234): 1012-1016.

[10] 陈威兵，刘光灿，张刚林，等. 移动通信原理[M]. 北京：清华大学出版社，2016.

[11] BARTOLI G, FANTACCI R, MARABISS D. AeroMACS: a new perspective for mobile airport communications and services[J]. IEEE Wireless Communications, 2013, 20(6): 44-50.

[12] SCHNELL M, EPPLE U, SHUTIN D, et al. L-DACS: future aeronautical communications for air-traffic management[J]. IEEE Communications Magazine, 2014, 52(5): 104-110.

[13] WU Q Q, ZHANG R. Delay-constrained throughput maximization in UAV-enabled OFDM systems[C]// Asia-Pacific Conference on Communications, Perth: IEEE, 2017: 1-6.

[14] WU Q Q, ZHANG R. Common throughput maximization in UAV-Enabled OFDMA systems with delay consideration[J]. IEEE Transactions on Communications, 2018, 66(12): 6614-6627.

[15] LI R D, WEI Z Q, YANG L,et al. Joint trajectory and resource allocation design for UAV communication systems[C]// IEEE Global Communications Conference. Abu Dhabi: IEEE, 2018: 1-6.

[16] WANG X, XU W, LI S, et al. Joint power splitting and resource allocation with QoS guarantees in RF-harvesting-powered cognitive OFDM relay systems[C]// IEEE International Symposium on Personal, Indoor, and Mobile Radio Communications, Hong Kong: IEEE, 2015: 1432-1436.

[17] SHAH R A, RAJATHEVA N, JI Y. Outage analysis of dual-hop OFDM relay system with subcarrier mapping in Nakagami-m fading[C]// IEEE International Conference on Communications. London: IEEE, 2015: 1807-1812.

[18] PARK J C, TAN T D, YUN H K. Outage probability of OFDM-Based relay networks with relay selection[C]// IEEE 71st Vehicular Technology Conference. Taipei: IEEE, 2011: 1-5.

[19] JIN Y, ZHANG Y D, CHALISE B K. Joint optimization of relay position and power allocation in cooperative broadcast

wireless networks[C]// International Conference on Acoustics, Speech and Signal Processing. Kyoto: IEEE, 2012: 2493-2496.

[20] GU Y J, AISSA S. RF-Based energy harvesting in decode-and-forward relaying systems: ergodic and outage capacities[J]. IEEE Transactions on Wireless Communications, 2015, 14(11): 6425-6434.

[21] BOOSTANIMEHR H, BHARGAVA V K. Outage analysis and relay allocation for multi-stream OFDMA decode-and-forward Rayleigh fading networks[C]// IEEE International Conference on Communications in China. Beijing: IEEE, 2012: 630-635.

第 7 章　无人机级联中继通信系统

7.1 引　　言

在无人机中继通信系统中，当地面节点之间的距离较远时，仅通过单个无人机的中继无法建立地面节点之间的通信链路，此时需要利用多个无人机以级联中继的方式才可建立地面节点之间的中继通信链路[1-3]。与单跳无人机中继通信系统相比，影响无人机级联中继通信系统链路传输可靠性的因素更多，级联无人机的航迹优化问题也更具有挑战性。虽然国内外针对无人机级联中继通信系统航迹优化问题开展了一系列研究，但对级联无人机对中继通信系统链路传输性能影响的规律性认识尚不足。本章重点研究无人机级联中继通信系统的航迹优化问题。

围绕无人机级联中继通信系统的无人机部署及航迹优化问题，国内外相关研究如下：为解决无人机级联中继通信系统的无人机最优部署问题，文献[2]、[3]以中继链路信道容量最大化准则为基础，提出了一种无人机运动控制方法。首先测量接收信号的信干噪比（SINR）场的空间分布，然后利用最小二乘梯度估计法获得 SINR 场的梯度变化，最后利用估计获得的梯度值驱动无人机运动至最佳中继点。文献[4]研究了级联无人机对中继链路容量的影响，并基于人工势场法（artificial potential field）提出了一种联合无人机速度及航向角的控制方法。研究表明：基于人工势场法的无人机速度与航向角控制方法优于梯度估计方法。针对多跳单链路和两跳多链路两种传输方案，文献[5]以链路信噪比最大化准则为基础，提出了中继无人机的部署方法，并分析给出了两种传输方案的中断概率和误信率。研究表明：当地面节点之间的距离较远时，多跳单链路传输方法性能优于两跳多链路传输方法。针对用户节点运动情况下无人机级联中继通信系统的航迹优化问题，刘海涛等[6]以链路遍历容量最大化准则为基础，提出了级联无人机的联合航迹优化和分步航迹优化方法，并利用 FM-EM 算法给出了系统的中断概率。

围绕着无人机级联中继通信系统的航迹优化问题，本章介绍了两种无人机级联航迹优化方法。7.2 节建立了基于放大转发协议的无人机级联中继通信系统模型，并分析给出了中继无人机及地面基站节点接收信噪比的计算公式，随后以中继链路遍历容量最大化准则为基础，提出了联合航迹优化方法和分步航迹优化方法[6]；7.3 节建立了基于译码转发协议的无人机级联中继广播通信系统模型，并以最大用户中断概率最小化准则为基础，提出了联合航迹优化方法与分步航迹优化方法。

7.2　基于放大转发协议的无人机级联中继通信系统

7.2.1　系统模型

图 7-1 所示为无人机级联中继通信系统。该系统由移动终端（mobile station，MS）节点、UAV-1 节点、UAV-2 节点及 BS 节点 4 个节点组成。考虑到 MS 节点与 BS 节点之间的距离遥远，仅使用单个无人机中继无法建立 MS 节点与 BS 节点的通信链路，可利用多个无人机以级联中继的方式，建立 MS 节点与 BS 节点的中继通信链路。

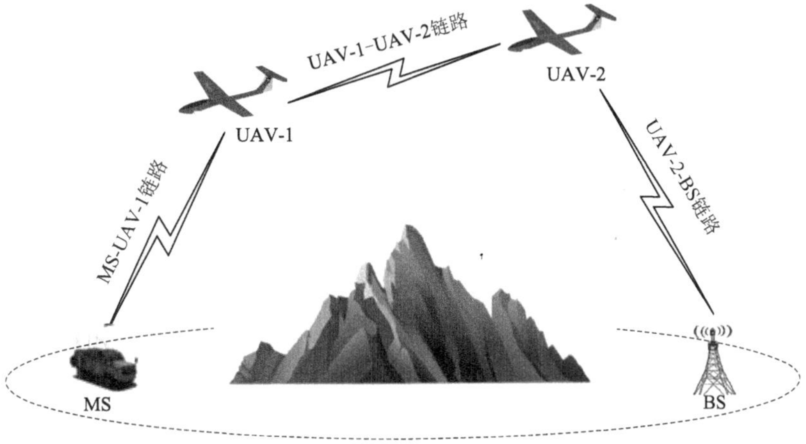

图 7-1　无人机级联中继通信系统

为了便于叙述，本节只考虑了两个无人机级联中继的情况，所提出方法可推广到更多无人机级联中继的情况。假设 UAV-1 与 UAV-2 节点之间的距离遥远，可以不考虑两个无人机节点碰撞的问题。进一步假设系统内各节点均使用单根天线，无人机节点采用放大转发方式中继信号。最后，为了叙述方便，仅考虑 MS 节点至 BS 节点的单向通信链路。

在图 7-1 所示的无人机级联中继通信系统中，MS 节点至 BS 节点的通信需要 3 个时隙。t 时刻，第 1 个时隙，MS 节点将信号传输给 UAV-1 节点，UAV-1 节点接收到的信号可表示为[5]

$$r_{U_1} = \sqrt{P_M} h_{MU_1} s + n_{MU_1} \tag{7-1}$$

式中，P_M 为 MS 节点发射信号的功率；s 为 MS 节点发送的调制符号，其满足 $E\left[|s|^2\right]=1$；h_{MU_1} 为 MS 节点至 UAV-1 节点之间的信道衰落系数；n_{MU_1} 为 t 时刻 UAV-1 节点接收天线输入的噪声信号，其建模为均值为 0、方差为 σ_M^2 的复高斯白噪声。

第 2 个时隙，UAV-1 节点将接收信号乘以增益因子 G_{U_1}：

$$G_{U_1} = \sqrt{\frac{1}{P_M \left|h_{MU_1}\right|^2 + \sigma_M^2}} \tag{7-2}$$

然后，UAV-1 节点以一定功率将放大后的信号发送至 UAV-2 节点，则第 2 个时隙 UAV-2 节点接收到的信号可表示为

$$r_{U_2}=\sqrt{P_{U_1}P_M}G_{U_1}h_{MU_1}h_{U_1U_2}s+\sqrt{P_{U_1}}G_{U_1}h_{U_1U_2}n_{MU_1}+n_{U_1U_2} \tag{7-3}$$

式中，P_{U_1} 为 UAV-1 节点发射信号的功率；$h_{U_1U_2}$ 为 UAV-1 节点至 UAV-2 节点之间的信道衰落系数；$n_{U_1U_2}$ 为第 2 个时隙 UAV-2 节点接收天线输入的噪声信号，其建模为均值为 0、方差为 $\sigma_{U_1}^2$ 的复高斯白噪声。

在第 3 个时隙，UAV-2 节点将接收信号乘以增益因子 G_{U_2}：

$$G_{U_2}=\sqrt{\frac{1}{P_MP_{U_1}G_{U_1}^2\left|h_{AU_1}\right|^2\left|h_{U_1U_2}\right|^2+P_{U_1}G_{U_1}^2\left|h_{U_1U_2}\right|^2\sigma_M^2+\sigma_{U_1}^2}} \tag{7-4}$$

随后，UAV-2 节点以一定功率将放大后的信号转发至 BS 节点。第 3 个时隙，BS 节点接收的信号可表示为

$$r_B=\sqrt{P_MP_{U_1}P_{U_2}}G_{U_1}G_{U_2}h_{AU_1}h_{U_1U_2}h_{U_2B}s+N_B \tag{7-5}$$

式中，P_{U_2} 为 UAV-2 节点发射信号的功率；N_B 为 BS 节点接收机输入的噪声信号，具体可表示为

$$N_B=\sqrt{P_{U_1}P_{U_2}}G_{U_1}G_{U_2}h_{U_1U_2}h_{U_2B}n_{AU_1}+\sqrt{P_{U_2}}G_{U_2}h_{U_2B}n_{U_1U_2}+n_{U_2B} \tag{7-6}$$

式中，n_{U_2B} 为 UAV-2 节点天线输入的噪声信号，其建模为均值为 0、方差为 $\sigma_{U_2}^2$ 的复高斯白噪声；h_{U_2B} 为 UAV-2 节点与 BS 节点之间的信道衰落系数。

7.2.2 无人机与基站接收输入信噪比

假设 MS 节点至 UAV-1 节点、UAV-1 节点至 UAV-2 节点、UAV-2 节点至 BS 节点之间的信道衰落系数建模为包含路径损耗的瑞利衰落信道：

$$h_{X,t}=\frac{g_{X,t}}{d_{X,t}^{\alpha}},\quad X\in\{MU_1,U_1U_2,U_2B\} \tag{7-7}$$

式中，$g_{X,t}$ 为信道的小尺度衰落系数，且满足 $g_{X,t}\sim\mathcal{CN}(0,1)$；$\alpha$ 为信道的路径损耗因子；$d_{MU_1,t}$ 为 t 时刻 MS 节点与 UAV-1 节点之间的距离；$d_{U_1U_2,t}$ 为 t 时刻 UAV-1 节点与 UAV-2 节点之间的距离；$d_{U_2B,t}$ 为 t 时刻 UAV-2 节点与 BS 节点之间的距离。

根据式（7-3），可计算得到 UAV-2 节点接收机输入瞬时信噪比为

$$\begin{aligned}\gamma_{U_2,t}&=\frac{P_MP_{U_1}G_{U_1}^2\left|h_{MU_1}\right|^2\left|h_{U_1U_2}\right|^2}{P_{U_1}G_{U_1}^2\left|h_{U_1U_2}\right|^2\sigma_M^2+\sigma_{U_1}^2}\\&=\frac{\overline{r}_M\left|g_{MU_1}\right|^2\cdot\overline{r}_{U_1}\left|g_{U_1U_2}\right|^2}{\overline{r}_M\left|g_{MU_1}\right|^2d_{U_1U_2}^{2\alpha}+\overline{r}_{U_1}\left|g_{U_1U_2}\right|^2d_{MU_1}^{2\alpha}+d_{MU_1}^{2\alpha}d_{U_1U_2}^{2\alpha}}\end{aligned} \tag{7-8}$$

式中，$\overline{r}_M=\dfrac{P_M}{\sigma_M^2}$；$\overline{r}_{U_1}=\dfrac{P_{U_1}}{\sigma_{U_1}^2}$。

根据式（7-5）与式（7-6），可计算得到 t 时刻 BS 节点接收机输入的瞬时信噪比为

$$\gamma_{B,t}=\frac{\overline{r}_M\overline{r}_{U_1}\overline{r}_{U_2}\left|g_{MU_1}\right|^2\left|g_{U_1U_2}\right|^2\left|g_{U_2B}\right|^2}{Q_t\left(\overline{r}_M\left|g_{MU_1}\right|^2+d_{MU_1}^{2\alpha}\right)+\overline{r}_{U_1}\overline{r}_{U_2}\left|g_{U_1U_2}\right|^2\left|g_{U_2B}\right|^2d_{MU_1}^{2\alpha}} \tag{7-9}$$

式中，$Q_t=\overline{r}_{U_1}\left|g_{U_1U_2}\right|^2d_{U_2B}^{2\alpha}+\overline{r}_{U_2}\left|g_{U_2B}\right|^2d_{U_1U_2}^{2\alpha}+d_{U_1U_2}^{2\alpha}d_{U_2B}^{2\alpha}$。

由式（7-8）和式（7-9）可观测到：影响 t 时刻 $\gamma_{U_2,t}$ 和 $\gamma_{B,t}$ 的主要因素为各节点之间的距离 $\left(d_{MU_1,t},d_{U_1U_2,t},d_{U_2B,t}\right)$ 及信道的小尺度衰落 $\left(g_{MU_1,t},g_{U_1U_2,t},g_{U_2B,t}\right)$。

7.2.3 级联无人机联合航迹优化方法

在无人机级联中继通信系统中，MS 节点与 UAV $-i\,(i=1,2)$ 节点的位置处于不断的变化中。为了使中继通信链路性能最优，需要根据 MS 节点的运动来实时优化 UAV-1 与 UAV-2 的航迹。考虑到遍历容量是衡量无线通信系统性能的一项重要技术指标，因此本小节基于遍历容量最大化准则来优化级联无人机的航迹。

t 时刻，无人机级联中继通信系统的遍历容量定义为[7]

$$C_t\approx\frac{1}{3}\log_2\left(1+E[\gamma_{B,t}]\right) \tag{7-10}$$

式中，$E[\gamma_{B,t}]$ 为 t 时刻 BS 节点接收机输入平均信噪比：

$$E[\gamma_{B,t}]=E\left[\frac{\overline{r}_M\overline{r}_{U_1}\overline{r}_{U_2}\left|g_{MU_1,t}\right|^2\left|g_{U_1U_2,t}\right|^2\left|g_{U_2B,t}\right|^2}{Q_t\left(\overline{r}_M\left|g_{MU_1,t}\right|^2+d_{MU_1,t}^{2\alpha}\right)+\overline{r}_{U_1}\overline{r}_{U_2}\left|g_{U_1U_2,t}\right|^2\left|g_{U_2B,t}\right|^2d_{MU_1,t}^{2\alpha}}\right] \tag{7-11}$$

考虑到直接对式（7-11）进行统计平均运算，运算复杂度极高，且无法得到闭合表达式，因此利用一阶 Taylor 级数对式（7-11）进行展开[8]：

$$\begin{aligned}E[\gamma_{B,t}]&\approx\frac{E\left[\overline{r}_M\overline{r}_{U_1}\overline{r}_{U_2}\left|g_{MU_1,t}\right|^2\left|g_{U_1U_2,t}\right|^2\left|g_{U_2B,t}\right|^2\right]}{E\left[Q_t\left(\overline{r}_M\left|g_{MU_1,t}\right|^2+d_{MU_1,t}^{2\alpha}\right)+\overline{r}_{U_1}\overline{r}_{U_2}\left|g_{U_1U_2,t}\right|^2\left|g_{U_2B,t}\right|^2d_{MU_1,t}^{2\alpha}\right]}\\&=\frac{\overline{r}_M\overline{r}_{U_1}\overline{r}_{U_2}}{E[Q_t]\left(\overline{r}_M+d_{MU_1,t}^{2\alpha}\right)+\overline{r}_{U_1}\overline{r}_{U_2}d_{MU_1,t}^{2\alpha}}\end{aligned} \tag{7-12}$$

式中，$E[Q_t]=\overline{r}_{U_1}d_{U_2B,t}^{2\alpha}+\overline{r}_{U_2}d_{U_1U_2,t}^{2\alpha}+d_{U_1U_2,t}^{2\alpha}d_{U_2B,t}^{2\alpha}$。

将式（7-9）代入式（7-8）后，可观测到：影响 t 时刻系统遍历容量 C_t 的主要因素为 t 时刻 MS-UAV-1、UAV-1-UAV-2 及 UAV-2-BS 节点之间的距离 $\left(d_{MU_1,t},d_{U_1U_2,t},d_{U_2B,t}\right)$。

为了得到 MS 节点至 UAV-1 节点、UAV-1 节点至 UAV-2 节点及 UAV-2 节点至 BS 节点的距离，建立三维直角坐标系，假设 t 时刻 MS 节点、UAV-i 节点的三维坐标为 $\boldsymbol{P}_{M,t}=\left[x_{M,t},y_{M,t},0\right]^{T}$ 和 $\boldsymbol{P}_{U_i,t}=\left[x_{U_i,t},y_{U_i,t},h_{U_i,t}\right]^{T}$，BS 节点的三维坐标为 $\boldsymbol{P}_B=[x_B,y_B,0]^{T}$。根据各节点的位置坐标，可得到各节点之间的距离 $d_{MU_1,t}$、$d_{U_1U_2,t}$ 及 $d_{U_2B,t}$：

$$d_{MU_1,t}=\left\|\boldsymbol{P}_{M,t}-\boldsymbol{P}_{U_1,t}\right\|_2 \tag{7-13}$$

$$d_{U_1U_2,t}=\left\|\boldsymbol{P}_{U_1,t}-\boldsymbol{P}_{U_2,t}\right\|_2 \tag{7-14}$$

$$d_{U_2B,t}=\left\|\boldsymbol{P}_{U_2,t}-\boldsymbol{P}_B\right\|_2 \tag{7-15}$$

式中，$\|\cdot\|_2$代表2-范数。

进一步假设在无人机中继通信过程中，无人机飞行高度保持恒定，且UAV-1与UAV-2的飞行高度完全相同，即$h_{\mathrm{U}_1,t}=h_{\mathrm{U}_2,t}=h_{\mathrm{U}}$，则$t$时刻无人机节点的三维坐标可根据Dubin运动模型[9]得到

$$\boldsymbol{P}_{\mathrm{U}_i,t}=\boldsymbol{P}_{\mathrm{U}_i,t-\Delta t}+\boldsymbol{T}_{\mathrm{U}_i,t}v_{\mathrm{U}_i}\Delta t \tag{7-16}$$

式中，Δt为UAV-i的位置更新间隔；v_{U_i}为UAV-i的飞行速度；$\boldsymbol{T}_{\mathrm{U}_i,t}=\left[\cos\delta_{\mathrm{U}_i,t},\sin\delta_{\mathrm{U}_i,t},0\right]^{\mathrm{T}}$；$\delta_{\mathrm{U}_i,t}$为$t$时刻UAV-$i$的航向角。

将式（7-16）代入式（7-13）～式（7-15），则式（7-13）～式（7-15）可表示为

$$d_{\mathrm{MU}_1,t}=\left\|\boldsymbol{P}_{\mathrm{U}_1,t-\Delta t}+\boldsymbol{T}_{\mathrm{U}_1,t}v_{\mathrm{U}_1}\Delta t-\boldsymbol{P}_{\mathrm{M},t}\right\|_2 \tag{7-17}$$

$$d_{\mathrm{U}_1\mathrm{U}_2,t}=\left\|\boldsymbol{P}_{\mathrm{U}_1,t-\Delta t}-\boldsymbol{P}_{\mathrm{U}_2,t-\Delta t}+\left(\boldsymbol{T}_{\mathrm{U}_1,t}v_{\mathrm{U}_1}-\boldsymbol{T}_{\mathrm{U}_2,t}v_{\mathrm{U}_2}\right)\Delta t\right\|_2 \tag{7-18}$$

$$d_{\mathrm{U}_2\mathrm{B},t}=\left\|\boldsymbol{P}_{\mathrm{U}_2,t-\Delta t}+\boldsymbol{T}_{\mathrm{U}_2,t}v_{\mathrm{U}_2}\Delta t-\boldsymbol{P}_{\mathrm{B}}\right\|_2 \tag{7-19}$$

由式（7-17）～式（7-19）可得到以下结论：MS节点在t时刻的位置可由UAV-1节点在$t-\Delta t$时刻通过卡尔曼滤波法估计得到，$d_{\mathrm{MU}_1,t}$仅由UAV-1的航向角$\delta_{\mathrm{U}_1,t}$决定，$d_{\mathrm{U}_1\mathrm{U}_2,t}$由$\delta_{\mathrm{U}_1,t}$与$\delta_{\mathrm{U}_2,t}$共同决定，$d_{\mathrm{U}_2\mathrm{B},t}$仅由$\delta_{\mathrm{U}_2,t}$决定。

结合式(7-17)～式(7-19)的结论，不难发现t时刻系统遍历容量C_t仅取决于UAV-i的航向角$\delta_{\mathrm{U}_i,t}$。为了使t时刻无人机级联中继通信链路性能最优，基于遍历容量最大化准则优化UAV-i的航向角。假设UAV-i的最大转弯角$\delta_{\max}$相同，则上述优化问题可表示为

$$\max_{\delta_{\mathrm{U}_1,t},\delta_{\mathrm{U}_2,t}} C_t \tag{7-20}$$

$$\text{s.t.}\ \left|\delta_{\mathrm{U}_i,t}-\delta_{\mathrm{U}_i,t-\Delta t}\right|\leqslant\delta_{\max},\ i=1,2 \tag{7-21}$$

考虑到$\log_2(\cdot)$为单调递增函数，因此式（7-15）的优化问题等价为

$$\max_{\delta_{\mathrm{U}_1,t},\delta_{\mathrm{U}_2,t}} E\left\{\gamma_{\mathrm{B},t}\right\} \tag{7-22}$$

$$\text{s.t.}\ \left|\delta_{\mathrm{U}_i,t}-\delta_{\mathrm{U}_i,t-\Delta t}\right|\leqslant\delta_{\max},\ i=1,2 \tag{7-23}$$

由式（7-12）不难发现，t时刻UAV-1的航向角$\delta_{\mathrm{U}_1,t}$与UAV-2的航向角$\delta_{\mathrm{U}_2,t}$都集中在$E\left[\gamma_{\mathrm{B},t}\right]$的分母中，因此式（7-22）的优化问题可等价表示为

$$\left\{\delta_{\mathrm{U}_1,t}^{\mathrm{opt}},\delta_{\mathrm{U}_2,t}^{\mathrm{opt}}\right\}=\min_{\delta_{\mathrm{U}_1,t},\delta_{\mathrm{U}_2,t}}\left\{E\left[Q_t\right]\cdot\left(\overline{r}_{\mathrm{M}}+d_{\mathrm{MU}_1,t}^{2\alpha}\right)+\overline{r}_{\mathrm{U}_1}\overline{r}_{\mathrm{U}_2}\cdot d_{\mathrm{MU}_1,t}^{2\alpha}\right\} \tag{7-24}$$

$$\text{s.t.}\ \left|\delta_{\mathrm{U}_i,t}-\delta_{\mathrm{U}_i,t-\Delta t}\right|\leqslant\delta_{\max},\ i=1,2 \tag{7-25}$$

式中，$\delta_{\mathrm{U}_i,t}^{\mathrm{opt}}$为UAV-$i$的最佳航向角。

式(7-24)给出的是一个含有边界约束的非线性优化问题。该问题可通过Nelder-Mead单纯形替换法[10]解决。首先令

$$\delta_{\mathrm{U}_i,t}=\delta_{\mathrm{U}_i,t}^{\mathrm{l}}+\frac{\left(\delta_{\mathrm{U}_i,t}^{\mathrm{u}}-\delta_{\mathrm{U}_i,t}^{\mathrm{l}}\right)\left(\sin\hat{\delta}_{\mathrm{U}_i,t}+1\right)}{2} \tag{7-26}$$

式中，$\hat{\delta}_{\mathrm{U}_i,t}\in\mathbf{R}$；$\delta_{\mathrm{U}_i,t}^{\mathrm{l}}=\delta_{\mathrm{U}_i,t-\Delta t}-\delta_{\max}$；$\delta_{\mathrm{U}_i,t}^{\mathrm{u}}=\delta_{\mathrm{U}_i,t-\Delta t}+\delta_{\max}$。

将式（7-26）代入式（7-24），则式（7-24）的优化问题等效为

$$\left\{\hat{\delta}_{\mathrm{U}_1,t}^{\mathrm{opt}},\hat{\delta}_{\mathrm{U}_2,t}^{\mathrm{opt}}\right\}=\min_{\hat{\delta}_{\mathrm{U}_1,t},\hat{\delta}_{\mathrm{U}_2,t}}\left\{E\left[\hat{Q}_t\right]\cdot\left(\bar{r}_{\mathrm{M}}+\hat{d}_{\mathrm{MU}_1,t}^{2\alpha}\right)+\bar{r}_{\mathrm{U}_1}\bar{r}_{\mathrm{U}_2}\cdot\hat{d}_{\mathrm{MU}_1,t}^{2\alpha}\right\} \tag{7-27}$$

求解式（7-27）给出的优化问题同样需要利用 Nelder-Mead 单纯形替换法解决。最后，将求解得到的 $\hat{\delta}_{\mathrm{U}_i,t}^{\mathrm{opt}}$ 再代入式（7-26），便可计算得到 UAV-i 在 t 时刻的最佳飞行航向角 $\delta_{\mathrm{U}_i,t}^{\mathrm{opt}}$。

7.2.4 级联无人机分步航迹优化方法

无人机级联中继通信系统的航迹优化方法最后都转换为二维线性约束的非线性优化问题。考虑到二维非线性优化问题的运算复杂度较高，为克服级联无人机联合航迹优化方法复杂度高的缺陷，下面介绍一种级联无人机分步航迹优化方法。

1. UAV-1 的航迹优化方法

在无人机级联中继通信系统中，当 MS 节点处于运动状态时，为保证中继链路性能最优，UAV-1 节点需要快速跟踪 MS 节点位置的变化，而 UAV-2 节点则需要跟踪 UAV-1 节点的改变。相对于 UAV-1 节点的变化，UAV-2 节点的位置改变比较缓慢。此外，考虑到单个位置更新周期内，UAV-2 节点位置改变不大，因此在 t 时刻优化 UAV-1 航向角时，可假设 UAV-2 节点位置没有改变，此时针对 MS-UAV-1-UAV-2 链路来优化 UAV-1 的航向角；随后以优化得到的 t 时刻 UAV-1 的最佳航向角为基础，再针对 MS-UAV-1-UAV-2-BS 链路优化 t 时刻 UAV-2 的航向角。以上优化过程将级联无人机的联合航向角优化问题转换为级联无人机的分步航向角优化问题。

t 时刻，MS-UAV-1-UAV-2 链路的遍历容量为

$$C_{\mathrm{U}_2,t}\approx\frac{1}{2}\log_2\left(1+E\left[\gamma_{\mathrm{U}_2,t}\right]\right) \tag{7-28}$$

式中，$E\left[\gamma_{\mathrm{U}_{2,t}}\right]$为 UAV-2 节点接收机输入平均信噪比，即

$$\begin{aligned}E\left[\gamma_{\mathrm{U}_2,t}\right]&\approx\frac{E\left[\bar{r}_{\mathrm{M}}\left|g_{\mathrm{MU}_1,t}\right|^2\cdot\bar{r}_{\mathrm{U}_1}\left|g_{\mathrm{U}_1\mathrm{U}_2,t}\right|^2\right]}{E\left[\bar{r}_{\mathrm{M}}\left|g_{\mathrm{MU}_1,t}\right|^2d_{\mathrm{U}_1\mathrm{U}_2,t}^{2\alpha}+\bar{r}_{\mathrm{U}_1}\left|g_{\mathrm{U}_1\mathrm{U}_2,t}\right|^2d_{\mathrm{MU}_1,t}^{2\alpha}+d_{\mathrm{MU}_1,t}^{2\alpha}d_{\mathrm{U}_1\mathrm{U}_2,t}^{2\alpha}\right]}\\&=\frac{\bar{r}_{\mathrm{M}}\bar{r}_{\mathrm{U}_1}}{\bar{r}_{\mathrm{M}}d_{\mathrm{U}_1\mathrm{U}_2,t}^{2\alpha}+\bar{r}_{\mathrm{U}_1}d_{\mathrm{MU}_1,t}^{2\alpha}+d_{\mathrm{MU}_1,t}^{2\alpha}d_{\mathrm{U}_1\mathrm{U}_2,t}^{2\alpha}}\end{aligned} \tag{7-29}$$

将式（7-29）代入式（7-28）可得到如下结论：$C_{\mathrm{U}_2,t}$ 由 MS-UAV-1、UAV-1-UAV-2 链路之间的距离$\left(d_{\mathrm{MU}_1,t},d_{\mathrm{U}_1\mathrm{U}_2,t}\right)$决定。

假设UAV-1在$t-\Delta t$ 时刻通过卡尔曼滤波法估计得到t时刻MU的位置为$\hat{\boldsymbol{P}}_{\mathrm{M},t}$，则$d_{\mathrm{MU}_1,t}$可进一步表示为

$$d_{\mathrm{MU}_1,t}=\left\|\boldsymbol{P}_{\mathrm{U}_1,t-\Delta t}+\boldsymbol{T}_{\mathrm{U}_1,t}v_{\mathrm{U}_1}\Delta t-\hat{\boldsymbol{P}}_{\mathrm{M},t}\right\|_2 \tag{7-30}$$

考虑到在一个位置更新周期内，UAV-2 节点的位置变化相对较小，因此 $d_{\mathrm{U}_1\mathrm{U}_2,t}$ 由 t 时刻 UAV-1 的位置坐标 $\boldsymbol{P}_{\mathrm{U}_1,t}$ 与 $t-\Delta t$ 时刻 UAV-2 的位置坐标 $\boldsymbol{P}_{\mathrm{U}_2,t-\Delta t}$ 确定，式（7-18）

可重新表示为

$$d_{U_1U_2,t}=\left\|\boldsymbol{P}_{U_1,t-\Delta t}+\boldsymbol{T}_{U_1,t}v_{U_1}\Delta t-\boldsymbol{P}_{U_2,t-\Delta t}\right\|_2 \tag{7-31}$$

由式（7-31）不难发现，在 $t-\Delta t$ 时刻，UAV-1 节点与 UAV-2 节点位置给定情况下，t 时刻 UAV-1 节点与 UAV-2 节点的距离仅由 t 时刻 UAV-1 的航向角决定，即 t 时刻 MS-UAV-1-UAV-2 通信链路遍历容量 $C_{U_2,t}$ 仅取决于 t 时刻 UAV-1 的航向角 $\delta_{U_1,t}$。因此，为使 t 时刻链路遍历容量最大，基于 MS-UAV-1-UAV-2 链路遍历容量最大化准则来优化 UAV-1 的航向角。以上优化问题可表述为

$$\max C_{U_2,t} \tag{7-32}$$

$$\text{s.t.}\ \left|\delta_{U_1,t}-\delta_{U_1,t-\Delta t}\right|\leqslant\delta_{\max} \tag{7-33}$$

由于 $C_{U_2,t}$ 中的 $\log_2(\cdot)$ 为单调递增函数，因此式（7-32）可等效为

$$\delta_{U_1,t}^{\text{opt}}=\arg\min_{\delta_{U_1,t}}\left\{\overline{r}_{M}d_{U_1U_2,t}^{2\alpha}+\overline{r}_{U_1}d_{MU_1,t}^{2\alpha}+d_{MU_1,t}^{2\alpha}d_{U_1U_2,t}^{2\alpha}\right\} \tag{7-34}$$

$$\text{s.t.}\ \left|\delta_{U_1,t}-\delta_{U_1,t-\Delta t}\right|\leqslant\delta_{\max} \tag{7-35}$$

式（7-34）为一维线性约束的非线性最优化问题，该问题的求解可通过一维线性搜索法解决[11]。

2. *UAV-2 的航迹优化方法*

当 UAV-1 在 t 时刻的最佳航向角 $\delta_{U_1,t}^{\text{opt}}$ 被确定后，系统的遍历容量仅受 UAV-2 航向角的影响。为了使系统遍历容量最大，基于 MS-UAV-1-UAV-2-BS 链路遍历容量最大化准则来优化 UAV-2 的航向角。因此，式（7-24）给出的二维非线性优化问题降维为一维非线性最优化问题：

$$\min_{\delta_{U_2,t}}\left\{E\{Q_t\}\cdot\left(\overline{r}_{M}+d_{MU_1,t}^{2\alpha}\right)+\overline{r}_{U_1}\overline{r}_{U_2}\cdot d_{MU_1,t}^{2\alpha}\right\} \tag{7-36}$$

$$\text{s.t.}\ \left|\delta_{U_2,t}-\delta_{U_2,t-\Delta t}\right|\leqslant\delta_{\max} \tag{7-37}$$

根据式（7-34）可计算得到 UAV-1 的最佳航向角 $\delta_{U_1,t}^{\text{opt}}$，将其代入式（7-30），可直接得到 t 时刻 MS 节点至 UAV-1 节点的距离 $d_{MU_1,t}$，因此式（7-36）优化问题的影响因素只有大尺度衰落 $d_{U_1U_2,t}$ 与 $d_{U_2B,t}$。考虑到 UAV-1 至 UAV-2 的距离 $d_{U_1U_2,t}$ 由 UAV-1 与 UAV-2 的航向角联合确定，进一步假设 UAV-2 节点在 $t-\Delta t$ 时刻可通过卡尔曼滤波法确定 UAV-1 在 t 时刻的坐标 $\hat{\boldsymbol{P}}_{U_1,t}$[12]，则式（7-18）可变形为

$$\hat{d}_{U_1U_2,t}=\left\|\boldsymbol{P}_{U_2,t-\Delta t}+\boldsymbol{T}_{U_2,t}v_{U_2}\Delta t-\hat{\boldsymbol{P}}_{U_1,t}\right\|_2 \tag{7-38}$$

由式（7-38）可观测到：在 $t-\Delta t$ 时刻 UAV-2 节点位置坐标 $\boldsymbol{P}_{U_2,t-\Delta t}$ 给定后，$d_{U_1U_2,t}$ 仅取决于 UAV-2 节点的航向角 $\delta_{U_2,t}$。因此，式（7-36）进一步等效为

$$\delta_{U_2,t}^{\text{opt}}=\min_{\delta_{U_2,t}}\left\{\overline{r}_{U_1}d_{U_2B,t}^{2\alpha}+\overline{r}_{U_2}\hat{d}_{U_1U_2,t}^{2\alpha}+\hat{d}_{U_1U_2,t}^{2\alpha}d_{U_2B,t}^{2\alpha}\right\} \tag{7-39}$$

$$\text{s.t.}\ \left|\delta_{U_2,t}-\delta_{U_2,t-\Delta t}\right|\leqslant\delta_{\max} \tag{7-40}$$

式（7-39）给出的优化问题可通过一维线性搜索法解决[11]。

7.2.5　链路中断概率

将 7.2.3 小节与 7.2.4 小节计算得到的$\left\{\delta_{U_1,t}^{opt},\delta_{U_2,t}^{opt}\right\}$代入式（7-39），可得到$t$时刻无人机级联中继通信系统 BS 节点接收机的最佳瞬时信噪比为

$$\gamma_{B,t}^{(opt)}=\frac{\overline{r}_M\overline{r}_{U_1}\overline{r}_{U_2}\left|g_{MU_1,t}\right|^2\left|g_{U_1U_2,t}\right|^2\left|g_{U_2B,t}\right|^2}{Q_t^{(opt)}\left(\overline{r}_M\left|g_{MU_1,t}\right|^2+d_{MU_1,t}^{2\alpha(opt)}\right)+\overline{r}_{U_1}\overline{r}_{U_2}\left|g_{U_1U_2,t}\right|^2\left|g_{U_2B,t}\right|^2 d_{MU_1,t}^{2\alpha(opt)}} \tag{7-41}$$

式中，$\gamma_{B,t}^{(opt)}$表示$\gamma_{B,t}$最佳；$Q_t^{(opt)}$表示为

$$Q_t^{(opt)}=\overline{r}_{U_1}\left|g_{U_1U_2,t}\right|^2 d_{U_2B,t}^{2\alpha(opt)}+d_{U_1U_2,t}^{2\alpha(opt)}d_{U_2B,t}^{2\alpha(opt)}+d_{U_1U_2,t}^{2\alpha(opt)}d_{U_2B,t}^{2\alpha(opt)}\overline{r}_{U_2}\left|g_{U_2B,t}\right|^2 d_{U_1U_2,t}^{2\alpha(opt)} \tag{7-42}$$

中断概率是衡量无线通信系统链路传输质量的一项重要质量指标，其定义为通信系统的输入信噪比低于某一门限值γ_{th}的概率：

$$P_t^{out}(\gamma_{th})=\Pr\left(\gamma_{B,t}^{(opt)}\leqslant\gamma_{th}\right)=\int_0^{\gamma_{th}}f_{\gamma_{B,t}^{(opt)}}(r)\,dr \tag{7-43}$$

式中，$f_{\gamma_{B,t}^{(opt)}}(\cdot)$为最优信噪比$\gamma_{B,t}^{(opt)}$的概率密度函数。

由于直接根据式（7-41）计算$\gamma_{B,t}^{(opt)}$的概率密度函数比较困难，因此可通过 FM-EM 算法估计得到$f_{\gamma_{B,t}^{(opt)}}(r)$，以此得到系统中断概率的解析表达式。

依据单变量高斯 FM 模型，随机变量$\gamma_{B,t}^{(opt)}$的概率密度函数可表示为

$$f_{\gamma_{B,t}^{(opt)}}(r)=\sum_{k=1}^{K}\omega_{k,t}\frac{\exp\left(-\dfrac{\left(r-\mu_{k,t}\right)^2}{2\sigma_{k,t}^2}\right)}{\sqrt{2\pi\sigma_{k,t}^2}} \tag{7-44}$$

式中，K为 FM 模型中混合项的个数；参数$\mu_{k,t}$、$\sigma_{k,t}^2$分别为t时刻第k个混合项的均值与方差；$\omega_{k,t}>0$为t时刻第k个混合项的加权系数，且满足$\sum_{k=1}^{K}\omega_{k,t}=1$。

利用 EM 算法估计式（7-44）中的未知参数[13]，并将式（7-44）代入式（7-43），可计算得到

$$P_t^{out}(\gamma_{th})=1-\sum_{k=1}^{K}\omega_{k,t}\left[Q\left(\frac{\gamma_{th}-\mu_{k,t}}{\sigma_{k,t}}\right)+Q\left(\frac{\mu_{k,t}}{\sigma_{k,t}}\right)\right] \tag{7-45}$$

式中，$Q(x)$为高斯Q函数，满足$Q(x)=\int_x^{\infty}\left(\frac{1}{\sqrt{2\pi}}\right)\exp\left(-\frac{u^2}{2}\right)du$。

7.2.6　数值仿真

为验证所提出级联无人机联合航迹优化方法与分步航迹优化方法的正确性，本小节设计实现了无人机级联中继通信仿真系统。无人机级联中继通信仿真系统由 MS 节点、UAV-1 节点、UAV-2 节点及 BS 节点 4 个节点组成，且各个节点使用单根天线。MS 节点的移动方法采用一阶自回归模型。

表 7-1 给出了无人机级联中继通信仿真系统的主要技术参数。

表 7-1 无人机级联中继通信仿真系统的主要技术参数

参数	数值
MS 节点的初始位置坐标/m	(500,1000,0)
UAV-1 节点的初始位置坐标/m	(500,250,350)
UAV-2 节点的初始位置坐标/m	(4500,4750,350)
BS 节点的初始位置坐标/m	(4500,4000,0)
MS 节点的移动速度/(m/s)	v_M=20
UAV-*i* 的飞行速度/(m/s)	v_U=40
仿真时间/s	300
位置更新时间间隔/s	$\Delta t=1$
路径损耗指数	$\alpha=1$
信噪比/dB	$\overline{r}_M=\overline{r}_{U_1}=\overline{r}_{U_2}=75$
中断门限/dB	$\gamma_T=4$

图 7-2 显示了级联无人机的最佳航迹（最大转弯角为10°时）。图 7-2 中标记为实线的曲线代表采用分步航迹优化方法得到的 UAV-*i* 的最佳航迹，标记为虚线的曲线代表采用联合航迹优化方法得到的 UAV-*i* 的最佳航迹。

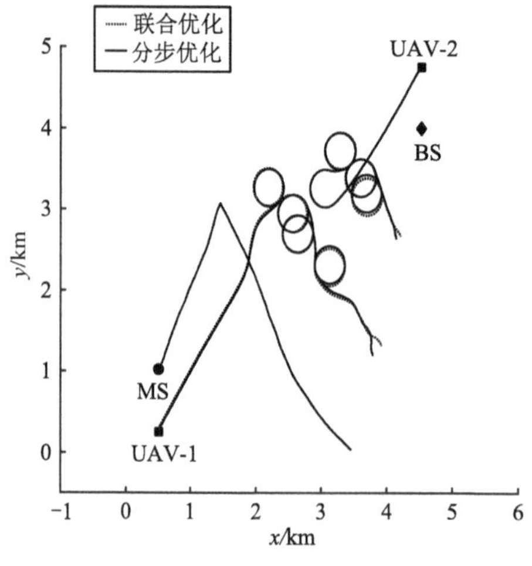

图 7-2 级联无人机的最佳航迹（最大转弯角为 10° 时）

由图 7-2 的航迹可观测到：

1）联合航迹优化方法与分步航迹优化方法得到的无人机最佳航迹几乎完全重合。

2）靠近 MS 的 UAV-1 的飞行范围较 UAV-2 范围大，这是因为 UAV-1 节点跟随 MS 节点的路径变化而变化，而 UAV-2 节点跟随 UAV-1 节点的航迹变化而变化。

图 7-3 给出了中断概率随仿真时间变化的曲线（最大转弯角为10°时）。图 7-3 中，标记为实线的曲线代表采用分步航迹优化方法得到的中断概率曲线，标注符号“○”的曲线代表采用联合航迹优化方法得到的中断概率曲线。

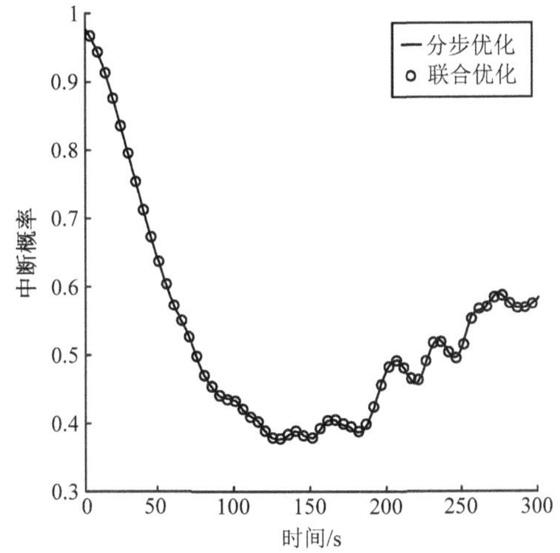

图 7-3　中断概率随仿真时间变化的曲线（最大转弯角为 10° 时）

由图 7-3 的曲线可观测到：分步航迹优化方法与联合航迹优化方法得到的中断概率性能完全一致，表明了分步航迹优化方法的正确性。

图 7-4 给出了最大转弯角对级联无人机最佳航迹的影响。图 7-4 中，标记为实线的曲线代表最大转弯角 $\delta_{\max}=5^\circ$ 时的无人机最佳航迹，标记为虚线的曲线代表最大转弯角 $\delta_{\max}=15^\circ$ 时的无人机最佳航迹。

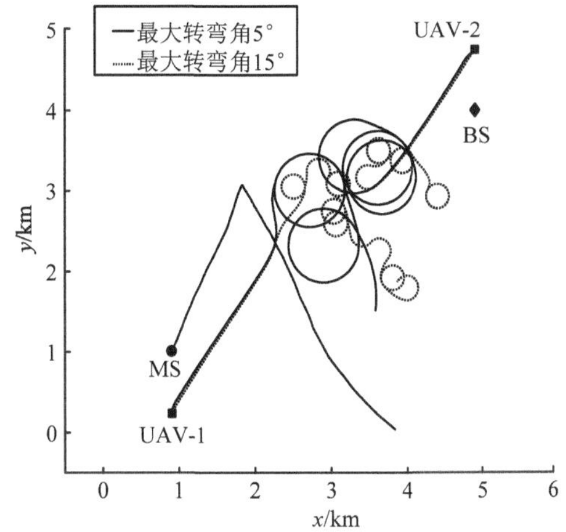

图 7-4　最大转弯角对级联无人机最佳航迹的影响

由图 7-4 的航迹可观测到：增大无人机的最大转弯角，将导致无人机绕圆飞行半径减小；减小无人机的最大转弯角，将导致无人机绕圆飞行半径增大。

图 7-5 显示了最大转弯角对中断概率的影响。图 7-5 中，标记为实线和虚线的曲线分别代表最大转弯角 $\delta_{\max}=5^\circ$ 和 $\delta_{\max}=15^\circ$ 时的系统中断概率，标注符号“○”和“□”的曲线分别代表相应的蒙特卡罗仿真结果。

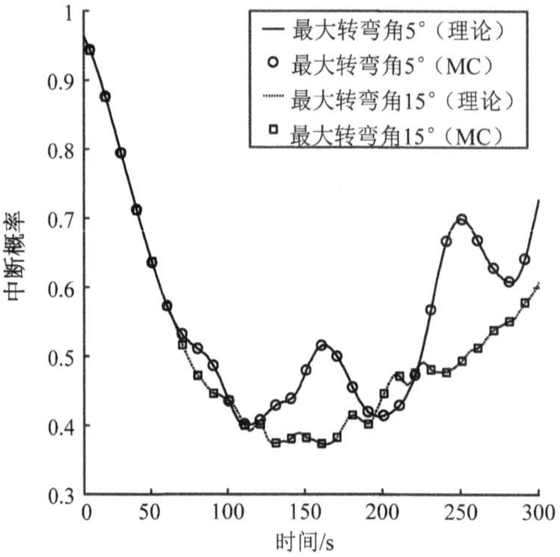

图 7-5　最大转弯角对中断概率的影响

由图 7-5 的曲线可观测到：

1）理论计算得到的中断概率曲线与蒙特卡罗仿真得到的中断概率曲线一致，表明所提出的中断概率计算方法的正确性。

2）在 $t = 50\text{s}$ 后，随着 UAV-*i* 最大转弯角的增大，系统的中断概率逐渐减小；在 50s 之前改变 UAV-*i* 的最大转弯角对系统中断概率没有影响。产生这种现象的主要原因在于 50s 之前 MS 节点与 BS 节点距离较远，增大 UAV-*i* 的最大转弯角不足以弥补大尺度衰落对系统性能造成的影响。

图 7-6 显示了单跳中继与两跳级联中继的无人机最佳航迹。图 7-6 中，标记为虚线的曲线表示单跳无人机中继通信系统的无人机最佳航迹（基于遍历容量最大化准则），标记为实线的曲线表示无人机级联中继通信系统（两跳中继）的无人机最佳航迹。

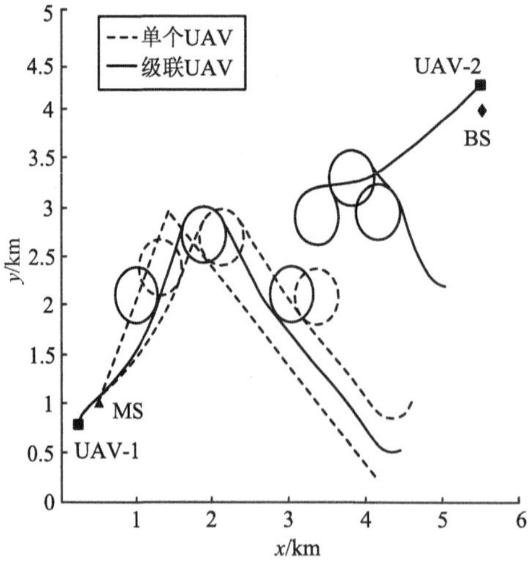

图 7-6　单跳中继与两跳级联中继的无人机最佳航迹

由图 7-6 的航迹可观测到：单跳无人机的最佳航迹始终位于两跳无人机的最佳航迹之间。

图 7-7 给出了单跳中继与两跳级联中继的中断概率。图 7-7 中，标记为实线的曲线代表无人机级联中继通信系统的中断概率，标记为虚线的曲线代表单跳无人机中继通信系统的中断概率。

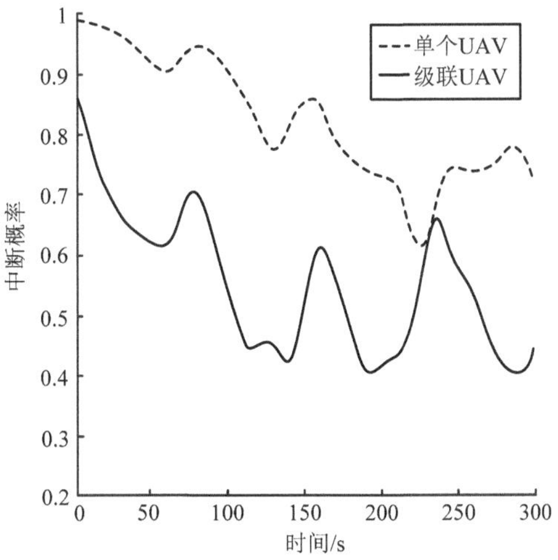

图 7-7　单跳中继与两跳级联中继的中断概率

由图 7-7 的曲线可观测到：级联无人机中继通信系统的中断概率显著低于单跳无人机中继通信系统的中断概率，表明无人机级联中继通信系统链路传输可靠性显著优于单跳无人机中继通信系统。

7.3　基于译码转发协议的无人机级联中继广播通信系统

7.3.1　系统模型

图 7-8 所示为无人机级联中继广播通信系统。该系统由固定地面 BS 节点、两架固定翼无人机节点（分别记为 UAV-1 和 UAV-2）及 M 个静态用户（static users，SU）节

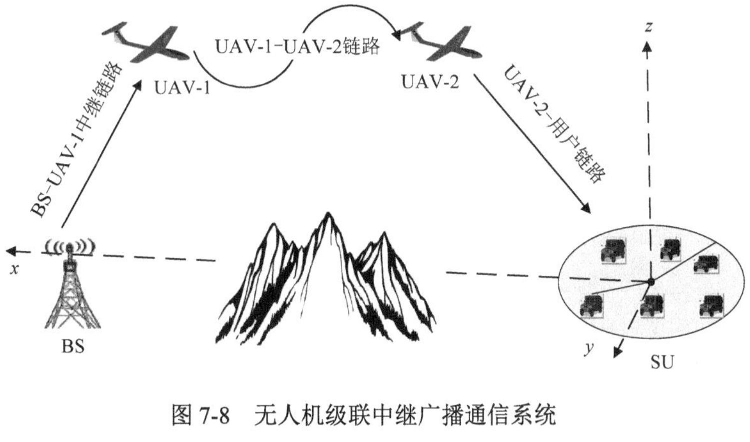

图 7-8　无人机级联中继广播通信系统

点 $S_m(m=1,2,\cdots,M)$ 组成，其中 M 个用户节点 S_m 均匀分布在地面上一个圆形区域内。假设 BS 节点与用户节点 S_m 之间的距离遥远，则仅通过单个无人机的中继无法建立 BS 节点至各用户节点之间的广播通信链路，必须利用两架无人机以级联中继的方式才可建立 BS 至用户节点之间的广播通信链路。此外，两架无人机均采用译码转发中继方式工作，BS 节点、UAV 节点与用户节点 S_m 均使用单根天线。最后假设 UAV-1 节点与 UAV-2 节点的距离较远，可不考虑两个 UAV 节点发生碰撞的问题。

在图 7-8 所示无人机级联中继广播通信系统中，BS 节点至 SU 节点的通信需要 3 个时隙。在第 1 个时隙，BS 节点发送信号至 UAV-1 节点，则 UAV-1 节点接收到的信号可表示为

$$y_{U_1}=\sqrt{P_B}h_{BU_1}s_B+n_{BU_1} \tag{7-46}$$

式中，P_B 为 BS 节点发射信号的功率；s_B 为 BS 节点发送的调制符号，其满足 $E\left[|s_B|^2\right]=1$；n_{BU_1} 为 UAV-1 节点接收天线输入的噪声信号，其建模为均值为 0、方差为 σ_B^2 的复高斯白噪声；h_{BU_1} 为 BS 节点至 UAV-1 节点之间信道的衰落系数。

在第 2 个时隙，UAV-1 对接收到的信号进行解调，并以一定的发射功率转发给 UAV-2 节点，则 UAV-2 节点接收到的信号可表示为

$$y_{U_2}=\sqrt{P_{U_1}}h_{U_1U_2}s_{U_1}+n_{U_1U_2} \tag{7-47}$$

式中，P_{U_1} 为 UAV-1 节点发射信号的功率；s_{U_1} 为 UAV-1 节点传输的调制符号，其满足 $E\left[|s_{U_1}|^2\right]=1$；$n_{U_1U_2}$ 为第 2 个时隙 UAV-2 节点接收天线输入的噪声信号，其建模为均值为 0、方差为 $\sigma_{U_1}^2$ 的复高斯白噪声；$h_{U_1U_2}$ 为 UAV-1 至 UAV-2 节点之间的信道衰落系数。

在第 3 个时隙，UAV-2 对接收到的信号进行解调，并以一定的发射功率发送给用户节点 $S_m(m=1,2,\cdots,M)$，则用户节点 S_m 接收到的信号表示为

$$y_m=\sqrt{P_{U_2}}h_{U_2m}s_{U_2}+n_{U_2m} \tag{7-48}$$

式中，P_{U_2} 为 UAV-2 节点发射信号的功率；s_{U_2} 为 UAV-2 节点传输的调制符号，其满足 $E\left[|s_{U_2}|^2\right]=1$；$n_{U_2m}$ 为用户节点 S_m 接收天线输入的噪声信号，其建模为均值为 0、方差为 $\sigma_{U_2m}^2$ 的复高斯白噪声；h_{U_2m} 为 UAV-2 节点至用户节点 S_m 之间的信道衰落系数。

假设 BS-UAV-1、UAV-1-UAV-2、UAV-2-用户节点 S_m 之间信道的衰落系数建模为包含路径损耗的瑞利衰落信道：

$$h_{\beta,t}=\frac{g_{\beta,t}}{d_{\beta,t}^{\alpha}},\quad \beta\in\{BU_1,U_1U_2,U_2m\} \tag{7-49}$$

式中，$g_{\beta,t}$ 为信道的小尺度衰落系数，满足 $g_{\beta,t}\sim\mathcal{CN}(0,1)$；$\alpha$ 为信道路径损耗因子；$d_{BU_1,t}$ 为 t 时刻 BS 节点与 UAV-1 节点之间的距离；$d_{U_1U_2,t}$ 为 t 时刻 UAV-1 节点与 UAV-2 节点之间的距离；$d_{U_2m,t}$ 为 t 时刻 UAV-2 节点与用户节点 S_m 之间的距离。

假设在 t 时刻 BS、UAV-1、UAV-2 和用户节点 S_m 的空间位置坐标分别为 $\boldsymbol{P}_B=[x_B,y_B,0]^T$、$\boldsymbol{P}_{U_i,t}=\left[x_{U_i,t},y_{U_i,t},h_{U_i,t}\right]^T$ 和 $\boldsymbol{P}_{m,t}=\left[x_{m,t},y_{m,t},0\right]^T$，根据各个节点的位置坐

标，可得到各个节点之间的距离为

$$d_{\mathrm{BU}_1,t}=\left\|\boldsymbol{P}_{\mathrm{U}_1,t}-\boldsymbol{P}_{\mathrm{B}}\right\|_2 \tag{7-50}$$

$$d_{\mathrm{U}_1\mathrm{U}_2,t}=\left\|\boldsymbol{P}_{\mathrm{U}_1,t}-\boldsymbol{P}_{\mathrm{U}_2,t}\right\|_2 \tag{7-51}$$

$$d_{\mathrm{U}_2m,t}=\left\|\boldsymbol{P}_{\mathrm{U}_2,t}-\boldsymbol{P}_{m,t}\right\|_2 \tag{7-52}$$

式中，$\|\cdot\|_2$ 为 2-范数。

在无人机进行中继通信时，假设无人机的飞行高度保持恒定，且两架无人机的高度相同，即 $h_{\mathrm{U}_1,t}=h_{\mathrm{U}_2,t}=h_{\mathrm{U}}$。根据 Dubin 运动模型[9]，$t$ 时刻无人机的空间位置为

$$\boldsymbol{P}_{\mathrm{U}_i,t}=\boldsymbol{P}_{\mathrm{U}_i,t-\Delta t}+\boldsymbol{T}_{\mathrm{U}_i,t}v_{\mathrm{U}_i}\Delta t \tag{7-53}$$

式中，Δt 为无人机的位置更新间隔；v_{U_i} 为 UAV-i 的飞行速度；$\boldsymbol{T}_{\mathrm{U}_i,t}=\left[\cos\delta_{\mathrm{U}_i,t},\sin\delta_{\mathrm{U}_i,t},0\right]^{\mathrm{T}}$；$\delta_{\mathrm{U}_i,t}$ 为 t 时刻 UAV-i 的航向角。

将式（7-53）代入式（7-50）～式（7-52），各个节点之间的距离可进一步化简为

$$d_{\mathrm{BU}_1,t}=\left\|\boldsymbol{P}_{\mathrm{U}_1,t-\Delta t}+\boldsymbol{T}_{\mathrm{U}_1,t}v_{\mathrm{U}_1}\Delta t-\boldsymbol{P}_{\mathrm{B}}\right\|_2 \tag{7-54}$$

$$d_{\mathrm{U}_1\mathrm{U}_2,t}=\left\|\boldsymbol{P}_{\mathrm{U}_1,t-\Delta t}-\boldsymbol{P}_{\mathrm{U}_2,t-\Delta t}+\left(\boldsymbol{T}_{\mathrm{U}_1,t}v_{\mathrm{R}_1}-\boldsymbol{T}_{\mathrm{U}_2,t}v_{\mathrm{U}_2}\right)\Delta t\right\|_2 \tag{7-55}$$

$$d_{\mathrm{U}_2m,t}=\left\|\boldsymbol{P}_{\mathrm{U}_2,t-\Delta t}+\boldsymbol{T}_{\mathrm{U}_2,t}v_{\mathrm{U}_2}\Delta t-\boldsymbol{P}_{m,t}\right\|_2 \tag{7-56}$$

由式（7-54）～式（7-56）可观测到：$d_{\mathrm{BU}_1,t}$ 仅由 UAV-1 的航向角 $\delta_{\mathrm{U}_1,t}$ 决定，$d_{\mathrm{U}_1\mathrm{U}_2,t}$ 由 $\delta_{\mathrm{U}_1,t}$ 与 $\delta_{\mathrm{U}_2,t}$ 共同决定，$d_{\mathrm{U}_2m,t}$ 仅由 $\delta_{\mathrm{U}_2,t}$ 决定。

7.3.2 基站、无人机和用户节点接收信噪比

根据式（7-46）～式（7-48）并通过简单推导，可得到 UAV-1、UAV-2 与用户节点 S_m 接收机的瞬时信噪比分别为

$$\gamma_{\mathrm{U}_1}=\frac{\overline{r}_{\mathrm{B}}\left|g_{\mathrm{BU}_1}\right|^2}{d_{\mathrm{BU}_1}^{2\alpha}} \tag{7-57}$$

$$\gamma_{\mathrm{U}_2}=\frac{\overline{r}_{\mathrm{U}_1}\left|g_{\mathrm{U}_1\mathrm{U}_2}\right|^2}{d_{\mathrm{U}_1\mathrm{U}_2}^{2\alpha}} \tag{7-58}$$

$$\gamma_m=\frac{\overline{r}_{\mathrm{U}_2}\left|g_{\mathrm{U}_2m}\right|^2}{d_{\mathrm{U}_2m}^{2\alpha}} \tag{7-59}$$

式中，$\overline{r}_x=\dfrac{P_x}{\sigma_x^2}(x=\mathrm{B},\mathrm{U}_1,\mathrm{U}_2)$。

式（7-57）～式（7-59）表明：γ_{U_1} 由距离 d_{BU_1} 和信道的小尺度衰落系数 g_{BU_1} 联合确定，γ_{U_2} 由距离 $d_{\mathrm{U}_1\mathrm{U}_2}$ 和信道的小尺度衰落系数 $g_{\mathrm{U}_1\mathrm{U}_2}$ 联合确定，γ_m 由距离 d_{U_2m} 和信道的小尺度衰落系数 g_{U_2m} 联合确定。

7.3.3 链路中断概率

链路中断概率是衡量无线系统性能的一项重要技术指标。无人机级联中继广播通信系统用户节点 S_m 的中断概率为

$$
\begin{aligned}
P_{S_m} &= 1-(1-P_{\mathrm{BU_1}})(1-P_{\mathrm{U_1U_2}})(1-P_{\mathrm{U_2}m}) \\
&= P_{\mathrm{BU_1}} + P_{\mathrm{U_1U_2}} + P_{\mathrm{U_2}m} - P_{\mathrm{BU_1}}P_{\mathrm{U_1U_2}} - P_{\mathrm{BU_1}}P_{\mathrm{U_2}m} - P_{\mathrm{U_1U_2}}P_{\mathrm{U_2}m} + P_{\mathrm{BU_1}}P_{\mathrm{U_1U_2}}P_{\mathrm{U_2}m}
\end{aligned} \quad (7\text{-}60)
$$

式中，$P_{\mathrm{BU_1}}$、$P_{\mathrm{U_1U_2}}$ 与 $P_{\mathrm{U_2}m}$ 分别为 BS–UAV-1、UAV-1–UAV-2 和 UAV-2–用户 S_m 节点链路的中断概率。

由于 $P_{\mathrm{BU_1}}$、$P_{\mathrm{U_1U_2}}$ 和 $P_{\mathrm{U_2}m}$ 取值较小，因此式（7-60）可近似表示为[14]

$$P_{S_m} \approx P_{\mathrm{BU_1}} + P_{\mathrm{U_1U_2}} + P_{\mathrm{U_2}m} \quad (7\text{-}61)$$

利用式（7-57）～式（7-59），可计算得到用户节点 S_m 的近似中断概率为

$$P_{S_m} \approx 3 - \exp\left(\frac{d_{\mathrm{BU_1}}^{2\alpha}\gamma_{\mathrm{th}}}{\overline{r}_{\mathrm{B}}}\right) - \exp\left(\frac{d_{\mathrm{U_1U_2}}^{2\alpha}\gamma_{\mathrm{th}}}{\overline{r}_{\mathrm{U_1}}}\right) - \exp\left(\frac{d_{\mathrm{U_2}m}^{2\alpha}\gamma_{\mathrm{th}}}{\overline{r}_{\mathrm{U_2}}}\right) \quad (7\text{-}62)$$

将式（7-62）进行泰勒展开，仅保留第一项，可得到用户节点 S_m 的中断概率为

$$P_{S_m} \approx \left(\frac{d_{\mathrm{BU_1}}^{2\alpha}}{\overline{r}_{\mathrm{B}}} + \frac{d_{\mathrm{U_1U_2}}^{2\alpha}}{\overline{r}_{\mathrm{U_1}}} + \frac{d_{\mathrm{U_2}m}^{2\alpha}}{\overline{r}_{\mathrm{U_2}}}\right)\gamma_{\mathrm{th}} \quad (7\text{-}63)$$

式(7-63)表明：影响 t 时刻用户节点 S_m 中断概率 P_{S_m} 的主要因素为 t 时刻 BS–UAV-1、UAV-1–UAV-2 及 UAV-2–用户链路之间的距离 $(d_{\mathrm{BU_1}}, d_{\mathrm{U_1U_2}}, d_{\mathrm{U_2}m})$。再结合式（7-54）～式（7-56）的结论，不难发现 P_{S_m} 由 t 时刻 UAV-1 的航向角 $\delta_{\mathrm{U_1},t}$ 和 UAV-2 的航向角 $\delta_{\mathrm{U_2},t}$ 共同决定。

7.3.4 级联无人机联合航迹优化方法

在无人机级联中继广播通信系统中，BS 节点与用户节点之间有 M 条广播通信链路，它们分别是 BS-UAV-1-UAV-2-$S_m(m=1,2,\cdots,M)$。下面采用最大链路中断概率最小化准则来优化级联无人机的航迹。

进一步假设 UAV-1 与 UAV-2 的最大转弯角相同，则基于最大链路中断概率最小化的准则，无人机航向角优化问题可表述为

$$\min_{\delta_{\mathrm{U_1},t},\delta_{\mathrm{U_2},t}} \max\left\{P_{S_m}\right\} \quad (7\text{-}64)$$

$$\text{s.t.}\ \left|\delta_{\mathrm{U}_i,t} - \delta_{\mathrm{U}_i,t-\Delta t}\right| \leqslant \delta_{\max},\ i=1,2 \quad (7\text{-}65)$$

式中，$\delta_{\max}$ 为 UAV 的最大转弯角。

式（7-64）给出的优化问题可进一步表示为[15]

$$\min_{\delta_{\mathrm{U_1},t},\delta_{\mathrm{U_2},t}} \frac{1}{p}\ln\left\{\sum_{m=1}^{N}\exp\left[p\left(\frac{d_{\mathrm{BU_1}}^{2\alpha}}{\overline{r}_{\mathrm{B}}} + \frac{d_{\mathrm{U_1U_2}}^{2\alpha}}{\overline{r}_{\mathrm{U_1}}} + \frac{d_{\mathrm{U_2}m}^{2\alpha}}{\overline{r}_{\mathrm{U_2}}}\right)\gamma_{\mathrm{th}}\right]\right\} \quad (7\text{-}66)$$

$$\text{s.t.}\ \left|\delta_{\mathrm{U}_i,t} - \delta_{\mathrm{U}_i,t-\Delta t}\right| \leqslant \delta_{\max},\ i=1,2 \quad (7\text{-}67)$$

式（7-66）给出的是一个二维边界约束的非线性优化问题。该问题可通过二维搜索算法在$\left[\delta_{U_i,t-\Delta t}-\delta_{max}\leqslant\delta_{U_i,t}\leqslant\delta_{U_i,t-\Delta t}+\delta_{max}\right]$内找到最佳航向角。

7.3.5　级联无人机分步航迹优化方法

与 7.2.4 小节采用的方法类似，下面将采用分步航迹优化法来优化级联无人机的航迹，即先优化 t 时刻 UAV-1 的航向角，再以此为基础优化 t 时刻 UAV-2 的航向角。

1. UAV-1 航迹优化

在无人机级联中继广播通信系统中，在单个位置更新间隔内，无人机的空间位置改变量较小，因此在优化 UAV-1 的航向角时，可近似认为 UAV-2 空间位置没有产生变化，此时仅需要针对 BS-UAV-1-UAV-2 链路来优化 UAV-1 的航向角 $\delta_{U_1,t}$，再以优化得到的 $\delta_{U_1,t}$ 为基础，针对 BS-UAV-1-UAV-2-用户节点 S_m 链路来优化 UAV-2 的航向角 $\delta_{U_2,t}$。

由式（7-57）和式（7-58）可得到 t 时刻 BS-UAV-1-UAV-2 链路的中断概率为

$$P_t=\left(\frac{d_{BU_1}^{2\alpha}}{\overline{r}_B}+\frac{d_{U_1U_2}^{2\alpha}}{\overline{r}_{U_1}}-\frac{d_{BU_1}^{2\alpha}}{\overline{r}_B}\frac{d_{U_1U_2}^{2\alpha}}{\overline{r}_{U_1}}\gamma_{th}\right)\gamma_{th} \tag{7-68}$$

假设在单个位置更新间隔内，UAV-2 空间位置没有产生变化，则 $d_{R_1R_2}$ 由 t 时刻 UAV-1 的位置坐标 $\boldsymbol{P}_{U_1,t}$ 和 $t-\Delta t$ 时刻 UAV-2 的位置坐标确定，且 $\boldsymbol{P}_{U_2,t-\Delta t}=\boldsymbol{P}_{U_2,t}$，式（7-55）可重新表示为

$$d_{U_1U_2,t}=\left\|\boldsymbol{P}_{U_1,t-\Delta t}+\boldsymbol{T}_{U_1,t}v_{U_1}\Delta t-\boldsymbol{P}_{U_2,t-\Delta t}\right\|_2 \tag{7-69}$$

由式（7-69）可观测到：在 $t-\Delta t$ 时刻 UAV-1 与 UAV-2 节点位置给定情况下，t 时刻 UAV-1 与 UAV-2 节点的距离仅决定于 t 时刻 UAV-1 的航向角，则 t 时刻 BS-UAV-1-UAV-2 链路的中断概率 P_t 仅取决于 UAV-1 的航向角 $\delta_{U_1,t}$。因此，基于 BS-UAV-1-UAV-2 链路中断概率最小化准则的 UAV-1 航向角优化问题可表述为

$$\min_{\delta_{U_1,t}} P_t \tag{7-70}$$

$$\text{s.t.}\ \left|\delta_{R_1,t}-\delta_{R_1,t-\Delta t}\right|\leqslant\delta_{max} \tag{7-71}$$

式（7-70）给出的是一个一维线性约束的非线性最优化问题，该问题可通过一维线性搜索法解决[11]。

2. UAV-2 航迹优化

当 t 时刻 UAV-1 的最佳航向角 $\delta_{U_1,t}^{opt}$ 确定后，式（7-66）给出的二维非线性优化问题可降维为一维非线性最优化问题：

$$\min_{\delta_{U_2,t}}\ \frac{1}{p}\ln\left\{\sum_{m=1}^{N}\exp\left[p\left(\frac{d_{BU_1}^{2\alpha}}{\overline{r}_B}+\frac{d_{U_1U_2}^{2\alpha}}{\overline{r}_{U_1}}+\frac{d_{U_2m}^{2\alpha}}{\overline{r}_{U_2}}\right)\gamma_{th}\right]\right\} \tag{7-72}$$

$$\text{s.t.}\ \left|\delta_{U_2,t}-\delta_{U_2,t-\Delta t}\right|\leqslant\delta_{max} \tag{7-73}$$

由于 BS 节点至 UAV-1 节点的距离 $d_{BU_1,t}$ 仅取决于 UAV-1 节点的航向角，因此当

UAV-1 在 t 时刻的最佳航向角给定情况下，$d_{\mathrm{BU}_1,t}$ 可视为常数。此外，假设 UAV-2 节点在 $t-\Delta t$ 时刻可通过卡尔曼滤波法确定 UAV-1 在 t 时刻的位置坐标 $\hat{\boldsymbol{P}}_{\mathrm{U}_1,t}$ [12]，则式（7-55）可变形为

$$\hat{d}_{\mathrm{U}_1\mathrm{U}_2,t}=\left\|\boldsymbol{P}_{\mathrm{U}_2,t-\Delta t}+\boldsymbol{T}_{\mathrm{U}_2,t}v_{\mathrm{U}_2}\Delta t-\hat{\boldsymbol{P}}_{\mathrm{U}_1,t}\right\|_2 \tag{7-74}$$

由式（7-74）可观测到：UAV-2 节点在 $t-\Delta t$ 时刻位置坐标 $\boldsymbol{P}_{\mathrm{R}_2,t-\Delta t}$ 给定后，$d_{\mathrm{U}_1\mathrm{U}_2,t}$ 仅取决于 UAV-2 的航向角 $\delta_{\mathrm{U}_2,t}$。因此，式（7-72）进一步表示为

$$\min_{\delta_{\mathrm{U}_2,t}}\ \frac{1}{p}\ln\left\{\sum_{m=1}^{N}\exp\left[p\left(\frac{\hat{d}_{\mathrm{U}_1\mathrm{U}_2}^{2\alpha}}{\overline{r}_{\mathrm{U}_1}}+\frac{d_{\mathrm{U}_2m}^{2\alpha}}{\overline{r}_{\mathrm{U}_2}}\right)\gamma_{\mathrm{th}}\right]\right\} \tag{7-75}$$

$$\text{s.t.}\ \left|\delta_{\mathrm{U}_2,t}-\delta_{\mathrm{U}_2,t-\Delta t}\right|\leqslant\delta_{\max} \tag{7-76}$$

同样，式（7-75）给出的优化问题可通过一维线性搜索法解决[11]。

7.3.6 中继链路遍历容量

根据式（7-57），可得到 BS-UAV-1 节点链路的瞬时容量为

$$C_{\mathrm{U}_1}=\frac{1}{3}\log_2(1+\gamma_{\mathrm{U}_1}) \tag{7-77}$$

根据式（7-58），可得到 UAV-1-UAV-2 节点链路的瞬时容量为

$$C_{\mathrm{U}_2}=\frac{1}{3}\log_2(1+\gamma_{\mathrm{U}_2}) \tag{7-78}$$

根据式（7-59），可得到 UAV-2-用户节点 S_m 链路的瞬时容量为

$$C_{S_m}=\frac{1}{3}\log_2(1+\gamma_m) \tag{7-79}$$

由式（7-77）～式（7-79）可得到，无人机级联中继广播通信系统第 m 条链路的各态历经性容量可以表示为[16]

$$C_m=E_{g_{\mathrm{BU}_1},g_{\mathrm{U}_1\mathrm{U}_2},g_{\mathrm{U}_1m}}\left[\min\left(C_{\mathrm{U}_1},C_{\mathrm{U}_2},C_{S_m}\right)\right] \tag{7-80}$$

式中，$\mathrm{E}[\cdot]$ 为均值；C_{U_1}、C_{U_2} 和 C_{S_m} 分别为关于 g_{BU_1}、$g_{\mathrm{U}_1\mathrm{U}_2}$ 和 g_{U_1m} 的独立分布函数。式（7-80）可进一步表示为

$$C_m=\min\left[E_{g_{\mathrm{BU}_1}}\left(C_{\mathrm{U}_1}\right),E_{g_{\mathrm{U}_1\mathrm{U}_2}}\left(C_{\mathrm{U}_2}\right),E_{g_{\mathrm{U}_1m}}\left(C_{S_m}\right)\right] \tag{7-81}$$

将式（7-77）～式（7-79）代入式（7-81），得到

$$C_m=\frac{1}{3}\min\left[E_{g_{\mathrm{BU}_1}}\left(1+\overline{r}_{\mathrm{B}}\left|g_{\mathrm{BU}_1}\right|^2 d_{\mathrm{BU}_1}^{-2\alpha}\right),E_{g_{\mathrm{U}_1\mathrm{U}_2}}\left(1+\overline{r}_{\mathrm{U}_1}\left|g_{\mathrm{U}_1\mathrm{U}_2}\right|^2 d_{\mathrm{U}_1\mathrm{U}_2}^{-2\alpha}\right),E_{g_{\mathrm{U}_1m}}\left(1+\overline{r}_{\mathrm{U}_2}\left|g_{\mathrm{U}_2m}\right|^2 d_{\mathrm{U}_2m}^{-2\alpha}\right)\right] \tag{7-82}$$

由于 $\mathrm{E}\left[\log(1+X)\right]=\int_0^{\infty}\log(1+x)f_X(x)\mathrm{d}x$，因此式（7-82）可进一步表示为

$$C_m=\frac{1}{3\ln 2}\min\left\{-\exp\left(\frac{d_{\mathrm{BU}_1}^{2\alpha}}{\overline{r}_{\mathrm{B}}}\right)E_1\left(-\frac{d_{\mathrm{BU}_1}^{2\alpha}}{\overline{r}_{\mathrm{B}}}\right),-\exp\left(\frac{d_{\mathrm{U}_1\mathrm{U}_2}^{2\alpha}}{\overline{r}_{\mathrm{U}_1}}\right)E_1\left(-\frac{d_{\mathrm{U}_1\mathrm{U}_2}^{2\alpha}}{\overline{r}_{\mathrm{U}_1}}\right),-\exp\left(\frac{d_{\mathrm{U}_2m}^{2\alpha}}{\overline{r}_{\mathrm{U}_2}}\right)E_1\left(-\frac{d_{\mathrm{U}_2m}^{2\alpha}}{\overline{r}_{\mathrm{U}_2}}\right)\right\} \tag{7-83}$$

最后，无人机级联中继广播通信系统所有链路的总遍历容量为

$$C=\sum_{m=1}^{M}C_m$$

$$=\frac{1}{3\ln 2}\sum_{m=1}^{M}\min\left\{-\exp\left(\frac{d_{\mathrm{BU}_1}^{2\alpha}}{\overline{r}_{\mathrm{B}}}\right)E_1\left(-\frac{d_{\mathrm{BU}_1}^{2\alpha}}{\overline{r}_{\mathrm{B}}}\right),-\exp\left(\frac{d_{\mathrm{U}_1\mathrm{U}_2}^{2\alpha}}{\overline{r}_{\mathrm{U}_1}}\right)E_1\left(-\frac{d_{\mathrm{U}_1\mathrm{U}_2}^{2\alpha}}{\overline{r}_{\mathrm{U}_1}}\right),-\exp\left(\frac{d_{\mathrm{U}_2m}^{2\alpha}}{\overline{r}_{\mathrm{U}_2}}\right)E_1\left(-\frac{d_{\mathrm{U}_2m}^{2\alpha}}{\overline{r}_{\mathrm{U}_2}}\right)\right\} \tag{7-84}$$

7.3.7　数值仿真

为验证所提出的无人机级联中继广播通信系统航迹优化方法的正确性，本章设计实现了无人机级联中继广播通信仿真系统。仿真系统由 BS 节点、UAV-1 节点、UAV-2 节点及用户节点 S_m 组成。

表 7-2 给出了无人机级联中继广播通信仿真系统的主要技术参数。

表 7-2　无人机级联中继广播通信仿真系统的主要技术参数

参数	数值
BS 节点的初始位置坐标/m	(4500,400,0)
UAV-1 节点的初始位置坐标/m	(3500,−400,300)
UAV-2 节点的初始位置坐标/m	(400,−500,300)
UAV-i 的飞行速度/(m/s)	$v_{\mathrm{U}}=40$
服务区域半径/m	120
服务区域中点坐标/m	[0,0]
用户数目	300
仿真时间/s	200
位置更新时间间隔/s	$\Delta t=1$
路径损耗指数	$\alpha=1$
信噪比/dB	$\overline{r}_{\mathrm{U}}=\overline{r}_{\mathrm{U}_1}=\overline{r}_{\mathrm{U}_2}=90$
中断门限/dB	$\gamma_{\mathrm{T}}=4.8$

图 7-9 显示了联合航迹优化法与分步航迹优化法得到的无人机最佳航迹（$\delta_{\max}=10°$）。图 7-9 中，横坐标与纵坐标分别代表直角坐标系的 x 轴与 y 轴，其中标记为实线和点划线的曲线代表联合航迹优化法得到的无人机最佳航迹，标记为虚线和点线的曲线代表分步航迹优化法得到的无人机最佳航迹。

由图 7-9 的航迹可观测到：分步航迹优化法与联合航迹优化法得到的级联无人机最佳航迹几乎完全重合。

图 7-10 给出了最大转弯角为$10°$时，无人机级联中继广播通信系统采用联合航迹优化法与分步航迹优化法获得的平均中断概率曲线。图 7-10 中，标记为实线的曲线代表联合航迹优化法的用户平均中断概率，标注“○”的曲线代表分步航迹优化法得到的用户平均中断概率。

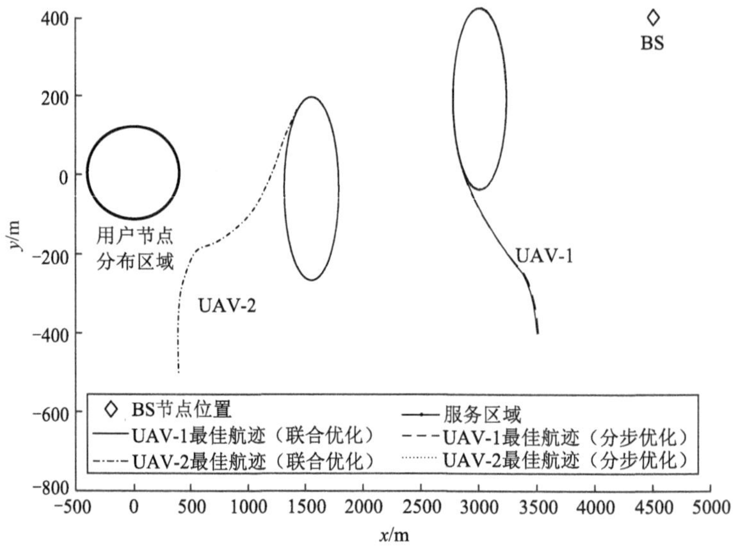

图 7-9 联合航迹优化法与分步航迹优化法得到的无人机最佳航迹（$\delta_{max}=10°$）

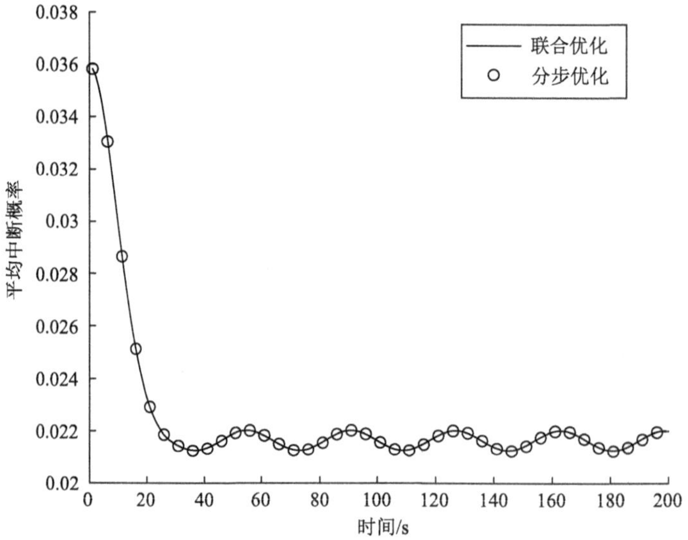

图 7-10 平均中断概率随仿真时间变化的曲线（$\delta_{max}=10°$）

由图 7-10 的航迹可观测到：分步航迹优化法得到的平均中断概率与联合航迹优化法得到的平均中断概率完全一致，表明了分步航迹优化法的正确性。

图 7-11 给出了联合航迹优化法与分步航迹优化法得到的系统遍历容量曲线（$\delta_{max}=10°$）。图 7-11 中，标记为实线的曲线代表采用联合航迹优化法得到的系统遍历容量，标记为虚线的曲线代表采用分步航迹优化法得到的系统遍历容量。

由图 7-11 的曲线可观测到：联合航迹优化法得到的系统遍历容量与分步航迹优化法得到的曲线基本重合，表明了分步航迹优化法的正确性。

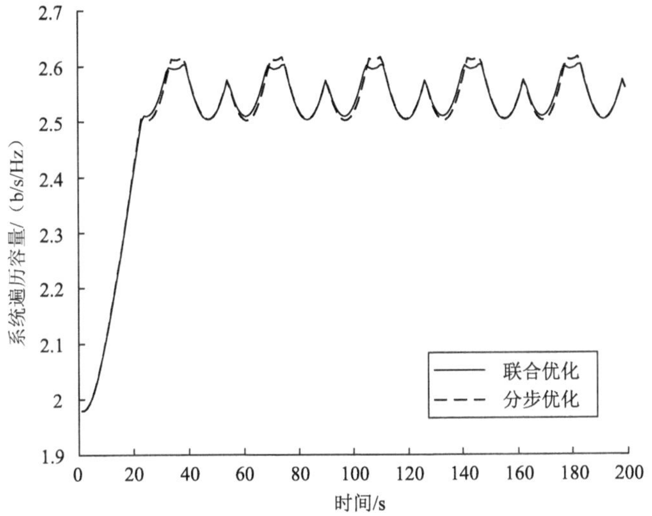

图 7-11　系统遍历容量随仿真时间变化的曲线（$\delta_{max}=10°$）

图 7-12 给出了最大转弯角对无人机最佳航迹的影响。图 7-12 中，标记为实线和点划线的曲线代表最大转弯角 $\delta_{max}=10°$ 时的无人机最佳轨迹，标记为虚线和点线的曲线代表最大转弯角 $\delta_{max}=20°$ 时的无人机最佳轨迹。

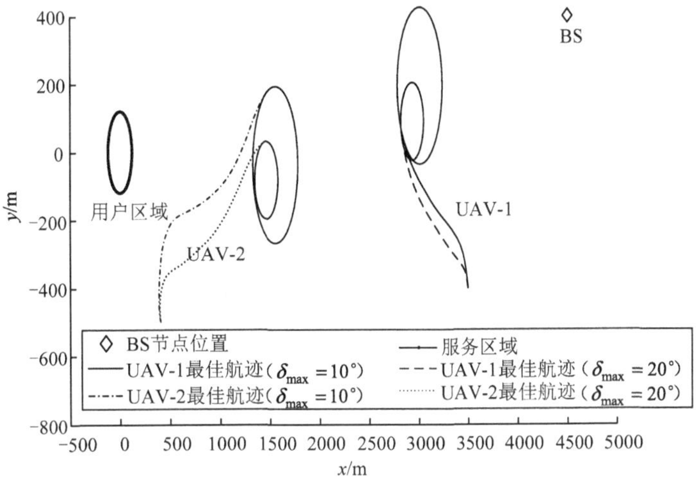

图 7-12　最大转弯角对无人机最佳航迹的影响

由图 7-12 的航迹可观测到：随着最大转弯角的增大，无人机绕圆半径减小；随着最大转弯角的减小，无人机绕圆半径增大。

图 7-13 给出了最大转弯角对平均中断概率的影响。图 7-13 中，标记为实线和虚线的曲线分别代表最大航向角 $\delta_{max}=10°$ 和 $\delta_{max}=20°$ 时的平均中断概率，标注“○”和“*”的曲线分别代表相应的蒙特卡罗仿真结果。

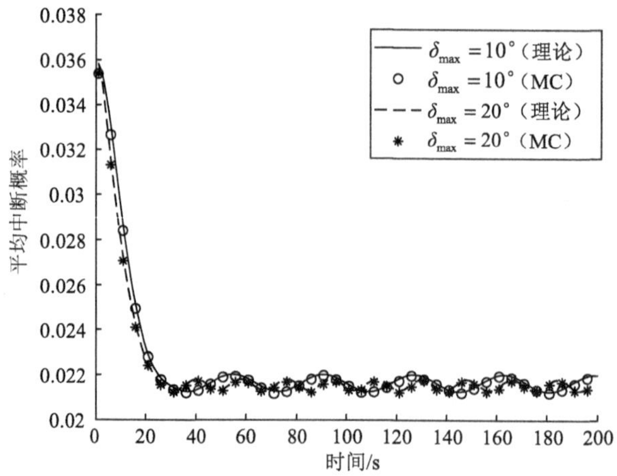

图 7-13　最大转弯角对平均中断概率的影响

由图 7-13 的曲线可观测到：

1）理论平均中断概率曲线与仿真得到的曲线应基本一致，表明理论中断概率计算公式的正确性。

2）无人机的最大转弯角对系统平均中断概率影响很小。

图 7-14 给出了最大转弯角对系统遍历容量的影响。图 7-14 中，标记为实线和虚线的曲线分别代表最大航向角 $\delta_{max}=10°$ 和 $\delta_{max}=20°$ 时的系统遍历容量，标注“○”和“＊”的曲线分别代表相应的蒙特卡罗仿真结果。

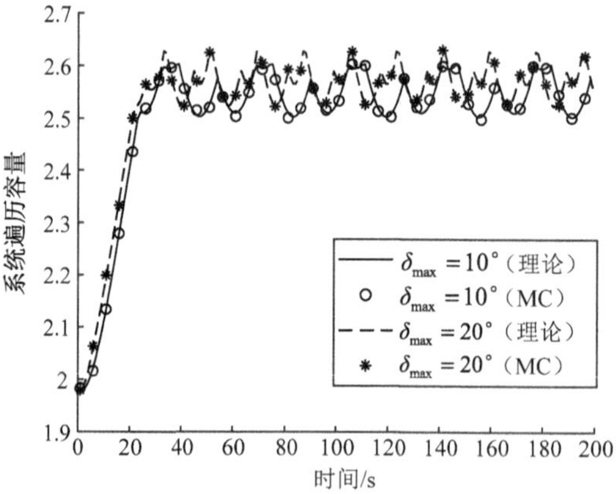

图 7-14　最大转弯角对系统遍历容量的影响

由图 7-14 的曲线可观测到：

1）理论给出的遍历容量与蒙特卡罗仿真得到的曲线完全一致，验证了遍历容量计算公式的正确性。

2）最大转弯角对系统遍历容量的影响较小。

图 7-15 显示了单跳中继与两跳级联中继的无人机最佳航迹。图 7-15 中，标记为点划线的曲线表示单跳无人机中继广播通信系统的最佳航迹，标记为实线和虚线的曲线为

无人机级联中继广播通信系统的最佳航迹。

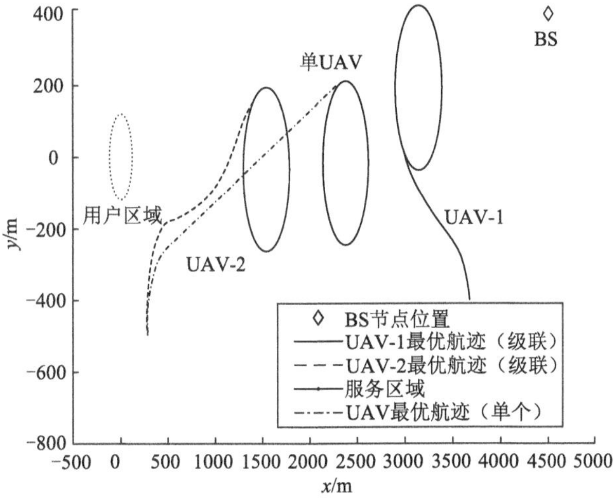

图 7-15　单跳中继与两跳级联中继的无人机最佳航迹

由图 7-15 的航迹可观测到：单跳无人机的最佳航迹始终位于两跳无人机的最佳航迹之间。

图 7-16 给出了单跳中继与两跳级联中继的平均中断概率曲线。图 7-16 中，标记为虚线的曲线代表单跳无人机中继广播通信系统的用户平均中断概率，标记为实线的曲线代表无人机级联中继广播通信系统的用户平均中断概率。

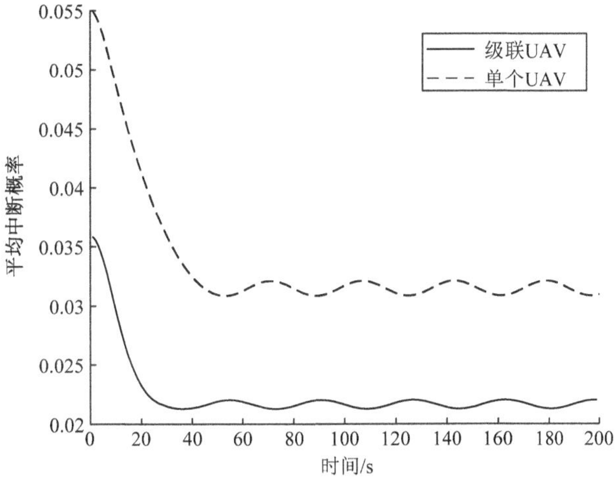

图 7-16　单跳中继与两跳级联中继的平均中断概率曲线

由图 7-16 的曲线可观测到：无人机级联中继通信系统的平均中断概率显著低于单跳无人机中继广播通信系统的平均中断概率，证明了级联无人机中继通信方案优于单跳无人机中继通信方案。

本章小结

本章重点研究了无人机级联中继通信系统的航迹优化问题。针对点对点无人机级联中继通信系统，以遍历容量最大化准则为基础，提出级联无人机联合航迹优化方法与分步航迹优化方法；针对无人机级联中继广播通信系统，以最大链路中断概率最小化准则为基础，提出级联无人机联合航迹优化方法与分步航迹优化方法。

本章研究结论如下：①分步航迹优化法与联合航迹优化法具有相同的性能；②无人机级联中继通信系统的链路传输性能显著优于单无人机中继通信系统（SISO）。

参考文献

[1] ZENG Y, ZHANG R, TENG J L. Wireless communications with unmanned aerial vehicles: opportunities and challenges [J]. IEEE Communications Magazine, 2016, 54(5): 36-42.

[2] DIXON C, FREW E W. Optimizing cascaded chains of unmanned aircraft acting as communication relays[J]. IEEE Journal on Selected Areas in Communications, 2012, 30(5): 883-898.

[3] DIXON C, FREW E W. Maintaining optimal communication chains in robotic sensor networks using mobility control[J]. Mobile Networks and Applications, 2009, 14(3): 281-291.

[4] ZHU M, CHEN Y, CAI Z, et al. Using unmanned aerial vehicle chain to improve link capacity of two mobile nodes[C]// IEEE International Conference on Mechatronics and Automation, Beijing: IEEE Press, 2015: 494-499.

[5] CHEN Y, LIU X, ZHAO N, et al. Using multiple UAVs as relays for reliable communications[C]// IEEE 87th Vehicular Technology Conference. Porto: IEEE Press, 2018: 1-5.

[6] 刘海涛，方晓钰，顾新宇，等. 无人机级联中继通信航迹规划方法[J]. 中国民航大学学报，2018，38(2)：1-6.

[7] FAN L, LEI X, LI W. Exact closed-form expression for ergodic capacity of amplify-and-forward relaying in channel-noise-assisted cooperative networks with relay selection[J]. IEEE Communications Letters, 2011, 15(3): 332-333.

[8] GREGSON P H. Using angular dispersion of gradient direction for detecting edge ribbons[J]. IEEE Transactions on Pattern Analysis & Machine Intelligence, 1993, 15(7): 682-696.

[9] 宋国浩，黄晋英，兰艳亭. 基于 Dubins 路径的智能车辆路径规划算法[J]. 火力与指挥控制，2016，41(6)：41-45.

[10] LAGARIAS J C, REEDS J A, WRIGHT M H, et al. Convergence properties of the Nelder-Mead simplex method in low dimensions[J]. Siam Journal on Optimization A Publication of the Society for Industrial & Applied Mathematics, 1998, 9(1): 112-147.

[11] SUN W, YUAN Y X. Optimization theory and methods-nonlinear programming[M]. New York: Springer, 2006.

[12] JIANG F, SWINDLEHURST A L. Dynamic UAV relay positioning for the ground-to-air uplink[C]// IEEE Global Communications Conference. Miami: IEEE Press, 2010: 1766-1770.

[13] MARTINEZ W L, MARTINEZ A R. Computational statistics handbook with MATLAB[M]. 2nd ed. New York: CRC Press, 2015.

[14] 李冬霞，李春鸣，赵文强，等. 无人机中继广播通信系统航迹优化方法[J]. 西安电子科技大学学报，2018，45(3)：143-148.

[15] XIAO Y, YU B. A truncated aggregate smoothing newton method for minimax problems[J]. Applied Mathematics and Computation, 2010, 216(6): 1868-1879.

[16] 史晶晶，陶孝锋，朱厉洪，等. 无人机中继通信系统各态历经性容量比较分析[J]. 空间电子技术，2018，15(4)：27-31.

第 8 章　无人机中继广播通信系统

8.1　引　　言

在无人机中继广播通信系统中[1-10]，系统由 BS 节点、中继 UAV 节点及多个用户节点组成。其中，BS 节点位于地面，采用固定方式部署；用户节点可采用固定方式部署，或采用机动方式部署。此外，假设 BS 与各个用户节点之间的距离遥远，无法建立直达的通信链路，必须通过无人机的中继才可建立 BS 至各个用户节点的广播通信链路。无人机中继广播通信系统航迹优化的核心问题是：根据各用户节点的位置及运动状态，优化中继无人机的部署或飞行航迹，以保障 BS-UAV-MU 节点广播通信链路的可靠性。本章重点研究了无人机中继广播通信系统的航迹优化问题。

围绕着无人机中继广播通信系统的航迹优化问题，国内外相关研究如下：为解决基于旋翼无人机的中继广播通信系统中继无人机最优部署问题，文献[3]以最恶劣链路中断概率最小化准则及链路平均中断概率最小化准则为基础，提出两种旋翼无人机最优部署方法。针对固定翼无人机中继广播通信系统的航迹优化问题，文献[4]以用户节点最小遍历容量最大化准则为基础，提出了一种无人机航向控制方法。为了提高无人机中继广播通信系统链路的连通性，李冬霞等[5]给出了用户节点中断概率的近似计算公式，并基于所有用户节点平均中断概率最小化准则，提出了中继无人机的航迹优化方法。针对相同问题，Li 等[6]进一步以无人机中继广播链路加权遍历容量和最大化准则为基础，提出了一种中继无人机的航迹优化方法。以用户节点最小平均吞吐量最大化准则为基础，文献[7]提出了联合无人机功率分配及无人机航迹优化方法。文献[8]以用户节点最小平均速率最大化准则为基础，利用块坐标下降及连续凸优化技术，提出了一种联合用户节点调度、无人机功率分配及无人机航迹优化方法。针对基于正交频分多址的无人机中继广播系统航迹优化问题，文献[9]以用户节点最小平均吞吐量最大化准则为基础，利用迭代参数辅助块坐标下降技术，提出了一种联合频率资源分配及无人机航迹优化方法。文献[10]分析了两用户无人机中继广播通信系统的容量区域，并研究了中继无人机传输方案及飞行策略对信道容量的影响。研究表明：当中继无人机长时间飞行时，中继无人机可采取时分多址正交传输，且采用悬停-飞行-悬停的策略，可获得广播信道的信道容量；当中继无人机低速飞行时，中继无人机可采用重叠编码非正交传输方法，且采用悬停至可达速率较大的用户节点处，可获得广播信道的信道容量。

本章重点介绍固定翼无人机中继广播通信系统的航迹优化。8.2 节研究在用户节点固定部署情况下，固定翼无人机中继广播通信系统的航迹优化问题，提出了两种无人机航迹优化方法[5]；8.3 节研究在用户节点机动情况下，固定翼无人机中继广播通信系统的航迹优化问题，提出一种基于加权遍历容量和最大化准则的航迹优化方法[6]。

8.2 静态用户固定翼无人机中继通信系统

8.2.1 系统模型

图 8-1 给出了固定翼无人机中继广播通信系统。该系统由 BS 节点、中继 UAV 节点及 N 个用户节点(U_i, $i=1,2,\cdots,N$)组成。其中，BS 节点在地面采用固定方式部署；固定翼无人机搭载中继通信载荷，其飞行高度固定为 H，飞行速度恒定为 v；N 个用户节点均匀分布在地面圆形区域内，且采用静态方式部署。假设 BS 节点与用户节点的距离遥远，无法建立通信链路，必须通过无人机的中继才能建立 BS 节点至用户节点的广播通信链路。另外，假设 BS 节点、UAV 节点及用户节点均使用单根天线。

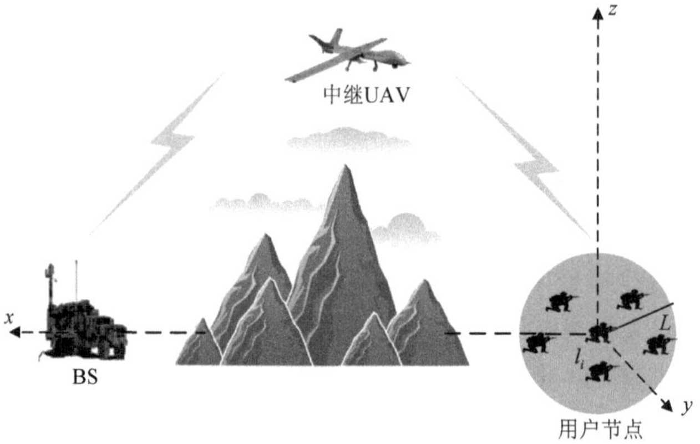

图 8-1 固定翼无人机中继广播通信系统

在无人机中继通信过程中，UAV 节点采用放大转发方式中继信号，BS 节点至用户节点 U_i 的通信需要 2 个时隙。第 1 个时隙，BS 节点发送信号，UAV 节点接收到的信号表示为

$$y_{\mathrm{R}}=\sqrt{P_{\mathrm{B}}}h_{\mathrm{B,R}}s+n_{\mathrm{R}} \tag{8-1}$$

式中，P_{B} 为 BS 节点发射信号的功率；s 为 BS 节点传输的复调制符号，其满足 $E\left\{|s|^2\right\}=1$；n_{R} 为 UAV 节点接收天线输入的噪声信号，其建模为均值为 0、方差为 σ_{R}^2 的复高斯随机变量；$h_{\mathrm{B,R}}$ 为 BS 节点至 UAV 节点之间的信道衰落系数，其建模为

$$h_{\mathrm{B,R}}=\frac{g_{\mathrm{B,R}}}{d_{\mathrm{B,R}}^{\alpha}} \tag{8-2}$$

式中，$g_{\mathrm{B,R}}$ 为 BS 节点至 UAV 节点之间信道的小尺度衰落系数，其建模为均值为 0、方差为 1 的复高斯随机变量；$d_{\mathrm{B,R}}$ 为 BS 节点至 UAV 节点之间的距离；α 为信道的路径损耗因子。

第 2 个时隙，UAV 节点将接收信号 y_{R} 乘以因子 $G_{\mathrm{R}}=\sqrt{\dfrac{1}{\left(P_{\mathrm{B}}\left|h_{\mathrm{B,R}}\right|^2+\sigma_{\mathrm{R}}^2\right)}}$，并以功率 P_{R}

转发给地面用户节点[11]，用户节点 U_i 接收到的信号表示为

$$y_i = \sqrt{P_R}\sqrt{P_B}G_R h_{R,i} h_{B,R} s + \sqrt{P_R} G_R h_{R,i} n_R + n_i,\ \ i = 1,2,\cdots,N \tag{8-3}$$

式中，n_i 为用户节点 U_i 接收天线输入的噪声信号，其建模为均值为 0、方差为 σ_i^2 的复高斯随机变量；$h_{R,i}$ 为 UAV 至用户节点 U_i 之间的信道衰落系数，其建模为

$$h_{R,i} = \frac{g_{R,i}}{d_{R,i}^{\alpha}},\ \ i = 1,2,\cdots,N \tag{8-4}$$

式中，$g_{R,i}$ 为 UAV 至用户节点 U_i 之间信道的小尺度衰落系数，其建模为均值为 0、方差为 1 的复高斯随机变量；$d_{R,i}$ 为 UAV 与用户节点 U_i 的距离。

根据式（8-3），容易计算得到用户节点 U_i 接收机输入瞬时信噪比为

$$\gamma_i = \frac{\gamma_1\gamma_2}{\gamma_2 d_{B,R}^{2\alpha} + \gamma_1 d_{R,i}^{2\alpha} + d_{B,R}^{2\alpha} d_{R,i}^{2\alpha}},\ i = 1,2,\cdots,N \tag{8-5}$$

式中，$\gamma_1 = \dfrac{P_B\left|g_{B,R}\right|^2}{\sigma_R^2}$；$\gamma_2 = \dfrac{P_R\left|g_{R,i}\right|^2}{\sigma_i^2}$。

根据式（8-5），可计算得到用户节点 U_i 的中断概率近似为[12]（参见本章附录 A）

$$P_i \approx \frac{d_{B,R}^{2\alpha}\gamma_{th}}{\overline{\gamma}_1} + \frac{d_{R,i}^{2\alpha}\gamma_{th}}{\overline{\gamma}_2} \tag{8-6}$$

式中，γ_{th} 为信噪比的门限值；$\overline{\gamma}_1 = \dfrac{P_B}{\sigma_R^2}$ 和 $\overline{\gamma}_2 = \dfrac{P_R}{\sigma_i^2}$ 分别为 γ_1 与 γ_2 的均值。

在图 8-1 中，以圆形区域的中心作为坐标原点，以坐标原点与 BS 节点连线的方向作为 x 轴，垂直地面方向作为 z 轴，建立笛卡儿三维直角坐标系。在 t 时刻，BS 节点、UAV 节点及用户节点 U_i 的位置矢量记为 $\boldsymbol{b}=[R_0,0,0]^T$、$\boldsymbol{r}_t=[x_t,y_t,H]^T$ 和 $\boldsymbol{u}_i=[x_i,y_i,0]^T$，其中 R_0 为 BS 节点与坐标原点之间的固定距离。利用各节点的位置矢量，可得到 BS 节点至 UAV 节点的距离 $d_{B,R}$ 及 UAV 节点至用户节点 U_i 的距离 $d_{R,i}$，代入式（8-6），化简后 t 时刻用户节点 U_i 的中断概率近似表示为

$$P_i\ (\boldsymbol{r}_t,\boldsymbol{u}_i) \approx \gamma_{th}\left(\frac{\|\boldsymbol{r}_t - \boldsymbol{b}\|^{2\alpha}}{\overline{\gamma}_1} + \frac{\|\boldsymbol{u}_i - \boldsymbol{r}_t\|^{2\alpha}}{\overline{\gamma}_2}\right) \tag{8-7}$$

由式（8-7）观测到：在 BS 节点发射功率 P_B、噪声功率 σ_R^2 及 UAV 节点发射功率 P_R、噪声功率 σ_i^2 给定情况下，用户节点 U_i 的中断概率由 UAV 节点的位置矢量 $\boldsymbol{r}_t$ 及用户节点位置矢量 $\boldsymbol{u}_i$ 共同决定。

8.2.2　基于平均中断概率最小化准则的航迹优化方法

本节采用所有用户节点的平均中断概率最小化准则来优化中继无人机的飞行航迹，以提高无人机中继广播通信系统的传输可靠性。

以图 8-1 圆形区域的中心为原点，以原点到 BS 节点的射线为极轴建立极坐标系，则所有用户节点均匀分布在以原点为中心、半径为 L 的圆形区域内。令用户节点 U_i 的极

径为l_i、极角为θ_i，其极坐标二维位置矢量可表示为$\boldsymbol{u}_i=[l_i\cos\theta_i, l_i\sin\theta_i]^{\mathrm{T}}$，极径$l_i$与极角$\theta_i$的联合概率密度函数为$p(l_i,\theta_i)=\dfrac{l_i}{\pi L^2}$，则$t$时刻服务区内所有用户节点的平均中断概率为

$$
\begin{aligned}
P_{\mathrm{ave}}(\boldsymbol{r}_t) &= \int_0^L\int_0^{2\pi} P_i(\boldsymbol{r}_t,\boldsymbol{u}_i)\,p(l_i,\theta_i)\mathrm{d}\theta\mathrm{d}l_i \\
&\approx \gamma_{\mathrm{th}}\left(\frac{\|\boldsymbol{r}_t-\boldsymbol{b}\|^{2\alpha}}{\overline{\gamma}_1}+\frac{\|\boldsymbol{r}_t\|^{2\alpha}}{\overline{\gamma}_2}+\frac{\alpha\|\boldsymbol{r}_t\|^{2(\alpha-1)}L^2}{2\overline{\gamma}_2}\right)
\end{aligned} \tag{8-8}
$$

式中，$P_i(\boldsymbol{r}_t,\boldsymbol{u}_i)$为式（8-7）给出的用户节点$U_i$的中断概率的近似公式。

式（8-8）表明：在地面圆形区域半径L给定的情况下，所有用户节点的平均中断概率仅取决于t时刻UAV节点的位置矢量$\boldsymbol{r}_t$。

根据固定翼无人机的运动模型[13]，假设在$t-\Delta\tau$时刻UAV节点的位置矢量为$\boldsymbol{r}_{t-\Delta\tau}=[x_{t-\Delta\tau},y_{t-\Delta\tau},H]^{\mathrm{T}}$，则$t$时刻UAV在二维平面内的位置坐标可表示为

$$
\begin{cases}
x_t = x_{t-\Delta\tau}+v\Delta\tau\cos(\delta_t) \\
y_t = y_{t-\Delta\tau}+v\Delta\tau\sin(\delta_t)
\end{cases} \tag{8-9}
$$

式中，$\Delta\tau$为UAV节点的位置更新周期；δ_t为t时刻UAV节点的航向角，其满足$|\delta_t-\delta_{t-\Delta\tau}|\leqslant\delta_{\max}$，$\delta_{\max}$为最大转弯角。

将式（8-9）代入式（8-8），计算得到圆形区域内所有用户节点的平均中断概率为

$$
P_{\mathrm{ave}}(\delta_t)=\gamma_{\mathrm{th}}[\xi_t+\psi_t\cos(\delta_t-\varphi_t)] \tag{8-10}
$$

式中，

$$
\begin{cases}
\xi_t = \dfrac{1}{\overline{\gamma}_1}\left(\|\boldsymbol{r}_{t-\Delta\tau}-\boldsymbol{b}\|^2+v^2\Delta\tau^2\right)^{\alpha}+\dfrac{1}{\overline{\gamma}_2}\left(\|\boldsymbol{r}_{t-\Delta\tau}\|^2+v^2\Delta\tau^2\right)^{\alpha}+\dfrac{\alpha L^2}{2\overline{\gamma}_2}\left(\|\boldsymbol{r}_{t-\Delta\tau}\|^2+v^2\Delta\tau^2\right)^{\alpha-1} \\
\psi_t = \sqrt{\varsigma_t^2+\eta_t^2} \\
\varphi_t = \begin{cases} \arctan\left(\dfrac{\varsigma_t}{\eta_t}\right), & \eta_t\geqslant 0 \\ \arctan\left(\dfrac{\varsigma_t}{\eta_t}\right)+\pi, & \eta_t<0 \end{cases} \\
\eta_t = \dfrac{2}{\overline{\gamma}_1}\alpha\left(\|\boldsymbol{r}_{t-\Delta\tau}-\boldsymbol{b}\|^2+v^2\Delta\tau^2\right)^{\alpha-1}(x_{t-\Delta\tau}-R_0)v\Delta\tau+\dfrac{2}{\overline{\gamma}_2}\alpha\left(\|\boldsymbol{r}_{t-\Delta\tau}\|^2+v^2\Delta\tau^2\right)^{\alpha-1}x_{t-\Delta\tau}v\Delta\tau \\
\qquad +\dfrac{\alpha L^2}{\overline{\gamma}_2}(\alpha-1)\left(\|\boldsymbol{r}_{t-\Delta\tau}\|^2+v^2\Delta\tau^2\right)^{\alpha-2}x_{t-\Delta\tau}v\Delta\tau \\
\varsigma_t = \dfrac{2}{\overline{\gamma}_1}\alpha\left(\|\boldsymbol{r}_{t-\Delta\tau}-\boldsymbol{b}\|^2+v^2\Delta\tau^2\right)^{\alpha-1}y_{t-\Delta\tau}v\Delta\tau+\dfrac{2}{\overline{\gamma}_2}\alpha\left(\|\boldsymbol{r}_{t-\Delta\tau}\|^2+v^2\Delta\tau^2\right)^{\alpha-1}y_{t-\Delta\tau}v\Delta\tau \\
\qquad +\dfrac{\alpha L^2}{\overline{\gamma}_2}(\alpha-1)\left(\|\boldsymbol{r}_{t-\Delta\tau}\|^2+v^2\Delta\tau^2\right)^{\alpha-2}y_{t-\Delta\tau}v\Delta\tau
\end{cases} \tag{8-11}
$$

式（8-11）表明：$t-\Delta\tau$ 时刻在 UAV 节点的位置矢量 $\boldsymbol{r}_{t-\Delta\tau}$ 给定的情况下，t 时刻地面圆形区域内所有用户节点的平均中断概率仅取决于 t 时刻 UAV 的航向角 δ_t。

综合以上分析，基于所有用户节点平均中断概率最小化准则的无人机航迹优化问题可表述为

$$\min_{\delta_t} P_{\text{ave}}(\delta_t) \tag{8-12}$$

$$\text{s.t.}\ \left|\delta_t-\delta_{t-\Delta\tau}\right| \leqslant \delta_{\max} \tag{8-13}$$

根据式（8-10），式（8-12）的无人机航迹优化问题可进一步表示为

$$\min_{\delta_t}\{\xi_t+\Psi_t\cos(\delta_t-\varphi_t)\} \tag{8-14}$$

$$\text{s.t.}\ \left|\delta_t-\delta_{t-\Delta\tau}\right| \leqslant \delta_{\max} \tag{8-15}$$

将式（8-14）对航向角 δ_t 求导数，并使之等于零，同时结合式（8-15）给出的 UAV 航向角约束条件，可计算得到 UAV 的最佳航向角为

$$\delta_t^{\text{opt}}=\begin{cases}\tilde{\delta}_t, & \delta_t^l<\tilde{\delta}_t<\delta_t^u \\ \delta_t^l, & \cos(\delta_t^l-\varphi_t)\leqslant\cos(\delta_t^u-\varphi_t) \\ \delta_t^u, & \cos(\delta_t^l-\varphi_t)>\cos(\delta_t^u-\varphi_t)\end{cases} \tag{8-16}$$

式中，δ_t^u 和 δ_t^l 分别为 t 时刻 UAV 航向角的上界和下界，$\delta_t^u=\delta_{t-\Delta\tau}+\delta_{\max}$，$\delta_t^l=\delta_{t-\Delta\tau}-\delta_{\max}$；$\tilde{\delta}_t$ 为未考虑约束条件下的最佳航向角，$\tilde{\delta}_t=\text{mod}_{2\pi}(\pi+\varphi_t)$，符号 $\text{mod}_a(\cdot)$ 表示除 a 取余数运算。

8.2.3 基于最大-最小化准则的航迹优化方法

针对中继无人机的航迹优化问题，本小节进一步以最大-最小化准则来优化无人机的飞行航迹。根据 8.2.1 小节的分析，t 时刻用户节点 U_i 的中断概率由式（8-7）给出，则基于最大-最小化准则的无人机航迹优化问题可表述为

$$\min_{\boldsymbol{r}_t}\max_i\{P_i\} \tag{8-17}$$

式（8-17）的中断概率 P_i 最大化问题可按照下面的方法处理[14]：

$$\max_i\{P_i\}\approx\left\{\sum_{i=1}^{N}\left[\gamma_{\text{th}}\left(\frac{\|\boldsymbol{r}_t-\boldsymbol{b}\|^{2\alpha}}{\overline{\gamma}_1}+\frac{\|\boldsymbol{u}_i-\boldsymbol{r}_t\|^{2\alpha}}{\overline{\gamma}_2}\right)\right]^p\right\}^{\frac{1}{p}} \tag{8-18}$$

式中，p 为较大的正数。

此时，式（8-17）给出的无人机航迹优化问题可等价表示为

$$\min_{\boldsymbol{r}_t}\left\{\sum_{i=1}^{N}\left[\gamma_{\text{th}}\left(\frac{\|\boldsymbol{r}_t-\boldsymbol{b}\|^{2\alpha}}{\overline{\gamma}_1}+\frac{\|\boldsymbol{u}_i-\boldsymbol{r}_t\|^{2\alpha}}{\overline{\gamma}_2}\right)\right]^p\right\}^{\frac{1}{p}} \tag{8-19}$$

利用式（8-9）给出的固定翼无人机的运动模型，可计算得到

$$\|\boldsymbol{r}_t-\boldsymbol{b}\|=\sqrt{\left[x_{t-\Delta\tau}+v\Delta\tau\cos(\delta_t)-R_0\right]^2+\left[y_{t-\Delta\tau}+v\Delta\tau\sin(\delta_t)\right]^2+H^2} \tag{8-20}$$

$$\|\boldsymbol{u}_i-\boldsymbol{r}_t\|=\sqrt{\left[x_{t-\Delta\tau}+v\Delta\tau\cos(\delta_t)-x_i\right]^2+\left[y_{t-\Delta\tau}+v\Delta\tau\sin(\delta_t)-y_i\right]^2+H^2} \tag{8-21}$$

将式（8-20）和式（8-21）代入式（8-19），无人机航迹优化问题即转换为无人机航向角的优化问题：

$$\min_{\delta_t} \quad \left\{\sum_{i=1}^{N} \gamma_{\text{th}}^{p}\left[\xi_t' + \psi_t' \cdot \cos(\delta_t - \varphi_t')\right]^{p}\right\}^{\frac{1}{p}} \tag{8-22}$$

式中，

$$\begin{cases} \xi_t' = \dfrac{1}{\overline{\gamma}_1}\left(\left\|\boldsymbol{r}_{t-\Delta\tau} - \boldsymbol{b}\right\|^2 + v^2\Delta\tau^2\right)^{\alpha} + \dfrac{1}{\overline{\gamma}_2}\left(\left\|\boldsymbol{r}_{t-\Delta\tau} - \boldsymbol{u}_i\right\|^2 + v^2\Delta\tau^2\right)^{\alpha} \\ \psi_t' = \sqrt{\varsigma_t'^2 + \eta_t'^2} \\ \varphi_t' = \begin{cases} \arctan\left(\dfrac{\varsigma_{\mathrm{T}}'}{\eta_t'}\right), & \eta_t' \geqslant 0 \\ \arctan\left(\dfrac{\varsigma_{\mathrm{T}}'}{\eta_t'}\right) + \pi, & \eta_t' < 0 \end{cases} \\ \eta_t' = \dfrac{2\alpha}{\overline{\gamma}_1}\left(\left\|\boldsymbol{r}_{t-\Delta\tau} - \boldsymbol{b}\right\|^2 + v^2\Delta\tau^2\right)^{\alpha-1}(x_{t-\Delta\tau} - R_0)v\Delta\tau \\ \qquad + \dfrac{2\alpha}{\overline{\gamma}_2}\left(\left\|\boldsymbol{r}_{t-\Delta\tau} - \boldsymbol{u}_i\right\|^2 + v^2\Delta\tau^2\right)^{\alpha-1}(x_{t-\Delta\tau} - x_i)v\Delta\tau \\ \varsigma_t' = \dfrac{2\alpha}{\overline{\gamma}_1}\left(\left\|\boldsymbol{r}_{t-\Delta\tau} - \boldsymbol{b}\right\|^2 + v^2\Delta\tau^2\right)^{\alpha-1} y_{t-\Delta\tau} v\Delta\tau \\ \qquad + \dfrac{2\alpha}{\overline{\gamma}_2}\left(\left\|\boldsymbol{r}_{t-\Delta\tau} - \boldsymbol{u}_i\right\|^2 + v^2\Delta\tau^2\right)^{\alpha-1}(y_{t-\Delta\tau} - y_i)v\Delta\tau \end{cases} \tag{8-23}$$

式（8-22）给出的是一个非线性规划问题，可通过一维线性搜索法在$[\delta_{t-\Delta\tau} - \delta_{\max}, \delta_{t-\Delta\tau} + \delta_{\max}]$内寻找得到无人机的最佳航向角$\delta_t^{\text{opt}}$。

8.2.4 用户节点中断概率

假设 UAV 以最佳航迹飞行，下面定量分析给出用户节点的中断概率。将 8.2.2 小节及 8.2.3 小节得到的无人机最佳航向角δ_t^{opt}代入式（8-5），可得到t时刻用户节点U_i接收机输入的最优瞬时信噪比为

$$\tilde{\gamma}_i = \frac{\gamma_1\gamma_2}{\gamma_2\tilde{d}_{\mathrm{B,R}}^{2\alpha} + \gamma_1\tilde{d}_{\mathrm{R},i}^{2\alpha} + \tilde{d}_{\mathrm{B,R}}^{2\alpha}\tilde{d}_{\mathrm{R},i}^{2\alpha}}, \quad i = 1, 2, \cdots, N \tag{8-24}$$

式中，$\gamma_1 = \dfrac{P_{\mathrm{B}}\left|g_{\mathrm{B,R}}\right|^2}{\sigma_{\mathrm{R}}^2}$；$\gamma_2 = \dfrac{P_{\mathrm{R}}\left|g_{\mathrm{R},i}\right|^2}{\sigma_i^2}$；$\tilde{d}_{\mathrm{B,R}}^{2\alpha}$和$\tilde{d}_{\mathrm{R},i}^{2\alpha}$分别为 BS 节点至 UAV 节点和 UAV 节点至用户节点U_i的距离。

根据中断概率的定义，用户节点U_i的中断概率表示为

$$\begin{aligned} P_{\text{out}}(\gamma_{\text{th}}) &= \Pr(\tilde{\gamma}_i \leqslant \gamma_{\text{th}}) \\ &= F_{\tilde{\gamma}_i}(\mu)\big|_{\mu=\gamma_{\text{th}}} \end{aligned} \tag{8-25}$$

式中，$F_{\tilde{\gamma}_i}(\cdot)$为$\tilde{\gamma}_i$的累积分布函数。

将式（8-24）代入式（8-25），得到

$$F_{\tilde{\gamma}_i}(\mu)=\Pr\left(\frac{\gamma_1\gamma_2}{\gamma_1\tilde{d}_{\mathrm{R},i}^{2\alpha}+\gamma_2\tilde{d}_{\mathrm{B,R}}^{2\alpha}+\tilde{d}_{\mathrm{B,R}}^{2\alpha}\tilde{d}_{\mathrm{R},i}^{2\alpha}}\leqslant\mu\right)$$

$$=\int_0^{\infty}\Pr\left(\frac{y\gamma_2}{y\tilde{d}_{\mathrm{R},i}^{2\alpha}+\gamma_2\tilde{d}_{\mathrm{B,R}}^{2\alpha}+\tilde{d}_{\mathrm{B,R}}^{2\alpha}\tilde{d}_{\mathrm{R},i}^{2\alpha}}\leqslant\mu\right)f_{\gamma_1}(y)\mathrm{d}y \tag{8-26}$$

式中，$\Pr(\cdot)$ 为概率；$f_{\gamma_1}(\cdot)$ 为 γ_1 的概率密度函数。

式（8-26）进一步化简后得到[13]

$$F_{\tilde{\gamma}_i}(\mu)=1-\int_{\mu\tilde{d}_{\mathrm{B,R}}^{2\alpha}}^{\infty}\left[1-F_{\gamma_2}\left(\frac{\mu\tilde{d}_{\mathrm{R},i}^{2\alpha}y+\mu\tilde{d}_{\mathrm{B,R}}^{2\alpha}\tilde{d}_{\mathrm{R},i}^{2\alpha}}{y-\mu\tilde{d}_{\mathrm{B,R}}^{2\alpha}}\right)\right]f_{\gamma_1}(y)\mathrm{d}y \tag{8-27}$$

式中，$F_{\gamma_2}(\cdot)$ 为 γ_2 的累积分布函数。

由于BS节点至UAV节点之间信道的小尺度衰落系数 $|g_{\mathrm{B,R}}|$ 及UAV节点至用户节点之间信道的小尺度衰落系数 $|g_{\mathrm{R},i}|$ 均服从瑞利分布，因此 γ_1 和 γ_2 均服从自由度为 2 的中心卡方分布，γ_2 的累积分布函数 $F_{\gamma_2}(x)$ 与 γ_1 的概率密度函数 $f_{\gamma_1}(x)$ 分别表示为

$$F_{\gamma_2}(x)=1-\exp\left(-\frac{x}{\overline{\gamma}_2}\right) \tag{8-28}$$

$$f_{\gamma_1}(x)=\frac{1}{\overline{\gamma}_1}\exp\left(-\frac{x}{\overline{\gamma}_1}\right) \tag{8-29}$$

式中，$\overline{\gamma}_1=\dfrac{P_{\mathrm{B}}}{\sigma_{\mathrm{R}}^2}$ 和 $\overline{\gamma}_2=\dfrac{P_{\mathrm{R}}}{\sigma_i^2}$ 分别为 γ_1 与 γ_2 的均值。

将式（8-28）和式（8-29）代入式（8-27）中，整理后可得

$$F_{\tilde{\gamma}_i}(\mu)=1-\frac{1}{\overline{\gamma}_1}\int_{\mu\tilde{d}_{\mathrm{B,R}}^{2\alpha}}^{\infty}\exp\left[-\frac{\mu\left(\tilde{d}_{\mathrm{R},i}^{2\alpha}y+\tilde{d}_{\mathrm{B,R}}^{2\alpha}\tilde{d}_{\mathrm{R},i}^{2\alpha}\right)}{\overline{\gamma}_2\left(y-\mu\tilde{d}_{\mathrm{B,R}}^{2\alpha}\right)}-\frac{y}{\overline{\gamma}_1}\right]\mathrm{d}y \tag{8-30}$$

令式（8-30）中的 $y-\mu\tilde{d}_{\mathrm{B,R}}^{2\alpha}=z$，计算得到

$$F_{\tilde{\gamma}_i}(\mu)=1-\frac{1}{\overline{\gamma}_1}\exp\left[-\left(\frac{\tilde{d}_{\mathrm{B,R}}^{2\alpha}}{\overline{\gamma}_1}+\frac{\tilde{d}_{\mathrm{R},i}^{2\alpha}}{\overline{\gamma}_2}\right)\mu\right]\int_0^{\infty}\exp\left[-\frac{\left(\mu^2+\mu\right)\tilde{d}_{\mathrm{B,R}}^{2\alpha}\tilde{d}_{\mathrm{R},i}^{2\alpha}}{\overline{\gamma}_2 z}-\frac{z}{\overline{\gamma}_1}\right]\mathrm{d}z \tag{8-31}$$

进一步利用式（8-32）给出的积分等式[15]对式（8-31）进行简化：

$$\int_0^{\infty}x^{\nu-1}\exp\left(-\frac{\alpha}{x}-\beta x\right)\mathrm{d}x=2\left(\frac{\alpha}{\beta}\right)^{\frac{\nu}{2}}\mathrm{K}_{\nu}\left(2\sqrt{\alpha\beta}\right) \tag{8-32}$$

最终式（8-31）可化简为

$$F_{\tilde{\gamma}_i}(\mu)=1-2\exp\left[-\left(\frac{\tilde{d}_{\mathrm{B,R}}^{2\alpha}}{\overline{\gamma}_1}+\frac{\tilde{d}_{\mathrm{R},i}^{2\alpha}}{\overline{\gamma}_2}\right)\mu\right]\cdot\sqrt{\frac{\left(\mu^2+\mu\right)\tilde{d}_{\mathrm{B,R}}^{2\alpha}\tilde{d}_{\mathrm{R},i}^{2\alpha}}{\overline{\gamma}_1\overline{\gamma}_2}}\cdot\mathrm{K}_1\left(2\sqrt{\frac{\left(\mu^2+\mu\right)\tilde{d}_{\mathrm{B,R}}^{2\alpha}\tilde{d}_{\mathrm{R},i}^{2\alpha}}{\overline{\gamma}_1\overline{\gamma}_2}}\right) \tag{8-33}$$

式中，$\mathrm{K}_1(\cdot)$ 为一阶修正贝塞尔函数。

令 $\mu=\gamma_{\text{th}}$，并代入式（8-33），即可得到用户节点 U_i 的精确中断概率。

8.2.5 数值仿真

为了验证无人机航迹优化方法的正确性，本章建立了固定翼无人机中继广播通信仿真系统，表 8-1 给出了仿真系统的主要技术参数。

表 8-1 仿真系统的主要技术参数

参数	数值
BS 节点信号功率与噪声功率比值 $\frac{P_{\text{B}}}{\sigma_{\text{R}}^2}\Big/\text{dB}$	93
UAV 节点信号功率与噪声功率比值 $\frac{P_{\text{R}}}{\sigma_i^2}\Big/\text{dB}$	93
信道类型	瑞利衰落信道
路径损耗因子	1
信噪比门限/dB	4.7
服务区域半径/m	150
服务区域中点坐标/m	[0,0,0]
BS 节点位置坐标/m	[1500,0,0]
UAV 中继节点初始位置坐标/m	[0,−400,500]
UAV 中继高度/m	500
UAV 飞行速度/(m/s)	25
UAV 初始航向角/rad	1（与 x 轴夹角）
UAV 最大转弯角/(°)	15
UAV 位置时间更新周期/s	1
用户群分布类型	按面积均匀分布
用户数目	300
总仿真时间/s	120
独立实验次数	20

图 8-2 显示了无人机最佳飞行航迹（平均中断概率最小化准则）。图 8-2 中，左边圆形区域表示用户节点分布区域；符号“□”表示 BS 节点位置，符号“*”与“○”分别表示 UAV 节点初始位置及最优中继位置；实线代表基于平均中断概率最小化准则的无人机最佳航迹，虚线和点线分别代表用户节点数为 10 和 200 时，使用穷举法得到的无人机航迹。

由图 8-2 的航迹可观测到：

1）利用平均中断概率最小化准则得到的无人机最佳航迹与穷举法得到的无人机航迹保持一致，且随着用户节点数的增加，穷举法得到的航迹更接近于理论航迹，验证了所提出方法的正确性。

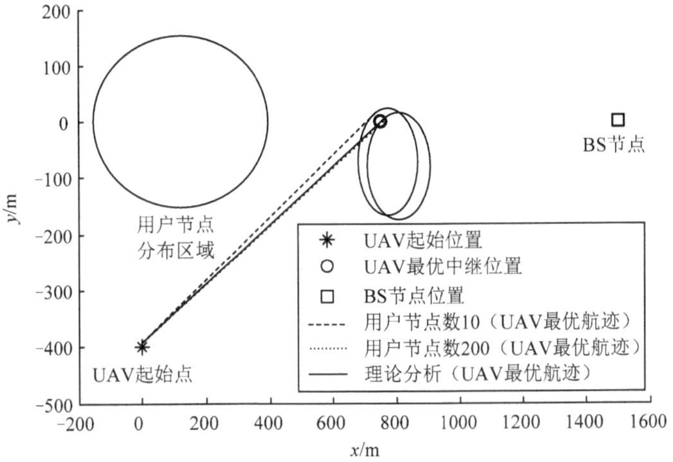

图 8-2　无人机最佳飞行航迹（平均中断概率最小化准则）

2）无人机从初始位置飞行至最优中继位置后，开始以绕圆盘旋方式飞行。

图 8-3 给出了用户平均中断概率随仿真时间变化的曲线（平均中断概率最小化准则）。图 8-3 中，标注符号“×”的曲线表示利用精确公式[式（8-33）]得到的中断概率性能曲线，无标注符号的曲线表示利用近似公式[式（8-8）]得到的中断概率性能曲线；虚线和实线分别表示圆形区域半径为 150m 和 300m 时，所有用户节点的平均中断概率性能曲线。

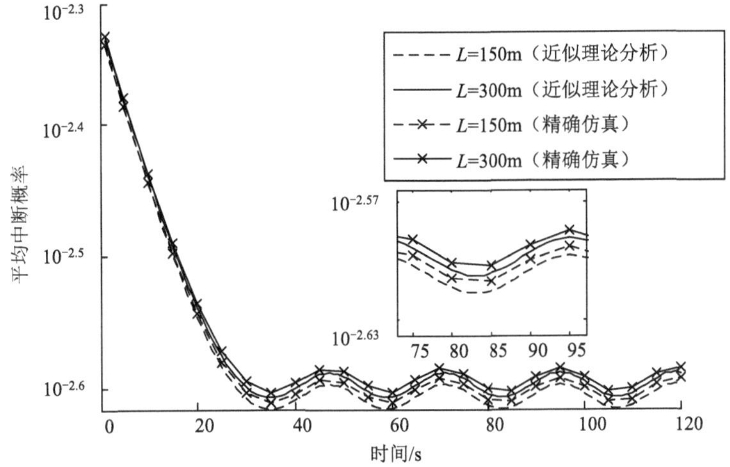

图 8-3　用户平均中断概率随仿真时间变化的曲线（平均中断概率最小化准则）

由图 8-3 的曲线可观测到：

1）用户平均中断概率的精确公式与近似公式得到的性能曲线非常接近，表明了近似计算公式的正确性。

2）随着圆形区域半径的增加，用户平均中断概率略有增大，系统的可靠性略有降低。

图 8-4 显示了服务区域半径对无人机最佳航迹的影响。图 8-4 中，符号“*”和“○”

分别表示UAV节点的起始位置和最优中继位置，点线和虚线分别表示服务区域半径L为150m和300m时基于最大-最小化准则得到的无人机最佳航迹，实线和点划线分别表示服务区域半径L为150m与300m时基于平均中断概率最小化准则得到的无人机最佳航迹。

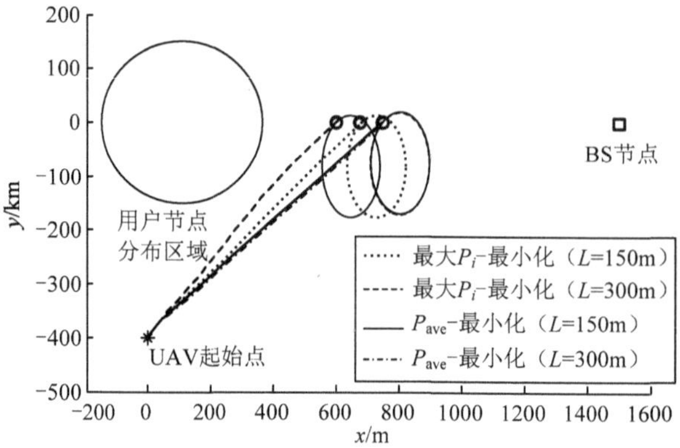

图8-4　服务区域半径对无人机最佳航迹的影响

由图8-4的航迹可观测到：

1）基于平均中断概率最小化准则得到的无人机最佳航迹不受圆形区域半径的影响。

2）随着圆形区域半径的增加，基于最大-最小化准则得到的无人机最佳航迹偏向于圆形区域。

图8-5给出了服务区域半径对用户平均中断概率的影响。图8-5中，点线和虚线分别代表圆形区域半径为150m与300m时基于最大-最小化准则得到的用户平均中断概率曲线；实线和点划线分别代表圆形区域半径为150m与300m时基于平均中断概率最小化准则得到的用户平均中断概率曲线。

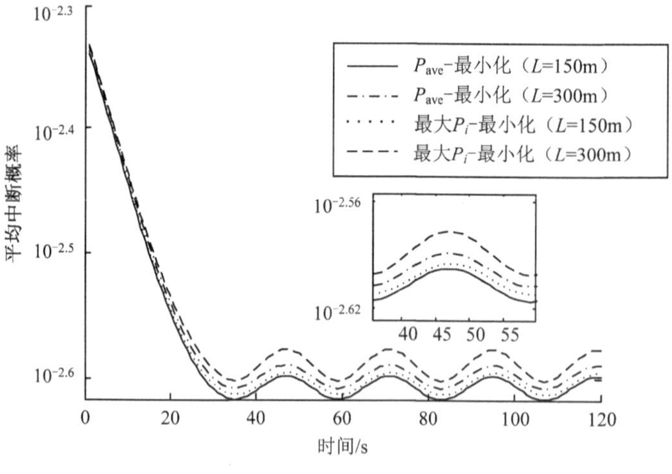

图8-5　服务区域半径对用户平均中断概率的影响

由图8-5的曲线可观测到：

1）随着圆形区域半径的增加，两种准则下的用户平均中断概率均有所增大。

2）圆形区域半径相同时，基于最大-最小化准则的用户平均中断概率较大，且圆形区域半径越大，平均中断概率增大效果越明显。

其原因分析如下：基于用户平均中断概率最小化准则的航迹优化方法旨在保证用户节点的平均可靠性最优，并未考虑各用户节点通信性能的差异；而基于最大-最小化准则的航迹优化方法以保证所有用户的公平性为出发点，因此随着服务区半径的增大，用户平均中断性能下降较快。

图 8-6 给出了最大转弯角对无人机最佳航迹的影响。图 8-6 中，符号“*”表示 UAV 节点起始位置，虚线和实线分别表示最大转弯角为15°和 25°时的无人机的最佳航迹。

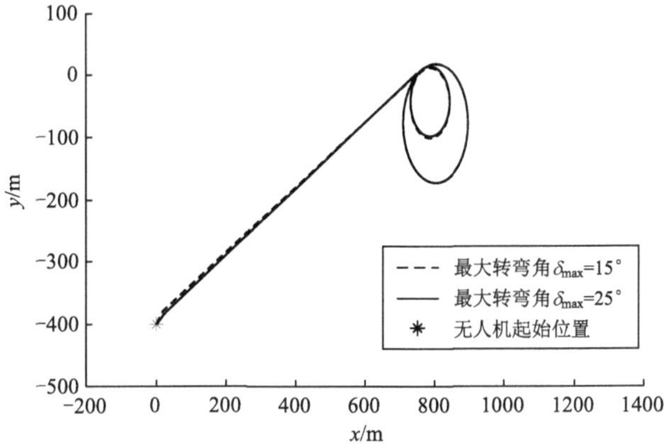

图 8-6　最大转弯角对无人机最佳航迹的影响

由图 8-6 的航迹可观测到：最大转弯角对无人机的最佳航迹有一定的影响，当 UAV 绕圆盘旋飞行时，随着最大转弯角的增加，无人机绕圆盘旋半径呈减小趋势。

图 8-7 给出了最大转弯角对用户节点平均中断概率的影响。图 8-7 中，虚线和实线分别表示最大转弯角为15°和 25°时的用户平均中断概率性能曲线。

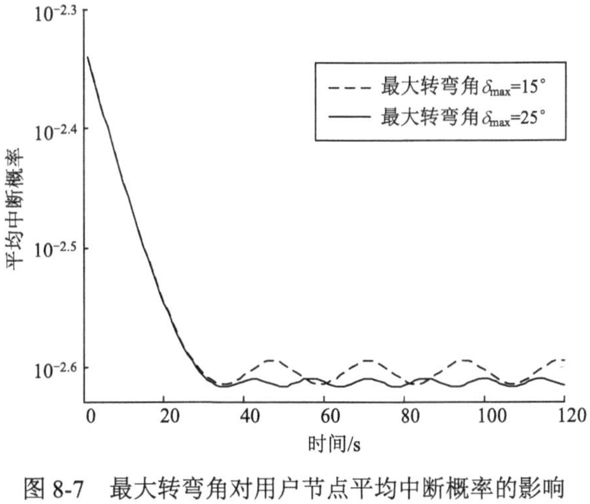

图 8-7　最大转弯角对用户节点平均中断概率的影响

由图 8-7 的曲线可观测到：随着最大转弯角的增加，用户平均中断概率曲线波动减小，用户平均中断概率性能略有增加。

8.3 动态用户固定翼无人机中继广播通信系统

8.3.1 系统模型

图 8-8 给出了固定翼无人机中继广播通信系统。该系统由地面 BS 节点、中继 UAV 节点及 N 个任务无人机节点 $(U_i,\ i=1,2,\cdots,N)$ 组成。其中，BS 节点位于地面，采用固定方式部署；中继通信载荷部署在机动飞行的固定翼无人机中，固定翼无人机飞行高度恒为 H，飞行速度恒为 v；N 个任务无人机被分为 M 个群组在任务空域飞行，群组内任务无人机协同工作，且各个任务无人机节点的优先级 $p_i\,(i=1,2,\cdots,N)$ 由其所属群组的通信需求决定。

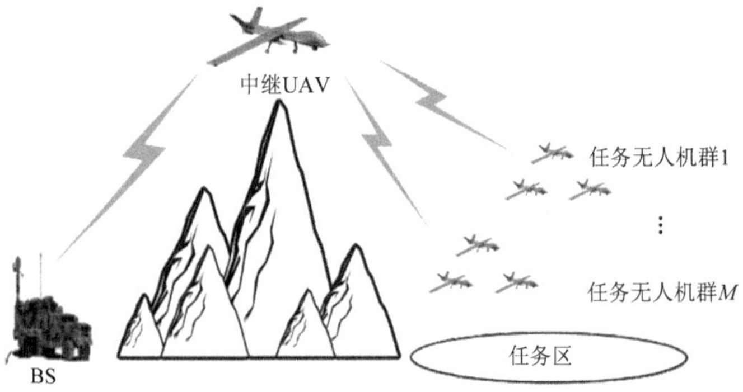

图 8-8　固定翼无人机中继广播通信系统

假设 BS 节点与各任务无人机节点间的距离遥远，无法建立 BS 至各个任务无人机之间的通信链路，必须通过中继 UAV 的中继才可建立 BS 至各个任务无人机节点的中继广播通信链路。此外，假设 UAV 节点采用放大转发方式中继信号，BS 节点、UAV 节点和任务无人机节点 U_i 均使用单根天线。

根据 8.2.1 小节的分析，参照式（8-5），可得到任务无人机节点 U_i 的接收机输入瞬时信噪比为

$$\gamma_i = \frac{\bar{\gamma}_1 \left|g_{\mathrm{B,R}}\right|^2 \bar{\gamma}_2 \left|g_{\mathrm{R},i}\right|^2}{\bar{\gamma}_2 \left|g_{\mathrm{R},i}\right|^2 d_{\mathrm{B,R}}^{2\alpha} + \bar{\gamma}_1 \left|g_{\mathrm{B,R}}\right|^2 d_{\mathrm{R},i}^{2\alpha} + d_{\mathrm{B,R}}^{2\alpha} d_{\mathrm{R},i}^{2\alpha}},\quad i=1,2,\cdots,N \tag{8-34}$$

式中，$\bar{\gamma}_1 = \dfrac{P_{\mathrm{B}}}{\sigma_{\mathrm{R}}^2}$；$\bar{\gamma}_2 = \dfrac{P_{\mathrm{R}}}{\sigma_i^2}$。

由式（8-34）可观测到：在参数 $\bar{\gamma}_1$ 与 $\bar{\gamma}_2$ 及信道路径损耗因子 α 给定情况下，任务无人机 U_i 的接收机输入瞬时信噪比由 BS 节点至 UAV 节点之间的距离 $d_{\mathrm{B,R}}$、BS 节点至 UAV 节点之间信道的小尺度衰落系数 $g_{\mathrm{B,R}}$、UAV 节点至任务无人机 U_i 节点之间的距离 $d_{\mathrm{R},i}$、UAV 节点至各任务无人机 U_i 节点之间信道的小尺度衰落系数 $g_{\mathrm{R},i}$ 共同决定。

根据固定翼无人机的运动模型[13]，t 时刻 UAV 节点在二维平面内的坐标可表示为

$$\begin{cases} x_{\mathrm{R},t} = x_{\mathrm{R},t-\Delta\tau} + v\Delta\tau\cos(\delta_t) \\ y_{\mathrm{R},t} = y_{\mathrm{R},t-\Delta\tau} + v\Delta\tau\sin(\delta_t) \end{cases} \tag{8-35}$$

式中，$\Delta\tau$ 为 UAV 的位置更新周期；δ_t 为 t 时刻 UAV 的航向角，其取值满足 $|\delta_t - \delta_{t-\Delta\tau}| \leqslant \delta_{\max}$，$\delta_{\max}$ 为 UAV 的最大转弯角。

在 $t-\Delta\tau$ 时刻，UAV 的位置矢量表示为 $[x_{\mathrm{R},t-\Delta\tau}, y_{\mathrm{R},t-\Delta\tau}]^{\mathrm{T}}$。

8.3.2　任务无人机运动模型

为了实现 UAV 节点对任务无人机的位置预测，首先建立一阶自回归模型来描述任务无人机的运动[16]。假设 $t-\Delta\tau$ 时刻第 i 个任务无人机节点 U_i 的状态矢量为

$$\boldsymbol{s}_{i,t-\Delta\tau} = [x_{i,t-\Delta\tau}, y_{i,t-\Delta\tau}, z_{i,t-\Delta\tau}, v^x_{i,t-\Delta\tau}, v^y_{i,t-\Delta\tau}, v^z_{i,t-\Delta\tau}]^{\mathrm{T}},\quad i=1,2,\cdots,N \tag{8-36}$$

式中，$[x_{i,t-\Delta\tau}, y_{i,t-\Delta\tau}, z_{i,t-\Delta\tau}]^{\mathrm{T}}$ 为 $t-\Delta\tau$ 时刻任务无人机 U_i 的三维位置矢量；$[v^x_{i,t-\Delta\tau}, v^y_{i,t-\Delta\tau}, v^z_{i,t-\Delta\tau}]^{\mathrm{T}}$ 为 $t-\Delta\tau$ 时刻任务无人机 U_i 的速度矢量。

t 时刻任务无人机 U_i 的状态矢量可表示为

$$\boldsymbol{s}_{i,t} = \boldsymbol{A}\cdot\boldsymbol{s}_{i,t-\Delta\tau} + \boldsymbol{w}_{i,t},\quad i=1,2,\cdots,N \tag{8-37}$$

$$\boldsymbol{A} = \begin{bmatrix} 1 & 0 & 0 & \Delta\tau & 0 & 0 \\ 0 & 1 & 0 & 0 & \Delta\tau & 0 \\ 0 & 0 & 1 & 0 & 0 & \Delta\tau \\ 0 & 0 & 0 & 1 & 0 & 0 \\ 0 & 0 & 0 & 0 & 1 & 0 \\ 0 & 0 & 0 & 0 & 0 & 1 \end{bmatrix} \tag{8-38}$$

式中，$\boldsymbol{A}$ 为任务无人机 U_i 的状态转移矩阵；$\boldsymbol{w}_{i,t}$ 为 6×1 过程噪声矢量，其建模为均值为 0、方差为 σ_w^2 的高斯白噪声。

假设 UAV 节点可通过全球卫星定位系统或其他传感器获得任务无人机 U_i 的三维位置信息，利用式（8-37）任务无人机节点的状态矢量，t 时刻由 UAV 节点观测得到的用户节点 U_i 的三维位置观测矢量可建模为[16]

$$\boldsymbol{z}_{i,t} = \boldsymbol{F}\cdot\boldsymbol{s}_{i,t} + \boldsymbol{m}_{i,t},\quad i=1,2,\cdots,N \tag{8-39}$$

$$\boldsymbol{F} = \begin{bmatrix} 1 & 0 & 0 & 0 & 0 & 0 \\ 0 & 1 & 0 & 0 & 0 & 0 \\ 0 & 0 & 1 & 0 & 0 & 0 \end{bmatrix} \tag{8-40}$$

式中，$\boldsymbol{F}$ 为 3×6 的观测矩阵；$\boldsymbol{m}_{i,t}$ 为 3×1 观测噪声矢量，其建模为均值为 0、方差为 σ_m^2 的高斯白噪声，且该噪声与过程噪声 $\boldsymbol{w}_{i,t}$ 统计独立。

8.3.3　任务无人机位置预测方法

在 $t-\Delta\tau$ 时刻，UAV 节点接收任务无人机 U_i 的位置坐标（观测矢量）并预测 t 时刻任务无人机 U_i 的位置，进而对其 t 时刻的航迹进行规划。这里对 t 时刻任务无人机 U_i 的位置预测采用卡尔曼滤波算法[16]来实现，具体过程如下。

（1）初始化

令起始时间$t=0$，估计状态矢量$\hat{\boldsymbol{s}}_{i,0|0}=\boldsymbol{s}_{i,0}$，估计误差方差矩阵$\boldsymbol{p}_{i,0|0}$为6×6全0矩阵。

（2）预测

t时刻任务无人机U_i节点状态矢量的一步预测表达式为

$$\hat{\boldsymbol{s}}_i(t|t-\Delta\tau)=\boldsymbol{A}\hat{\boldsymbol{s}}_i(t-\Delta\tau|t-\Delta\tau) \tag{8-41}$$

t时刻任务无人机U_i节点误差方差矩阵的一步预测表达式为

$$\boldsymbol{P}_i(t|t-\Delta\tau)=\boldsymbol{A}\boldsymbol{P}_i(t-\Delta\tau|t-\Delta\tau)\boldsymbol{A}^{\mathrm{T}}+\sigma_w^2\boldsymbol{I}_6 \tag{8-42}$$

（3）估计

t时刻任务无人机U_i的卡尔曼滤波增益为

$$\boldsymbol{G}_i(t)=\boldsymbol{P}_i(t|t-\Delta\tau)\boldsymbol{F}^{\mathrm{T}}\left[\boldsymbol{F}\boldsymbol{P}_i(t|t-\Delta\tau)\boldsymbol{F}^{\mathrm{T}}+\sigma_\Omega^2\boldsymbol{I}_3\right]^{-1} \tag{8-43}$$

t时刻任务无人机U_i状态矢量的最优估计表达式为

$$\hat{\boldsymbol{s}}_i(t|t)=\hat{\boldsymbol{s}}_i(t|t-\Delta\tau)+\boldsymbol{G}_i(t)[\boldsymbol{z}_i(t)-\boldsymbol{F}\hat{\boldsymbol{s}}_i(t|t-\Delta\tau)] \tag{8-44}$$

t时刻任务无人机U_i估计误差方差矩阵的计算表达式为

$$\boldsymbol{P}_i(t|t)=[\boldsymbol{I}_6-\boldsymbol{G}_i(t)\boldsymbol{F}]\boldsymbol{P}_i(t|t-\Delta\tau) \tag{8-45}$$

根据卡尔曼滤波算法，在给定初始化最优状态估计$\hat{\boldsymbol{s}}_{i,0|0}$和估计误差方差矩阵$\boldsymbol{p}_{i,0|0}$的情况下，UAV节点通过预测方程即可迭代预测得到任务无人机U_i节点在t时刻的状态矢量$\hat{\boldsymbol{s}}_{i,t|t-\Delta\tau}$，从而预测得到$t$时刻任务无人机$U_i$节点的三维位置坐标：

$$\hat{\boldsymbol{u}}_i=\left[\hat{x}_{i,t},\hat{y}_{i,t},\hat{z}_{i,t}\right]^{\mathrm{T}}=\boldsymbol{F}\hat{\boldsymbol{s}}_{i,t|t-\Delta\tau},\quad i=1,2,\cdots,N \tag{8-46}$$

8.3.4 单条链路遍历容量

在图8-8所示的无人机中继广播通信系统中，由于任务无人机和中继UAV节点均处于运动状态，因此BS节点至UAV节点及UAV节点至任务无人机U_i节点的距离时刻都在变化。由式（8-34）可知，任务无人机U_i节点的接收机输入瞬时信噪比也随之改变。因此，应根据任务无人机U_i节点的飞行航迹及时调整中继UAV的航迹，以获得最优的系统性能。

链路遍历容量是衡量无线通信质量可靠性的一项重要技术指标，本小节以链路遍历容量最大化准则为基础，来优化中继无人机的飞行航迹。

t时刻，第i条中继广播通信链路（BS-UAV-第i个任务无人机U_i链路）的遍历容量表示为[17]

$$C_i=\frac{1}{2}E[\log_2(1+\gamma_i)],\quad i=1,2,\cdots,N \tag{8-47}$$

式中，γ_i由式（8-34）给出；$E(\cdot)$为取统计平均运算。

为简化运算，对式（8-47）进行泰勒级数展开，并取展开式中的线性项，得到第i条中继广播通信链路的遍历容量近似表示为[16]

$$C_i\approx\frac{1}{2}\log_2[1+E(\gamma_i)] \tag{8-48}$$

式中，$E(\gamma_i)$为第i条链路的接收机输入平均信噪比，具体表示为

$$E(\gamma_i)=E_{g_{\mathrm{B,R}},g_{\mathrm{R},i}}\left[\frac{\overline{\gamma}_1\left|g_{\mathrm{B,R}}\right|^2\overline{\gamma}_2\left|g_{\mathrm{R},i}\right|^2}{\overline{\gamma}_2\left|g_{\mathrm{R},i}\right|^2 d_{\mathrm{B,R}}^{2\alpha}+\overline{\gamma}_1\left|g_{\mathrm{B,R}}\right|^2 d_{\mathrm{R},i}^{2\alpha}+d_{\mathrm{B,R}}^{2\alpha}d_{\mathrm{R},i}^{2\alpha}}\right] \tag{8-49}$$

进一步对式（8-49）进行泰勒级数展开，并取展开式中的线性项（推导过程见本章附录 B），得到 $E(\gamma_i)$ 的近似表达式为

$$E(\gamma_i)\approx\frac{\overline{\gamma}_1\overline{\gamma}_2}{\overline{\gamma}_2 d_{\mathrm{B,R}}^{2\alpha}+\overline{\gamma}_1 d_{\mathrm{R},i}^{2\alpha}+d_{\mathrm{B,R}}^{2\alpha}d_{\mathrm{R},i}^{2\alpha}} \tag{8-50}$$

式（8-50）表明：在参数 $\overline{\gamma}_1$、$\overline{\gamma}_2$ 及信道的路径损耗因子 α 给定情况下，任务无人机 U_i 接收机输入的平均信噪比仅由 BS 节点至 UAV 节点的距离 $d_{\mathrm{B,R}}$ 及 UAV 节点至任务无人机 U_i 节点的距离 $d_{\mathrm{R},i}$ 决定。

假设 BS 节点的位置矢量为 $\boldsymbol{b}=[x_{\mathrm{B}},y_{\mathrm{B}},0]^{\mathrm{T}}$，$t$ 时刻 UAV 节点的位置矢量为 $\boldsymbol{r}_t=\left[x_{\mathrm{R},t},y_{\mathrm{R},t},H\right]^{\mathrm{T}}$，由 UAV 节点预测得到 t 时刻任务无人机 U_i 节点的位置矢量为 $\hat{\boldsymbol{u}}_{i,t}=\left[\hat{x}_{i,t},\hat{y}_{i,t},\hat{z}_{i,t}\right]^{\mathrm{T}}\ (i=1,2,\cdots,N)$，则 t 时刻 BS 节点至 UAV 节点的距离 $d_{\mathrm{B,R}}$ 及 UAV 节点至任务无人机 U_i 节点的距离 $d_{\mathrm{R},i}$ 分别为

$$d_{\mathrm{B,R}}^{2\alpha}=\left[\left(x_{\mathrm{R},t}-x_{\mathrm{B}}\right)^2+\left(y_{\mathrm{R},t}-y_{\mathrm{B}}\right)^2+H^2\right]^{\alpha} \tag{8-51}$$

$$d_{\mathrm{R},i}^{2\alpha}=\left[\left(x_{\mathrm{R},t}-\hat{x}_{i,t}\right)^2+\left(y_{\mathrm{R},t}-\hat{y}_{i,t}\right)^2+\left(H-\hat{z}_{i,t}\right)^2\right]^{\alpha},\ i=1,2,\cdots,N \tag{8-52}$$

将式（8-35）所示的 UAV 节点的运动模型表达式代入式（8-51）和式（8-52），计算得到

$$\begin{aligned}d_{\mathrm{B,R}}^{2\alpha}&=\left\{\left[x_{\mathrm{R},t-\Delta\tau}+v\Delta\tau\cos(\delta_t)-x_{\mathrm{B}}\right]^2+\left[y_{\mathrm{R},t-\Delta\tau}+v\Delta\tau\sin(\delta_t)-y_{\mathrm{B}}\right]^2+H^2\right\}^{\alpha}\\&\approx a_1+b_1\cos(\delta_t)+c_1\sin(\delta_t)\end{aligned} \tag{8-53}$$

$$\begin{aligned}d_{\mathrm{R},i}^{2\alpha}&=\left\{\left[x_{\mathrm{R},t-\Delta\tau}+v\Delta\tau\cos(\delta_t)-\hat{x}_{i,t}\right]^2+\left[y_{\mathrm{R},t-\Delta\tau}+v\Delta\tau\sin(\delta_t)-\hat{y}_{i,t}\right]^2+\left(H-\hat{z}_{i,t}\right)^2\right\}^{\alpha}\\&\approx a_{2,i}+b_{2,i}\cos(\delta_t)+c_{2,i}\sin(\delta_t)\end{aligned} \tag{8-54}$$

式（8-53）和式（8-54）中：

$$\begin{cases}a_1=\left[\left(x_{\mathrm{R},t-\Delta\tau}-x_{\mathrm{B}}\right)^2+\left(y_{\mathrm{R},t-\Delta\tau}-y_{\mathrm{B}}\right)^2+H^2+v^2\Delta\tau^2\right]^{\alpha}\\ b_1=2\alpha v\Delta\tau\left(x_{\mathrm{R},t-\Delta\tau}-x_{\mathrm{B}}\right)\left[\left(x_{\mathrm{R},t-\Delta\tau}-x_{\mathrm{B}}\right)^2+\left(y_{\mathrm{R},t-\Delta\tau}-y_{\mathrm{B}}\right)^2+H^2+v^2\Delta\tau^2\right]^{\alpha-1}\\ c_1=2\alpha v\Delta\tau\left(y_{\mathrm{R},t-\Delta\tau}-y_{\mathrm{B}}\right)\left[\left(x_{\mathrm{R},t-\Delta\tau}-x_{\mathrm{B}}\right)^2+\left(y_{\mathrm{R},t-\Delta\tau}-y_{\mathrm{B}}\right)^2+H^2+v^2\Delta\tau^2\right]^{\alpha-1}\\ a_{2,i}=\left[\left(x_{\mathrm{R},t-\Delta\tau}-\hat{x}_{i,t}\right)^2+\left(y_{\mathrm{R},t-\Delta\tau}-\hat{y}_{i,t}\right)^2+\left(H-\hat{z}_{i,t}\right)^2+v^2\Delta\tau^2\right]^{\alpha}\\ b_{2,i}=2\alpha v\Delta\tau\left(x_{\mathrm{R},t-\Delta\tau}-\hat{x}_{i,t}\right)\left[\left(x_{\mathrm{R},t-\Delta\tau}-\hat{x}_{i,t}\right)^2+\left(y_{\mathrm{R},t-\Delta\tau}-\hat{y}_{i,t}\right)^2+\left(H-\hat{z}_{i,t}\right)^2+v^2\Delta\tau^2\right]^{\alpha-1}\\ c_{2,i}=2\alpha v\Delta\tau\left(y_{\mathrm{R},t-\Delta\tau}-\hat{y}_{i,t}\right)\left[\left(x_{\mathrm{R},t-\Delta\tau}-\hat{x}_{i,t}\right)^2+\left(y_{\mathrm{R},t-\Delta\tau}-\hat{y}_{i,t}\right)^2+\left(H-\hat{z}_{i,t}\right)^2+v^2\Delta\tau^2\right]^{\alpha-1}\end{cases} \tag{8-55}$$

再将式（8-53）和式（8-54）代入式（8-50），整理后得到任务无人机 U_i 接收机输入平均信噪比 $E(\gamma_i)$ 的最终近似表达式：

$$E(\gamma_i) \approx \frac{1}{\xi_{i,t} + \sqrt{\tau_{i,t}^2 + \varsigma_{i,t}^2}\cos(\delta_t - \varphi_{i,t})} \tag{8-56}$$

式中，

$$\begin{cases} \xi_{i,t} = \dfrac{a_1}{\overline{\gamma}_1} + \dfrac{a_{2,i}}{\overline{\gamma}_2} + \dfrac{a_1 a_{2,i}}{\overline{\gamma}_1\overline{\gamma}_2} \\ \tau_{i,t} = \dfrac{b_1}{\overline{\gamma}_1} + \dfrac{b_{2,i}}{\overline{\gamma}_2} + \dfrac{a_1 b_{2,i}}{\overline{\gamma}_1\overline{\gamma}_2} + \dfrac{a_{2,i} b_1}{\overline{\gamma}_1\overline{\gamma}_2} \\ \varsigma_{i,t} = \dfrac{c_1}{\overline{\gamma}_1} + \dfrac{c_{2,i}}{\overline{\gamma}_2} + \dfrac{a_1 c_{2,i}}{\overline{\gamma}_1\overline{\gamma}_2} + \dfrac{a_{2,i} c_1}{\overline{\gamma}_1\overline{\gamma}_2} \\ \varphi_{i,t} = \begin{cases} \arctan\left(\dfrac{\varsigma_{i,t}}{\tau_{i,t}}\right), & \tau_{i,t} \geqslant 0 \\ \arctan\left(\dfrac{\varsigma_{i,t}}{\tau_{i,t}}\right) + \pi, & \tau_{i,t} < 0 \end{cases} \end{cases} \tag{8-57}$$

最后，将式（8-56）代入式（8-48），即可得到第 i 条链路的遍历容量近似计算式。

可以观测到：在 $t-\Delta\tau$ 时刻 UAV 节点位置给定的情况下，第 i 条链路的遍历容量是 t 时刻 UAV 航向角 δ_t 的函数。

8.3.5 基于加权遍历容量和最大化准则的航迹优化方法

图 8-8 所示的无人机中继广播通信系统包含 N 个任务无人机节点，因此系统存在 N 条通信链路，且每条链路的遍历容量各不相同。为了保障 BS 节点至高优先级任务无人机节点通信链路的可靠传输，同时也保障其他任务无人机的通信需求，本节基于加权遍历容量和最大化准则来优化中继无人机的飞行航迹。

假设 UAV 节点精确知晓各任务无人机节点的优先级 $p_i\,(p_i \in [0,+\infty), i=1,2,\cdots,N)$，利用各个任务无人机的优先级信息，可计算得到第 i 条中继广播通信链路的权值 w_i 为

$$w_i = \frac{p_i}{\sum_{i=1}^{N} p_i},\quad i=1,2,\cdots,N \tag{8-58}$$

所有链路权值满足 $\sum_{i=1}^{N} w_i = 1$。

根据式（8-48）和式（8-58），基于所有链路加权遍历容量和最大化准则的中继无人机航迹优化问题可表述为

$$\begin{aligned} \max_{\delta_t} C_{\text{erg}}^* &= \max_{\delta_t} \sum_{i=1}^{N} (w_i C_i) \\ &\approx \max_{\delta_t} \frac{1}{2} \sum_{i=1}^{N} \left\{ w_i \log_2 \left[1 + E(\gamma_i)\right] \right\} \end{aligned} \tag{8-59}$$

式中，C_{erg}^* 为系统链路加权遍历容量和。

当各任务无人机节点的优先级相同，即各链路遍历容量权值 w_i 相同时，式（8-59）

表示的中继无人机节点航迹优化问题可化简为

$$\max_{\delta_t} C_{\mathrm{erg}} = \max_{\delta_t} \sum_{i=1}^{N} C_i \tag{8-60}$$

式中，C_{erg} 为系统所有链路总的遍历容量（简称系统遍历容量）。

在实际无人机中继广播通信系统中，由于各任务无人机的接收机输入平均信噪比 $E(\gamma)_i\,(i=1,2,\cdots,N)$ 远大于 1，因此式（8-59）可简化为

$$\max_{\delta_t} C_{\mathrm{erg}}^{*} \approx \max_{\delta_t} \frac{1}{2}\log_2\left\{\prod_{i=1}^{N}\left[E(\gamma_i)^{w_i}\right]\right\} \tag{8-61}$$

考虑到式（8-61）中的对数运算为单调递增函数，故式（8-61）可进一步简化为

$$\max_{\delta_t} \prod_{i=1}^{N}\left[E(\gamma_i)^{w_i}\right] \tag{8-62}$$

$$\text{s.t. } \left|\delta_t - \delta_{t-\Delta\tau}\right| \leqslant \delta_{\max} \tag{8-63}$$

式（8-62）表示的是一个非线性规划问题，可通过一维线性搜索法在 $\left[\delta_{t-\Delta\tau}-\delta_{\max},\ \delta_{t-\Delta\tau}+\delta_{\max}\right]$ 内寻找得到 t 时刻中继无人机的最佳航向角 δ_t^{opt}。

8.3.6　单链路遍历容量

本小节定量分析给出中继无人机以最佳航迹飞行时，单个链路遍历容量的闭合计算公式。将式（8-62）计算得到的中继无人机最佳航向角 δ_t^{opt} 代入式（8-34），可得到 t 时刻任务无人机节点 U_i 接收机输入的瞬时信噪比为

$$\tilde{\gamma}_i = \frac{\gamma_1\gamma_2}{\gamma_2\tilde{d}_{\mathrm{B,R}}^{2\alpha} + \gamma_1\tilde{d}_{\mathrm{R},i}^{2\alpha} + \tilde{d}_{\mathrm{B,R}}^{2\alpha}\tilde{d}_{\mathrm{R},i}^{2\alpha}},\quad i=1,2,\cdots,N \tag{8-64}$$

式中，$\gamma_1 = \dfrac{P_{\mathrm{B}}\left|g_{\mathrm{B,R}}\right|^2}{\sigma_n^2}$；$\gamma_2 = \dfrac{P_{\mathrm{R}}\left|g_{\mathrm{R},i}\right|^2}{\sigma_n^2}$。

第 i 条中继广播通信链路的遍历容量表示为

$$C_i = \frac{1}{2}E\left[\log_2\left(1+\tilde{\gamma}_i\right)\right],\quad i=1,2,\cdots,N \tag{8-65}$$

将式（8-65）进行泰勒级数展开，化简后得到[18]

$$C_i \approx \frac{1}{2}\log_2(\mathrm{e})\left[\ln\left(1+E[\tilde{\gamma}_i]\right) - \frac{E[\tilde{\gamma}_i^2]-\left(E[\tilde{\gamma}_i]\right)^2}{2\left(1+E[\tilde{\gamma}_i]\right)^2}\right] \tag{8-66}$$

式中，$E\left[\tilde{\gamma}_i^n\right] = n\int_0^{\infty} x^{n-1}\left[1-F_{\tilde{\gamma}_i}(x)\right]\mathrm{d}x\,(n=1,2)$；$F_{\tilde{\gamma}_i}(x)$ 为 $\tilde{\gamma}_i$ 的累积分布函数，其计算公式已由式（8-33）给出。

直接将式（8-33）代入式（8-66），将无法得到遍历容量的闭合表达式。为此，需要先将式（8-64）给出的瞬时信噪比进行近似[11]，表示为 $\tilde{\gamma}_i \approx \dfrac{\gamma_1\gamma_2}{\gamma_2\tilde{d}_{\mathrm{B,R}}^{2\alpha} + \gamma_1\tilde{d}_{\mathrm{R},i}^{2\alpha}}$，再重新计算得到 $\tilde{\gamma}_i$ 的累积分布函数（推导过程详见本章附录 C）：

$$F_{\tilde{\gamma}_i}(x)=1-2x\exp\left[-\left(\frac{\tilde{d}_{\mathrm{B,R}}^{2\alpha}}{\overline{\gamma}_1}+\frac{\tilde{d}_{\mathrm{R},i}^{2\alpha}}{\overline{\gamma}_2}\right)x\right]\sqrt{\frac{\tilde{d}_{\mathrm{B,R}}^{2\alpha}\tilde{d}_{\mathrm{R},i}^{2\alpha}}{\overline{\gamma}_1\overline{\gamma}_2}}\mathrm{K}_1\left(2\sqrt{\frac{\tilde{d}_{\mathrm{B,R}}^{2a}\tilde{d}_{\mathrm{R},i}^{2\alpha}}{\overline{\gamma}_1\overline{\gamma}_2}x}\right) \tag{8-67}$$

利用式（8-67），可计算得到

$$\begin{aligned}E\left[\tilde{\gamma}_i^n\right]&=n\int_0^{\infty}x^{n-1}\left[1-F_{\tilde{\gamma}_i}(x)\right]\mathrm{d}x\\&=2n\sqrt{\frac{\tilde{d}_{\mathrm{B,R}}^{2\alpha}\tilde{d}_{\mathrm{R},i}^{2a}}{\overline{\gamma}_1\overline{\gamma}_2}}\int_0^{\infty}x^n\exp\left[-\left(\frac{\tilde{d}_{\mathrm{B,R}}^{2\alpha}}{\overline{\gamma}_1}+\frac{\tilde{d}_{\mathrm{R},i}^{2\alpha}}{\overline{\gamma}_2}\right)x\right]\mathrm{K}_1\left(2\sqrt{\frac{\tilde{d}_{\mathrm{B,R}}^{2\alpha}\tilde{d}_{\mathrm{R},i}^{2\alpha}}{\overline{\gamma}_1\overline{\gamma}_2}x}\right)\mathrm{d}x,\ n=1,2\end{aligned} \tag{8-68}$$

将式（8-68）进一步化简后得到

$$E\left[\tilde{\gamma}_i^n\right]=\frac{2n\sqrt{\pi}\beta^2}{(\alpha+\beta)^{n+2}}\frac{\Gamma(n+2)\Gamma(n)}{\Gamma\left(n+\dfrac{3}{2}\right)}\cdot{}_2\mathrm{F}_1\left(n+2,\frac{3}{2};n+\frac{3}{2};\frac{\alpha-\beta}{\alpha+\beta}\right),\ n=1,2 \tag{8-69}$$

式中，$\alpha=\left(\dfrac{\tilde{d}_{\mathrm{B,R}}^{2\alpha}}{\overline{\gamma}_1}\right)+\left(\dfrac{\tilde{d}_{\mathrm{R},i}^{2\alpha}}{\overline{\gamma}_2}\right)$；$\beta=2\sqrt{\dfrac{\tilde{d}_{\mathrm{B,R}}^{2\alpha}\tilde{d}_{\mathrm{R},i}^{2\alpha}}{\overline{\gamma}_1\overline{\gamma}_2}}$；$\Gamma(\cdot)$为伽马函数；${}_2\mathrm{F}_1(a,b;c;z)$为高斯超几何函数。

式（8-69）的推导过程中利用了以下积分公式[19]：

$$\int_0^{\infty}x^{\mu-1}\mathrm{e}^{-\alpha x}\mathrm{K}_v(\beta x)\mathrm{d}x=\frac{\sqrt{\pi}(2\beta)^v}{(\alpha+\beta)^{\mu+v}}\frac{\Gamma(\mu+v)\Gamma(\mu-v)}{\Gamma\left(\mu+\dfrac{1}{2}\right)}{}_2\mathrm{F}_1\left(\mu+v,v+\frac{1}{2};\mu+\frac{1}{2};\frac{\alpha-\beta}{\alpha+\beta}\right) \tag{8-70}$$

最后，将式（8-69）代入式（8-66），可得到第i条中继广播链路的遍历容量闭合表达式。

8.3.7 数值仿真

为了验证所提出无人机中继广播通信系统航迹优化方法的正确性，本章建立了固定翼无人机中继广播通信仿真系统，仿真参数如表 8-2 所示。为了扩大覆盖范围，假设各组任务无人机覆盖区域不重叠。由于各组任务无人机协同工作，因此设定同组任务无人机节点具有相同的优先级。为了验证任务无人机节点优先级对中继无人机最佳航迹的影响，仿真过程中考虑两种情况：一是所有任务无人机节点的优先级相同，优先级值均为 1；二是存在少数任务无人机组具有高优先级（任务 A），优先级值为 5 或 15。

表 8-2 固定翼无人机中继广播通信仿真系统的仿真参数

参数	数值
BS 起始位置/m	[3500,0,0]
BS 节点信号功率与噪声功率比值 $\dfrac{P_{\mathrm{B}}}{\sigma_{\mathrm{R}}^2}\Big/\mathrm{dB}$	90
路径损耗系数	1
信道类型	瑞利衰落信道

续表

参数	数值
无人机位置更新周期/s	1
总的仿真时间/s	200
中继无人机起始位置/m	[3500,−500,650]
中继无人机信号功率与噪声功率比值 $\frac{P_R}{\sigma_n^2}$/dB	90
中继无人机飞行速度/(m/s)	40
中继无人机飞行高度/m	650
观测噪声功率/方差	0.1
中继无人机初始航向角/rad	2
中继无人机最大转弯角/rad	π/6
任务无人机的数量	9
任务无人机信噪比门限/dB	4.5
任务无人机初始飞行高度/m	500
任务无人机位置时间更新周期/s	1
过程噪声功率/方差	0.03
任务 A 初始速度矢量/(m/s)	[−20,15,0]
任务 B 初始速度矢量/(m/s)	[30,0,0]

图 8-9 显示了无人机最佳航迹。图 8-9 中，符号“□”表示 BS 节点位置，符号“◇”和“△”分别表示任务无人机的起点和终点位置，符号“*”表示中继无人机的起点位置；标注有“任务 A”和“任务 B”的点线分别表示高优先级和低优先级任务无人机组的飞行航迹；点划线、点线和虚线分别表示低优先级任务无人机组优先级为 1，高优先级任务无人机组优先级分别为 1、5、15 时，由式（8-62）得到的中继无人机的最佳航迹；实线表示基于遍历容量最大化准则，利用穷举搜索法得到的无人机最佳航迹。

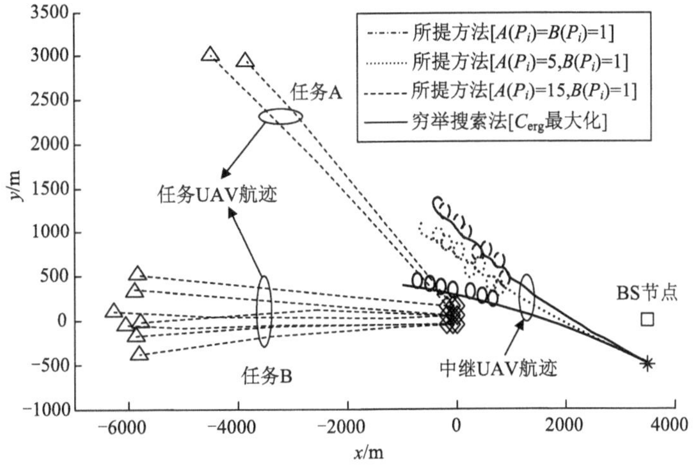

图 8-9　无人机最佳航迹

由图 8-9 的航迹可观测到：

1）中继无人机跟随任务无人机移动飞行，为了保证中继广播通信系统的性能最优，中继无人机在某些特定时刻以绕圆盘旋的方式飞行。

2）任务无人机的优先级相同时，基于加权遍历容量和最大化准则得到的无人机最佳航迹与利用穷举搜索法得到的航迹一致，验证了所提出无人机航迹优化方法的正确性。

3）任务无人机的优先级不同时，中继无人机的最佳航迹靠近高优先级任务无人机组，以保证其链路性能。

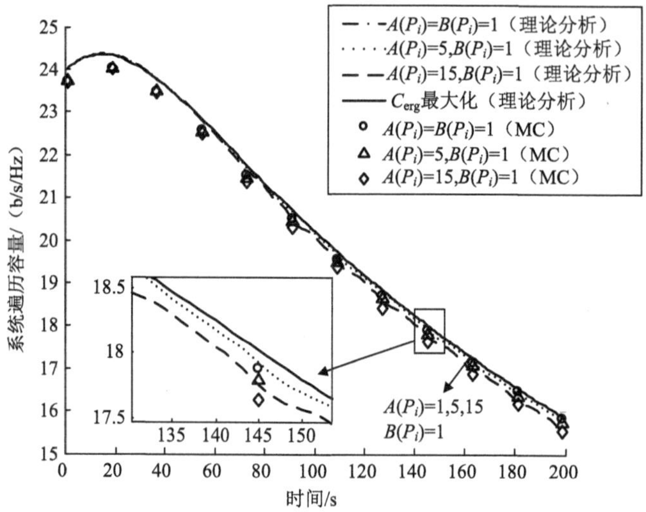

（a）系统遍历容量

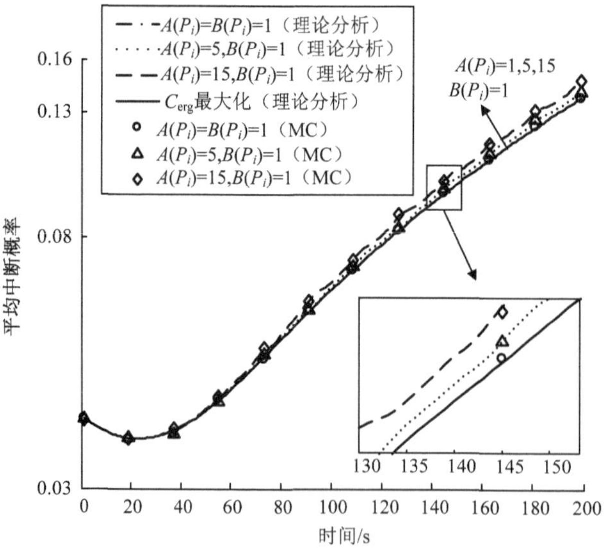

（b）平均中断概率

图 8-10 任务无人机优先级对系统遍历容量和平均中断概率的影响

图 8-10 给出了任务无人机优先级对系统遍历容量和平均中断概率的影响。图 8-10 中，点划线、点线和虚线分别表示低优先级任务无人机组的优先级为 1，高优先级任务无人机组的优先级分别为 1、5 和 15 时，遍历容量及平均中断概率的性能曲线；标注符号“○”“△”“◇”的曲线为相应的蒙特卡罗仿真曲线；实线表示基于遍历容量最大化准则得到的性能曲线。

由图 8-10 的曲线可观测到：

1）理论性能曲线与蒙特卡罗仿真性能曲线一致，验证了理论公式的正确性。

2）任务无人机组优先级相同时，所提出方法的性能曲线与基于系统遍历容量最大化准则的性能曲线一致，验证了理论分析的正确性。

3）当提高高优先级任务无人机组的优先级时，遍历容量和平均中断概率均有所下降。出现以上现象的原因如下：中继无人机节点通过减小高优先级链路的路径损耗来提升高优先级任务无人机组的链路性能，与此同时，多数低优先级任务无人机的路径损耗随之增加，导致链路性能下降。

图 8-11 给出了任务无人机优先级对高优先级任务无人机通信性能的影响。图 8-11 中，点划线、点线和虚线分别表示低优先级任务无人机组的优先级为 1，高优先级任务无人机组优先级分别为 1、5 和 15 时，高优先级链路总的遍历容量及平均中断概率性能曲线；标注符号“○”“△”“◇”的曲线表示相应的蒙特卡罗仿真结果。

由图 8-11 的曲线可观测到：

1）提高高优先级任务无人机组的优先级，则相应链路的遍历容量和平均中断概率明显上升。

2）理论性能与蒙特卡罗仿真结果一致，验证了理论分析的正确性。

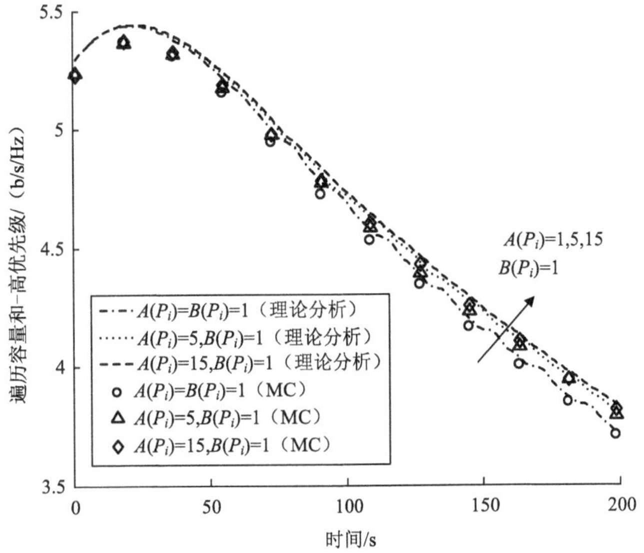

（a）遍历容量和（任务 A）

图 8-11　任务无人机优先级对高优先级任务无人机通信性能的影响

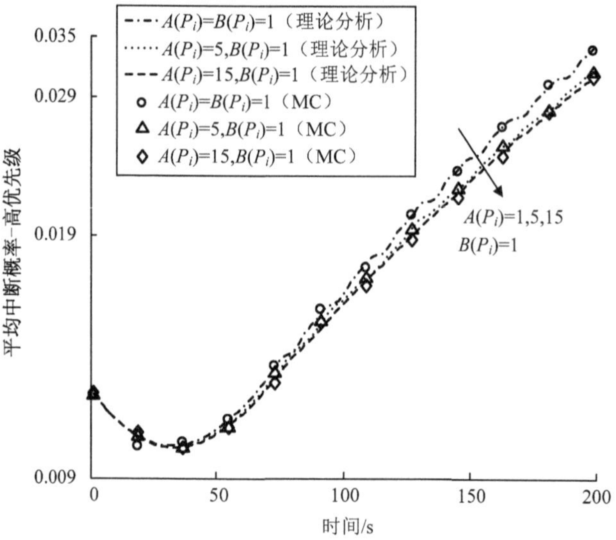

（b）平均中断概率（任务 A）

图 8-11（续）

本 章 小 结

本章重点研究了固定翼无人机中继广播通信系统的航迹优化问题。针对用户节点固定部署情况，提出了基于平均中断概率最小化准则及最大中断概率最小化准则两种无人机航迹优化方法；针对用户节点机动部署情况，提出了基于加权遍历容量和最大化准则的无人机航迹优化方法。

本章研究结论如下：①对于用户节点固定部署的固定翼无人机中继广播通信系统，中继无人机到达最优中继位置后开始以绕圆盘旋方式飞行；基于平均中断概率最小化准则的无人机最佳航迹与服务区域半径无关，而基于最大-最小化准则的最佳航迹随服务区域半径的增大而偏向于服务区域。②对于用户节点机动部署的固定翼无人机中继广播通信系统，当任务无人机优先级不同时，中继无人机的最佳航迹靠近高优先级任务无人机，保证了高优先级任务无人机的通信性能，而中继广播通信系统整体性能有所下降。

参 考 文 献

[1] ZENG Y, ZHANG R, TENG J L. Wireless communications with unmanned aerial vehicles: opportunities and challenges[J]. IEEE Communications Magazine, 2016, 54(5): 36-42.

[2] MOZAFFARI M, SAAD W, BENNIS M, et al. A tutorial on UAVs for wireless networks: applications, challenges, and open problems[J]. IEEE Communications Surveys & Tutorials, 2019, 21(3): 2334-2360.

[3] JIN Y, ZHANG Y D, CHALISE B K. Joint optimization of relay position and power allocation in cooperative broadcast wireless networks[C]// IEEE International Conference on Acoustics, Speech and Signal Processing. Kyoto:IEEE, 2012: 2493-2496.

[4] CHOI D H, JUNG B H, SUNG D K. Low-complexity maneuvering control of a UAV-based relay without location information

of mobile ground nodes[C]// IEEE Symposium on Computers and Communications. Funchal: IEEE, 2014: 1-6.

[5] 李冬霞，李春鸣，赵文强，等. 无人机中继广播通信系统航迹优化方法[J]. 西安电子科技大学学报，2018，45(3): 160-166.

[6] LI D X, LI C M, LIU H T. Path-optimization method for UAV-aided relay broadcast communication system[J]. Physical Communication, 2018(31): 40-48.

[7] WANG H, REN G, CHEN J, et al. Unmanned aerial vehicle-aided communications: Joint transmit power and trajectory optimization[J]. IEEE Wireless Communications Letters, 2018, 7(4): 522-525.

[8] WU Q Q, ZENG Y, ZHANG R. Joint trajectory and communication design for multi-UAV enabled wireless networks[J]. IEEE Transactions on Wireless Communications, 2018, 17(3): 2109-2121.

[9] WU Q Q, ZHANG R. Common throughput maximization in UAV-enabled OFDMA systems with delay consideration[J]. IEEE Transactions on Communications, 2018, 66(12): 6614-6627.

[10] WU Q, XU J, ZHANG R. Capacity characterization of UAV-enabled two-user broadcast channel[J]. IEEE Journal on Selected Areas in Communications, 2018, 36(9): 1955-1971.

[11] 林敏，魏恒，欧阳键，等. 无人飞行器中继双跳链路中的优化设计及性能分析[J]. 系统工程与电子技术, 2015, 37(6): 1391-1398.

[12] IKKI S S, AISSA S. Dual-hop amplify-and-forward relaying in the presence of co-channel interference: performance study and optimisation[J]. IET communications, 2012, 6(17): 3036-3045.

[13] OUYANG J, ZHUANG Y, LIN M, et al. Optimization of beamforming and path planning for UAV-assisted wireless relay networks[J]. Chinese Journal of Aeronautics, 2014, 27(2): 313-320.

[14] CHEN R. Solution of minimax problems using equivalent differentiable function[J].Computers and Mathematics with Applications, 1985, 11(12): 1165-1169.

[15] ZHU M, CHEN Y Y, CAI Z P, et al. Using unmanned aerial vehicle chain to improve link capacity of two mobile nodes[C]// IEEE International Conference on Mechatronics and Automation. Beijing, China: IEEE Press, 2015:494-499.

[16] FENG J, SWINDLEHURST A L. Dynamic UAV relay positioning for the ground-to-air uplink[C]// IEEE Global Communications Conference. Miami, FL: IEEE Press, 2010: 1766-1770.

[17] 欧阳键, 庄毅, 薛羽. 非对称衰落信道下 UAV 中继传输方案及性能分析[J]. 航空学报, 2013, 34(1): 130-140.

[18] PEREZ J, IBANEZ J, VIELVA L, et al. Approximate closed-form expression for the ergodic capacity of MISO and SIMO systems[C]// IEEE 61st Vehicular Technology Conference. Stockholm, Sweden: IEEE Press, 2005: 910-913.

[19] OUYANG J, LIN M. Optimal beamforming and performance analysis of wireless relay networks with unmanned aerial vehicle[J]. Frequenz, 2015, 69（3-4): 129-140.

附　　录

附录 A

计算放大转发中继广播通信系统单条链路的近似中断概率，过程如下。

已知用户 U_i 节点接收机输入瞬时信噪比为

$$\gamma_i = \frac{\gamma_1\gamma_2}{\gamma_2 d_{\mathrm{B,R}}^{2\alpha} + \gamma_1 d_{\mathrm{R},i}^{2\alpha} + d_{\mathrm{B,R}}^{2\alpha} d_{\mathrm{R},i}^{2\alpha}} \tag{A-1}$$

式中，$\gamma_1 = \dfrac{P_{\mathrm{B}}\left|g_{\mathrm{B,R}}\right|^2}{\sigma_{\mathrm{R}}^2}$；$\gamma_2 = \dfrac{P_{\mathrm{R}}\left|g_{\mathrm{R},i}\right|^2}{\sigma_i^2}$。

根据文献[12]，用户U_i接收信号的信噪比γ_i可用其上界近似表示为

$$\gamma_i \approx \gamma_{\text{up}} = \min\left(\frac{\gamma_1}{d_{\text{B,R}}^{2\alpha}}, \frac{\gamma_2}{d_{\text{R},i}^{2\alpha}}\right) \tag{A-2}$$

因此，用户U_i节点的中断概率可以近似表示为

$$\begin{aligned} P_i &\approx P_{\text{r}}\left(\min\left(\frac{\gamma_1}{d_{\text{B,R}}^{2\alpha}}, \frac{\gamma_2}{d_{\text{R},i}^{2\alpha}}\right) \leqslant \gamma_{\text{th}}\right) \\ &= 1 - \left[1 - F_{\gamma_1}\left(d_{\text{B,R}}^{2\alpha}\gamma_{\text{th}}\right)\right]\left[1 - F_{\gamma_2}\left(d_{\text{R},i}^{2\alpha}\gamma_{\text{th}}\right)\right] \end{aligned} \tag{A-3}$$

式中，$F_{\gamma_1}(\cdot)$和$F_{\gamma_2}(\cdot)$为γ_1和γ_2的累积分布函数。

考虑到BS节点到UAV中继节点信道的小尺度衰落系数$|g_{\text{B,R}}|$及UAV中继节点到用户节点信道的小尺度衰落系数$|g_{\text{R},i}|$均服从瑞利分布，因此γ_1和γ_2服从自由度为2的中心卡方分布，因此$F_{\gamma_i}(x) = 1 - \exp\left(-\frac{x}{\overline{\gamma}_i}\right)(i=1,2)$，其中$\overline{\gamma}_i$为$\gamma_i$的均值，则式（A-3）可表示为

$$P_i \approx 1 - \exp\left(-\frac{d_{\text{B,R}}^{2\alpha}\gamma_{\text{th}}}{\overline{\gamma}_1} - \frac{d_{\text{R},i}^{2\alpha}\gamma_{\text{th}}}{\overline{\gamma}_2}\right) \tag{A-4}$$

为了进一步简化分析，将式（A-4）进行泰勒级数展开，并取展开式中的第一项，因此用户U_i节点的中断概率可以最终简化为

$$P_i \approx \frac{d_{\text{B,R}}^{2\alpha} \cdot \gamma_{\text{th}}}{\overline{\gamma}_1} + \frac{d_{\text{R},i}^{2\alpha} \cdot \gamma_{\text{th}}}{\overline{\gamma}_2} \tag{A-5}$$

附录 B

为了简化表达式：

$$E[\gamma_i] = E_{g_{\text{B,R}}, g_{\text{R},i}}\left[\frac{\overline{\gamma}_1|g_{\text{B,R}}|^2\,\overline{\gamma}_2|g_{\text{R},i}|^2}{\overline{\gamma}_2|g_{\text{R},i}|^2 d_{\text{B,R}}^{2\alpha} + \overline{\gamma}_1|g_{\text{B,R}}|^2 d_{\text{R},i}^{2\alpha} + d_{\text{B,R}}^{2\alpha}d_{\text{R},i}^{2\alpha}}\right] \tag{B-1}$$

利用以下等式将式（B-1）进行泰勒级数展开*

$$\begin{aligned} E\left[\frac{a}{b}\right] &= \frac{a_0}{b_0} - E\left[\frac{1}{b_0^2}(a-a_0)(b-b_0)\right] + E\left[\frac{a_0}{b_0^3}(b-b_0)^2\right] + \cdots \\ &= \frac{a_0}{b_0} - \frac{1}{b_0^2}E[ab] + \frac{a_0}{b_0^3}E[b^2] + \cdots \end{aligned} \tag{B-2}$$

式中，$a_0 = E[a]$；$b_0 = E[b]$。

取其线性项，得到

$$E[\gamma_i] \approx \frac{E_{g_{\text{B,R}}, g_{\text{R},i}}\left[\overline{\gamma}_1|g_{\text{B,R}}|^2\,\overline{\gamma}_2|g_{\text{R},i}|^2\right]}{E_{g_{\text{B,R}}, g_{\text{R},i}}\left[\overline{\gamma}_2|g_{\text{R},i}|^2 d_{\text{B,R}}^{2\alpha} + \overline{\gamma}_1|g_{\text{B,R}}|^2 d_{\text{R},i}^{2\alpha} + d_{\text{B,R}}^{2\alpha}d_{\text{R},i}^{2\alpha}\right]} \tag{B-3}$$

---

* GREGSON P H. Using angular dispersion of gradient direction for detecting edge ribbons[J]. IEEE Transaction on Pattern Analysis and Machine Intelligence, 1993, 15(7): 682-696.

考虑到 $g_{\mathrm{B,R}}$ 和 $g_{\mathrm{R},i}$ 统计独立，式（B-3）最终可化简为

$$E[\gamma_i] \approx \frac{\overline{\gamma}_1\overline{\gamma}_2}{\overline{\gamma}_2 d_{\mathrm{B,R}}^{2\alpha} + \overline{\gamma}_1 d_{\mathrm{R},i}^{2\alpha} + d_{\mathrm{B,R}}^{2\alpha} d_{\mathrm{R},i}^{2\alpha}} \tag{B-4}$$

附录 C

由式（8-64）近似得到 $\tilde{\gamma}_i \approx \dfrac{\gamma_1\gamma_2}{\gamma_2\tilde{d}_{\mathrm{B,R}}^{2\alpha} + \gamma_1\tilde{d}_{\mathrm{R},i}^{2\alpha}}$，则 $\tilde{\gamma}_i$ 的累积分布函数 $F_{\tilde{\gamma}_i}(\cdot)$ 表示为

$$\begin{aligned} F_{\tilde{\gamma}_i}(\mu) &= P_{\mathrm{r}}\left(\frac{\gamma_1\gamma_2}{\gamma_2\tilde{d}_{\mathrm{B,R}}^{2\alpha} + \gamma_1\tilde{d}_{\mathrm{R},i}^{2\alpha}} \leqslant \mu\right) \\ &= \int_0^{\infty} P_{\mathrm{r}}\left(\frac{y\gamma_2}{\gamma_2\tilde{d}_{\mathrm{B,R}}^{2\alpha} + y\tilde{d}_{\mathrm{R},i}^{2\alpha}} \leqslant \mu\right) f_{\gamma_1}(y)\,\mathrm{d}y \end{aligned} \tag{C-1}$$

式中，$P_{\mathrm{r}}(\cdot)$ 为概率；$f_{\gamma_1}(\cdot)$ 为 γ_1 的概率密度函数。

式（C-1）进一步化简为

$$F_{\tilde{\gamma}_i}(\mu) = 1 - \int_{\mu\tilde{d}_{\mathrm{B,R}}^{2\alpha}}^{\infty}\left[1 - F_{\gamma_2}\left(\frac{\mu\tilde{d}_{\mathrm{R},i}^{2\alpha} y}{y - \mu\tilde{d}_{\mathrm{B,R}}^{2\alpha}}\right)\right] f_{\gamma_1}(y)\,\mathrm{d}y \tag{C-2}$$

式中，$F_{\gamma_2}(\cdot)$ 为 γ_2 的累积分布函数。

由于 BS 节点至无人机中继节点及无人机中继节点至用户节点信道的小尺度衰落系数均服从瑞利分布，因此 γ_1 和 γ_2 均服从自由度为 2 的中心卡方分布，γ_2 的累积分布函数 $F_{\gamma_2}(x)$ 与 γ_1 的概率密度函数 $f_{\gamma_1}(x)$ 分别为

$$F_{\gamma_2}(x) = 1 - \exp\left(-\frac{x}{\overline{\gamma}_2}\right) \tag{C-3}$$

$$f_{\gamma_1}(x) = \frac{1}{\overline{\gamma}_1}\exp\left(-\frac{x}{\overline{\gamma}_1}\right) \tag{C-4}$$

将式（C-3）和式（C-4）代入式（C-2）中，得到 $\tilde{\gamma}_i$ 的累积分布函数：

$$F_{\tilde{\gamma}_i}(\mu) = 1 - 2\mu\exp\left[-\left(\frac{\tilde{d}_{\mathrm{B,R}}^{2\alpha}}{\overline{\gamma}_1} + \frac{\tilde{d}_{\mathrm{R},i}^{2\alpha}}{\overline{\gamma}_2}\right)\mu\right]\sqrt{\frac{\tilde{d}_{\mathrm{B,R}}^{2\alpha}\tilde{d}_{\mathrm{R},i}^{2\alpha}}{\overline{\gamma}_1\overline{\gamma}_2}}\mathrm{K}_1\left(2\sqrt{\frac{\tilde{d}_{\mathrm{B,R}}^{2\alpha}\tilde{d}_{\mathrm{R},i}^{2\alpha}}{\overline{\gamma}_1\overline{\gamma}_2}}\mu\right) \tag{C-5}$$

第 9 章　无人机中继保密通信系统

9.1　引　　言

无人机中继保密通信系统由源节点、无人机中继节点、目的节点和窃听节点 4 种节点组成。其中，源节点、目的节点及窃听节点部署在地面，可采用固定或机动方式部署；中继节点部署在固定无人机或旋翼无人机中。假设源节点距离目的节点较远，两个节点必须通过无人机的中继才可建立通信链路，而窃听节点通过接收无人机中继节点转发的信号，从而截获源节点至目的节点传输的信息。无人机中继保密通信系统航迹优化问题可表述为：优化中继无人机的飞行航迹，以保障源节点-中继无人机节点-目的节点信息的可靠传输，同时防止窃听节点截获源节点至目的节点传输的信息。

围绕无人机中继保密通信系统的航迹优化问题，国内外相关研究如下：为了保证无人机中继保密通信系统合法用户的可靠通信，同时最大限度防止非法用户窃听，文献[1]以目的节点安全速率最大化准则为基础，提出了中继无人机的航迹优化方法。针对相同问题，文献[2]以目的节点累积安全速率最大化准则为基础，提出了一种联合无人机功率控制、带宽分配及无人机航迹的优化方法。以目的节点安全速率最大化准则为基础，文献[3]提出了一种联合无人机功率控制及其航迹的优化方法。文献[4]首先给出了无人机中继保密通信系统保密能量效率的计算方法，并以保密能量效率最大化准则为基础，提出了中继无人机的航迹优化方法。作者团队[5-6]首先给出了保密中断概率的计算方法，并以保密容量最大化准则为基础，提出了中继无人机的最佳航迹优化方法。

针对源节点部署在无人机、目的节点位于地面，且系统存在多个窃听节点的场景，文献[7]以目的节点平均最恶劣安全速率最大化准则为基础，给出了一种联合无人机功率分配及航迹的优化方法。针对源节点位于无人机、目的节点与窃听节点均位于地面、干扰节点位于另一架无人机的场景，文献[8]提出了利用干扰无人机辅助的无人机安全通信传输方法，并以可达平均安全速率最大化准则为基础，提出了源节点及干扰无人机的航迹优化方法。文献[9]研究了双无人机安全通信系统的航迹优化及用户调度问题，其中源节点位于一架无人机，多个目的节点和窃听节点位于地面，干扰节点位于另一架无人机，以合法节点最恶劣安全速率最小化准则为基础，提出了一种联合用户调度及无人机航迹优化的方法。

本章重点介绍了无人机中继保密通信系统的航迹优化问题。9.2 节介绍了无人机中继保密通信系统的模型；9.3 节以保密容量最大化准则为基础，介绍了一种联合无人机发射功率及无人机航迹的优化方法；9.4 节分析给出了系统的保密中断概率；9.5 节给出了数值仿真结果。

9.2　无人机中继保密通信系统模型

图 9-1 给出了无人机中继保密通信系统。该系统由地面移动接入节点（access point, AP）、中继 UAV 节点、地面固定 BS 节点及地面固定窃听节点（eavesdroppers，EVE）组成。假设 AP 节点与 BS 节点之间距离遥远，两个节点无法建立直达的通信链路，必须通过 UAV 节点的中继才可建立 AP 节点与 BS 节点的中继通信链路。与此同时，EVE 节点可通过接收 UAV 节点中继转发的信号来获取 AP 节点传输的信息。假设 AP 节点、UAV 节点、BS 节点及 EVE 节点均配置单个天线，UAV 节点采用放大转发方式中继 AP 节点发射的信号。

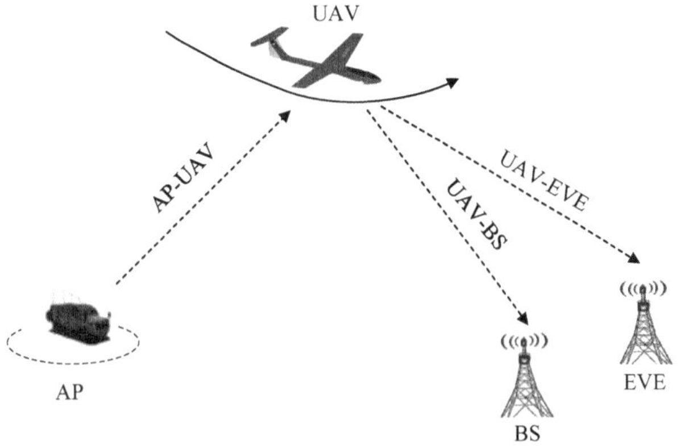

图 9-1　无人机中继保密通信系统

在无人机中继保密通信系统中，AP 节点至 BS 节点的中继通信分为 2 个时隙。第 1 个时隙，AP 节点发送信号给 UAV 节点，UAV 节点接收到的信号表示为

$$y_{1,t} = \sqrt{P_1} h_{1,t} s_t + n_{1,t} \tag{9-1}$$

式中，P_1 为 AP 节点发射信号的功率；s_t 为 AP 节点传输的复调制符号，其建模为均值为 0、方差为 $E\left[|s_t|^2\right]=1$ 的随机变量；$n_{1,t}$ 为 UAV 接收天线输入的噪声信号，其建模为均值为 0、方差为 σ_1^2 的复高斯随机变量；$h_{1,t}$ 为 t 时刻 AP-UAV 节点之间信道的衰落系数。

第 2 个时隙，UAV 节点将接收信号乘以放大因子 G，并转发给 BS 节点，BS 节点与 EVE 节点接收到的信号分别表示为

$$y_{2,t}=\sqrt{P_1 P_{2,t}} G h_{1,t} h_{2,t} s_t + \sqrt{P_{2,t}} G h_{2,t} n_{1,t} + n_{2,t} \tag{9-2}$$

$$y_{3,t}=\sqrt{P_1 P_{2,t}} G h_{1,t} h_{3,t} s_t + \sqrt{P_{2,t}} G h_{3,t} n_{1,t} + n_{3,t} \tag{9-3}$$

式中，$G=\dfrac{1}{\sqrt{P_1 |h_{1,t}|^2}}$ 为无人机放大转发因子[10]；$P_{2,t}$ 为 t 时刻 UAV 发射信号的功率；$n_{2,t}$ 和 $n_{3,t}$ 分别为 BS 节点与 EVE 节点接收天线输入的噪声信号，且 $n_{2,t}$ 建模为均值为 0、方差为 σ_2^2 的复高斯随机变量，$n_{3,t}$ 建模为均值为 0、方差为 σ_3^2 的复高斯随机变量；$h_{2,t}$ 与 $h_{3,t}$ 分别为 UAV 节点至 BS 节点及 UAV 节点至 EVE 节点之间的信道衰落系数。

根据文献[11]，$h_{i,t}\,(i=1,2,3)$ 建模为包含路径损耗的瑞利衰落信道：

$$h_{i,t}=\frac{k_{i,t}}{d_{i,t}^{\alpha}} \tag{9-4}$$

式中，$k_{i,t}\,(i=1,2,3)$ 分别为 t 时刻 AP 节点至 UAV 节点、UAV 节点至 BS 节点及 UAV 节点至 EVE 节点之间信道的小尺度衰落系数，其建模为均值为 0、方差为 1 的复高斯随机变量；α 为信道的路径损耗因子；$d_{i,t}\,(i=1,2,3)$ 分别为 AP 至 UAV 节点、UAV 节点至 BS 节点及 UAV 节点至 EVE 节点之间的距离。

根据式（9-2）和式（9-3），容易计算得到 BS 节点及 EVE 节点接收信号的瞬时信噪比分别为

$$\gamma_{2,t}=\frac{P_1P_{2,t}\left|k_{1,t}\right|^2\left|k_{2,t}\right|^2}{P_{2,t}\left|k_{2,t}\right|^2d_{1,t}^{2\alpha}\sigma_1^2+P_1\left|k_{1,t}\right|^2d_{2,t}^{2\alpha}\sigma_2^2} \tag{9-5}$$

$$\gamma_{3,t}=\frac{P_1P_{2,t}\left|k_{1,t}\right|^2\left|k_{3,t}\right|^2}{P_{2,t}\left|k_{3,t}\right|^2d_{1,t}^{2\alpha}\sigma_1^2+P_1\left|k_{1,t}\right|^2d_{3,t}^{2\alpha}\sigma_3^2} \tag{9-6}$$

对式（9-5）与式（9-6）进行统计平均，得到 BS 节点及 EVE 节点接收信号的平均信噪比分别为

$$E\left(\gamma_{2,t}\right)=E\left[\frac{P_1P_{2,t}\left|k_{1,t}\right|^2\left|k_{2,t}\right|^2}{P_{2,t}\left|k_{2,t}\right|^2d_{1,t}^{2\alpha}\sigma_1^2+P_1\left|k_{1,t}\right|^2d_{2,t}^{2\alpha}\sigma_2^2}\right] \tag{9-7}$$

$$E\left(\gamma_{3,t}\right)=E\left[\frac{P_1P_{2,t}\left|k_{1,t}\right|^2\left|k_{3,t}\right|^2}{P_{2,t}\left|k_{3,t}\right|^2d_{1,t}^{2\alpha}\sigma_1^2+P_1\left|k_{1,t}\right|^2d_{3,t}^{2\alpha}\sigma_3^2}\right] \tag{9-8}$$

进一步利用泰勒级数展开，可得到式（9-7）与式（9-8）的近似表示为

$$E\left(\gamma_{2,t}\right)=\frac{P_1P_{2,t}\beta_1\beta_2}{P_{2,t}\beta_2d_{1,t}^{2\alpha}+P_1\beta_1d_{2,t}^{2\alpha}} \tag{9-9}$$

$$E\left(\gamma_{3,t}\right)=\frac{P_1P_{2,t}\beta_1\beta_3}{P_{2,t}\beta_3d_{1,t}^{2\alpha}+P_1\beta_1d_{3,t}^{2\alpha}} \tag{9-10}$$

式中，$\beta_i=\frac{E\left[\left|k_{i,t}\right|^2\right]}{\sigma_i^2}$。

9.3 联合无人机发射功率及航迹的优化方法

将 UAV 节点至 BS 节点及 UAV 节点至 EVE 节点之间信道的遍历容量分别记为 $C_{2,t}$ 和 $C_{3,t}$，则无人机中继保密通信系统的保密容量 $C_{\mathrm{S},t}$ 表示为[12]

$$C_{\mathrm{S},t}=\left[C_{2,t}-C_{3,t}\right]^+ \tag{9-11}$$

式中，$[x]^+=\max(0,x)$。

根据式（9-9）和式（9-10）给出的 BS 节点及 EVE 节点接收信号平均信噪比，两个信道的遍历容量 $C_{2,t}$ 和 $C_{3,t}$ 表示为

$$C_{2,t}=\frac{1}{2}\log_2\left(1+\frac{P_1P_{2,t}\beta_1\beta_2}{P_{2,t}\beta_2 d_{1,t}^{2\alpha}+P_1\beta_1 d_{2,t}^{2\alpha}}\right) \tag{9-12}$$

$$C_{3,t}=\frac{1}{2}\log_2\left(1+\frac{P_1P_{2,t}\beta_1\beta_3}{P_{2,t}\beta_3 d_{1,t}^{2\alpha}+P_1\beta_1 d_{3,t}^{2\alpha}}\right) \tag{9-13}$$

将式（9-12）和式（9-13）代入式（9-11），保密容量表示为

$$C_{\mathrm{S}}\left(P_{2,t},d_{1,t}^{2\alpha},d_{2,t}^{2\alpha},d_{3,t}^{2\alpha}\right)=\left[\frac{1}{2}\log_2\left(1+\frac{P_1P_{2,t}\beta_1\beta_2}{P_{2,t}\beta_2 d_{1,t}^{2\alpha}+P_1\beta_1 d_{2,t}^{2\alpha}}\right)-\frac{1}{2}\log_2\left(1+\frac{P_1P_{2,t}\beta_1\beta_3}{P_{2,t}\beta_3 d_{1,t}^{2\alpha}+P_1\beta_1 d_{3,t}^{2\alpha}}\right)\right]^{+} \tag{9-14}$$

由式（9-14）可观测到：在 BS 节点发射功率、各节点噪声功率及路径损耗因子给定情况下，保密容量 C_S 由 UAV 节点与地面各节点的距离 $d_{1,t}$、$d_{2,t}$ 和 $d_{3,t}$，以及 UAV 节点的发射功率 $P_{2,t}$ 共同决定。

t 时刻，假设 AP 节点、BS 节点、EVE 节点及 UAV 节点的三维坐标分别为 $(x_{1,t},y_{1,t},0)$、$(x_{2,t},y_{2,t},0)$、$(x_{3,t},y_{3,t},0)$ 和 (x_t,y_t,h)，则 AP 节点与 UAV 节点、UAV 节点与 BS 节点及 UAV 节点与 EVE 节点之间的距离为

$$d_{i,t}=\sqrt{\left(x_t-x_{i,t}\right)^2+\left(y_t-y_{i,t}\right)^2+h^2},\quad i=1,2,3 \tag{9-15}$$

假设无人机以恒定高度 h、恒定速度 v 飞行，根据 $t-\Delta t$ 时刻 UAV 节点的位置坐标 $(x_{t-\Delta t},y_{t-\Delta t},h)$ 和航向角 $\delta_{t-\Delta t}$，可得到 t 时刻 UAV 节点的位置坐标为[13]

$$\begin{cases}x_t=x_{t-\Delta t}+v\Delta t\cos\left(\delta_t\right)\\ y_t=y_{t-\Delta t}+v\Delta t\sin\left(\delta_t\right)\end{cases} \tag{9-16}$$

式中，δ_t 为 t 时刻无人机的航向角，其满足 $\delta_{t-\Delta t}-\delta_{\max}\leqslant\delta_t\leqslant\delta_{t-\Delta t}+\delta_{\max}$，$\delta_{\max}$ 为无人机的最大转弯角；Δt 为 UAV 的位置更新间隔。

将式（9-16）代入式（9-15），进一步整理后得到

$$\begin{aligned}d_{i,t}^{2\alpha}&=\left[\left(x_{t-\Delta t}+v\Delta t\cos\delta_t-x_{i,t}\right)^2+\left(y_{t-\Delta t}+v\Delta t\sin\delta_t-y_{i,t}\right)^2+h^2\right]^{\alpha}\\&=\left[a_{i,t}+m_{i,t}\cos\left(\delta_t-\varphi_{i,t}\right)\right]^{\alpha}\end{aligned} \tag{9-17}$$

式中，

$$\begin{cases}a_{i,t}=\left(x_{t-\Delta t}-x_{i,t}\right)^2+\left(y_{t-\Delta t}-y_{i,t}\right)^2+v^2\Delta t^2+h^2\\ m_{i,t}=\sqrt{b_{i,t}^2+c_{i,t}^2}\\ \varphi_{i,t}=\begin{cases}\arctan\dfrac{c_{i,t}}{b_{i,t}}, & b_{i,t}\geqslant 0\\ \arctan\dfrac{c_{i,t}}{b_{i,t}}+\pi, & b_{i,t}<0\end{cases}\\ b_{i,t}=2v\Delta t\left(x_{t-\Delta t}-x_{i,t}\right)\\ c_{i,t}=2v\Delta t\left(y_{t-\Delta t}-y_{i,t}\right)\end{cases} \tag{9-18}$$

进一步利用麦克劳林级数将式（9-17）展开，则 $d_{i,t}^{2\alpha}$ 可近似表示为

$$d_{i,t}^{2\alpha}=a_{i,t}^{\alpha}+\alpha a_{i,t}^{\alpha-1}m_{i,t}\cos\left(\delta_t-\varphi_{i,t}\right) \tag{9-19}$$

式（9-19）表明：当 $t-\Delta t$ 时刻 UAV 节点的位置坐标给定后，t 时刻的距离 $d_{1,t}$、$d_{2,t}$ 和 $d_{3,t}$ 仅取决于 t 时刻 UAV 的航向角 δ_t。

进一步将式（9-19）代入式（9-14），保密容量表示为

$$C_{\mathrm{S}}\left(P_{2,t},\delta_t\right)=\left[C_{2,t}\left(P_{2,t},\delta_t\right)-C_{3,t}\left(P_{2,t},\delta_t\right)\right]^{+} \tag{9-20}$$

式中，

$$\begin{cases}C_{2,t}\left(P_{2,t},\delta_t\right)=\dfrac{1}{2}\log_2\left[1+\dfrac{P_1P_{2,t}\beta_1\beta_2}{P_{2,t}\beta_2\left[a_{1,t}^{\alpha}+\alpha a_{1,t}^{\alpha-1}m_{1,t}\cos\left(\delta_t-\varphi_{1,t}\right)\right]+P_1\beta_1\left[a_{2,t}^{\alpha}+\alpha a_{2,t}^{\alpha-1}m_{2,t}\cos\left(\delta_t-\varphi_{2,t}\right)\right]}\right]\\ C_{3,t}\left(P_{2,t},\delta_t\right)=\dfrac{1}{2}\log_2\left[1+\dfrac{P_1P_{2,t}\beta_1\beta_3}{P_{2,t}\beta_3\left[a_{1,t}^{\alpha}+\alpha a_{1,t}^{\alpha-1}m_{1,t}\cos\left(\delta_t-\varphi_{1,t}\right)\right]+P_1\beta_1\left[a_{3,t}^{\alpha}+\alpha a_{3,t}^{\alpha-1}m_{3,t}\cos\left(\delta_t-\varphi_{3,t}\right)\right]}\right]\end{cases} \tag{9-21}$$

由式（9-20）可观测到：t 时刻保密容量由 t 时刻 UAV 的航向角 δ_t 与 UAV 发射信号功率 $P_{2,t}$ 共同决定。

下面基于保密容量最大化准则来联合优化无人机发射功率和航向角，联合优化问题可表示为

$$\max_{P_{2,t},\delta_t} C_{\mathrm{S}}\left(P_{2,t},\delta_t\right) \tag{9-22}$$

$$\text{s.t. } 0\leqslant P_{2,t}\leqslant P_{\max}，\left|\delta_t-\delta_{t-\Delta t}\right|\leqslant\delta_{\max}$$

式中，$P_{\max}$ 为 UAV 的最大发射功率。

式（9-22）给出的是一个关于无人机航向角和发射功率的非凸优化问题，可采用迭代交替优化方法来解决，即首先固定无人机的航向角，优化无人机的发射功率；随后固定无人机的发射功率，优化无人机的航向角。通过以上迭代交替优化方法，最终可使得保密容量最大化。

假设无人机的航向角固定，则式（9-22）给出的两参数优化问题退化为

$$\max_{P_{2,t}}\left[C_{2,t}\left(P_{2,t}\right)-C_{3,t}\left(P_{2,t}\right)\right] \tag{9-23}$$

$$\text{s.t. } 0\leqslant P_{2,t}\leqslant P_{\max}$$

式中，

$$\begin{cases}C_{2,t}\left(P_{2,t}\right)=\dfrac{1}{2}\log_2\left(1+\dfrac{P_1P_{2,t}}{\alpha_{1,t}P_{2,t}+\alpha_{2,t}P_1}\right)\\ C_{3,t}\left(P_{2,t}\right)=\dfrac{1}{2}\log_2\left(1+\dfrac{P_1P_{2,t}}{\alpha_{1,t}P_{2,t}+\alpha_{3,t}P_1}\right)\\ \alpha_{i,t}=\dfrac{a_{i,t}^{\alpha}+\alpha a_{i,t}^{\alpha-1}m_{i,t}\cos\left(\delta_t-\varphi_{i,t}\right)}{\beta_i}\end{cases} \tag{9-24}$$

式（9-23）进一步整理后得到

$$\max_{P_{2,t}}\frac{1}{2}\log_2\left[1+\frac{\left(\alpha_{3,t}-\alpha_{2,t}\right)P_1^2P_{2,t}}{\alpha_{1,t}\left(\alpha_{1,t}+P_1\right)P_{2,t}^2+\left(\alpha_{1,t}\alpha_{2,t}+\alpha_{1,t}\alpha_{3,t}+\alpha_{2,t}P_1\right)P_1P_{2,t}+\alpha_{2,t}\alpha_{3,t}P_1^2}\right] \tag{9-25}$$

$$\text{s.t. } 0\leqslant P_{2,t}\leqslant P_{\max}$$

由于 $\log_2(x)$ 是单调递增函数，故式（9-25）可等价表示为

$$\max_{P_{2,t}} \frac{(\alpha_{3,t}-\alpha_{2,t})P_1^2P_{2,t}}{\alpha_{1,t}(\alpha_{1,t}+P_1)P_{2,t}^2+(\alpha_{1,t}\alpha_{2,t}+\alpha_{1,t}\alpha_{3,t}+\alpha_{2,t}P_1)P_1P_{2,t}+\alpha_{2,t}\alpha_{3,t}P_1^2} \tag{9-26}$$

$$\text{s.t. } 0 \leqslant P_{2,t} \leqslant P_{\max}$$

式（9-26）给出的是一个关于无人机发射功率 $P_{2,t}$ 的凸优化问题，可通过对目标函数求导，并令导数等于 0，计算得到无人机最优发射功率。

$$\frac{\partial C_{\mathrm{S}}(P_{2,t})}{\partial P_{2,t}}=\frac{(\alpha_{3,t}-\alpha_{2,t})P_1^2\left[\alpha_{2,t}\alpha_{3,t}P_1^2-\alpha_{1,t}(\alpha_{1,t}+P_1)P_{2,t}^2\right]}{\left[\alpha_{1,t}(\alpha_{1,t}+P_1)P_{2,t}^2+(\alpha_{1,t}\alpha_{2,t}+\alpha_{1,t}\alpha_{3,t}+\alpha_{2,t}P_1)P_1P_{2,t}+\alpha_{2,t}\alpha_{3,t}P_1^2\right]^2}=0 \tag{9-27}$$

根据式（9-27），可得到 UAV 的最优发射功率为

$$P_{2,t}^{\mathrm{opt}}=\begin{cases}\sqrt{\dfrac{\alpha_{2,t}\alpha_{3,t}P_1^2}{\alpha_{1,t}(\alpha_{1,t}+P_1)}}, & \sqrt{\dfrac{\alpha_{2,t}\alpha_{3,t}P_1^2}{\alpha_{1,t}(\alpha_{1,t}+P_1)}} \leqslant P_{\max} \\ P_{\max}, & \sqrt{\dfrac{\alpha_{2,t}\alpha_{3,t}P_1^2}{\alpha_{1,t}(\alpha_{1,t}+P_1)}} > P_{\max}\end{cases} \tag{9-28}$$

假设 UAV 发射功率固定，则式（9-22）给出的两参数优化问题可退化为

$$\max_{\delta_t}\left[C_{2,t}(\delta_t)-C_{3,t}(\delta_t)\right] \tag{9-29}$$

$$\text{s.t. } |\delta_t-\delta_{t-\Delta t}| \leqslant \delta_{\max}$$

式中，

$$\begin{cases} C_{2,t}(\delta_t)=\dfrac{1}{2}\log_2\left[1+\dfrac{P_1P_{2,t}\beta_1\beta_2}{\xi_{2,t}+\rho_{2,t}\cos(\delta_t-\phi_{2,t})}\right] \\ C_{3,t}(\delta_t)=\dfrac{1}{2}\log_2\left[1+\dfrac{P_1P_{2,t}\beta_1\beta_3}{\xi_{3,t}+\rho_{3,t}\cos(\delta_t-\phi_{3,t})}\right]\end{cases} \tag{9-30}$$

其中，

$$\begin{cases} \xi_{i,t}=P_{2,t}a_{1,t}^{\alpha}\beta_i+P_1a_{i,t}^{\alpha}\beta_1 \\ \rho_{i,t}=\sqrt{\varsigma_{i,t}^2+\tau_{i,t}^2} \\ \phi_{i,t}=\begin{cases}\arctan\dfrac{\tau_{i,t}}{\varsigma_{i,t}}, & \varsigma_{i,t}\geqslant 0 \\ \arctan\dfrac{\tau_{i,t}}{\varsigma_{i,t}}+\pi, & \varsigma_{i,t}<0\end{cases} \\ \varsigma_{i,t}=\alpha P_{2,t}a_{1,t}^{\alpha-1}\beta_i m_{1,t}\cos\varphi_{1,t}+\alpha_1P_1a_{i,t}^{\alpha-1}\beta_1m_{i,t}\cos\varphi_{i,t} \\ \tau_{i,t}=\alpha P_{2,t}a_{1,t}^{\alpha-1}\beta_i m_{1,t}\sin\varphi_{1,t}+\alpha_1P_1a_{i,t}^{\alpha-1}\beta_1m_{i,t}\sin\varphi_{i,t} \\ i=2,3\end{cases} \tag{9-31}$$

式（9-29）给出的是一个关于无人机航向角 δ_t 的非凸优化问题。利用泰勒级数展开，将目标函数在可行区间进行局部线性化处理。$C_{i,t}(\delta_t)$ 在区间 $[\delta_{t-\Delta t}-\delta_{\max},\delta_{t-\Delta t}+\delta_{\max}]$ 内的

一阶近似表示为

$$C_{i,t}(\delta_t)=\lambda_{i,t}+\frac{\mu_{i,t}}{2\delta_{\max}}(\delta_t-\delta_{t-\Delta t}+\delta_{\max}),\quad i=2,3 \tag{9-32}$$

式中，

$$\begin{cases}\lambda_{i,t}=\dfrac{1}{2}\log_2\left[1+\dfrac{P_1P_{2,t}\beta_1\beta_i}{\xi_{i,t}+\rho_{i,t}\cos\left(\delta_{t-\Delta t}-\delta_{\max}-\phi_{i,t}\right)}\right]\\ \mu_{i,t}=\dfrac{1}{2}\log_2\left[1+\dfrac{P_1P_{2,t}\beta_1\beta_i}{\xi_{i,t}+\rho_{i,t}\cos\left(\delta_{t-\Delta t}+\delta_{\max}-\phi_{i,t}\right)}\right]-\dfrac{1}{2}\log_2\left[1+\dfrac{P_1P_{2,t}\beta_1\beta_i}{\xi_{i,t}+\rho_{i,t}\cos\left(\delta_{t-\Delta t}-\delta_{\max}-\phi_{i,t}\right)}\right]\end{cases} \tag{9-33}$$

将式（9-32）代入式（9-29），则式（9-29）可表示为

$$\max_{\delta_t}\left[\lambda_{2,t}-\lambda_{3,t}+\frac{\mu_{2,t}-\mu_{3,t}}{2\delta_{\max}}(\delta_t-\delta_{t-\Delta t}+\delta_{\max})\right] \tag{9-34}$$

$$\text{s.t.}\ \left|\delta_t-\delta_{t-\Delta t}\right|\leqslant\delta_{\max}$$

式（9-34）是关于UAV航向角的线性规划问题，可直接计算得到UAV的最佳航向角为

$$\delta_t^{\text{opt}}=\begin{cases}\delta_{t-\Delta t}+\delta_{\max},\ \mu_{2,t}-\mu_{3,t}\geqslant 0\\ \delta_{t-\Delta t}-\delta_{\max},\ \mu_{2,t}-\mu_{3,t}<0\end{cases} \tag{9-35}$$

9.4 保密中断概率

保密中断概率是衡量无线通信系统安全性的重要技术指标，本节分析给出无人机中继保密通信系统的保密中断概率。

将式（9-28）和式（9-35）获得的无人机最佳航向角 δ_t^{opt} 和发射功率 $P_{2,t}^{\text{opt}}$ 代入式（9-5）和式（9-6），得到 t 时刻BS节点与EVE节点接收信号的瞬时信噪比为

$$\gamma_{2,t}^{\text{opt}}=\frac{\gamma_{1,t}\gamma_{2,t}}{\gamma_{1,t}+\gamma_{2,t}} \tag{9-36}$$

$$\gamma_{3,t}^{\text{opt}}=\frac{\gamma_{1,t}\gamma_{3,t}}{\gamma_{1,t}+\gamma_{3,t}} \tag{9-37}$$

式中，$\gamma_{1,t}=\dfrac{P_1\left|k_{1,t}\right|^2}{\sigma_1^2d_{1,t}^{\text{opt}}}$；$\gamma_{2,t}=\dfrac{P_{2,t}^{\text{opt}}\left|k_{2,t}\right|^2}{\sigma_2^2d_{2,t}^{\text{opt}}}$；$\gamma_{3,t}=\dfrac{P_{2,t}^{\text{opt}}\left|k_{3,t}\right|^2}{\sigma_3^2d_{3,t}^{\text{opt}}}$。

根据式（9-36）和式（9-37），可得到系统的瞬时保密容量为

$$C_{\text{S}}=\left[\frac{1}{2}\log_2\left(1+\gamma_{2,t}^{\text{opt}}\right)-\frac{1}{2}\log_2\left(1+\gamma_{3,t}^{\text{opt}}\right)\right]^+ \tag{9-38}$$

参考文献[14]，则系统的保密中断概率为

$$P(R_{\text{S}})=\Pr\left\{\left[\frac{1}{2}\log_2\left(1+\gamma_{2,t}^{\text{opt}}\right)-\frac{1}{2}\log_2\left(1+\gamma_{3,t}^{\text{opt}}\right)\right]^+<R_{\text{S}}\right\} \tag{9-39}$$

式中，R_{S} 为安全速率。

由于 $R_{\mathrm{S}} \geqslant 0$，因此 $\Pr\left([x]^{+} < R_{\mathrm{S}}\right) = \Pr(x < R_{\mathrm{S}})$，式（9-39）表示为

$$P(R_{\mathrm{S}}) = \Pr\left(\frac{1+\gamma_{2,t}^{\mathrm{opt}}}{1+\gamma_{3,t}^{\mathrm{opt}}} < 2^{2R_{\mathrm{S}}}\right) \tag{9-40}$$

由于直接计算式（9-40）的复杂度较高，且不易得到闭合表达式，因此对其进行近似处理[15]：

$$P(R_{\mathrm{S}}) \approx \Pr\left(\frac{1+\min(\gamma_{1,t},\gamma_{2,t})}{1+\min(\gamma_{1,t},\gamma_{3,t})} < 2^{2R_{\mathrm{S}}}\right) \tag{9-41}$$

进一步考虑高信噪比情况时，$\frac{\gamma_{1,t}\gamma_{2,t}}{\gamma_{1,t}+\gamma_{2,t}} \approx \min(\gamma_{1,t},\gamma_{2,t})$，$\frac{\gamma_{1,t}\gamma_{3,t}}{\gamma_{1,t}+\gamma_{3,t}} \approx \min(\gamma_{1,t},\gamma_{3,t})$，式（9-41）可进一步表示为

$$\begin{aligned}
P(R_{\mathrm{S}}) \approx & \underbrace{\Pr(\gamma_{1,t} < \gamma_{2,t}, \gamma_{1,t} < \gamma_{3,t})}_{I_1} \\
& + \underbrace{\Pr\left(\frac{1+\gamma_{1,t}}{1+\gamma_{3,t}} < 2^{2R_{\mathrm{S}}}, \gamma_{1,t} < \gamma_{2,t}, \gamma_{1,t} > \gamma_{3,t}\right)}_{I_2} \\
& + \underbrace{\Pr\left(\frac{1+\gamma_{2,t}}{1+\gamma_{1,t}} < 2^{2R_{\mathrm{S}}}, \gamma_{1,t} > \gamma_{2,t}, \gamma_{1,t} < \gamma_{3,t}\right)}_{I_3} \\
& + \underbrace{\Pr\left(\frac{1+\gamma_{2,t}}{1+\gamma_{3,t}} < 2^{2R_{\mathrm{S}}}, \gamma_{1,t} > \gamma_{2,t}, \gamma_{1,t} > \gamma_{3,t}\right)}_{I_4}
\end{aligned} \tag{9-42}$$

由于 $\gamma_{1,t}$、$\gamma_{2,t}$ 和 $\gamma_{3,t}$ 均服从自由度为 2 的中心卡方分布，因此 I_1、I_2、I_3 与 I_4 分别表示为

$$\begin{aligned}
I_1 &= \Pr(\gamma_{1,t} < \gamma_{2,t}, \gamma_{1,t} < \gamma_{3,t}) \\
&= 1 - \left(\frac{1}{\overline{\gamma}_{2,t}} + \frac{1}{\overline{\gamma}_{3,t}}\right)\left(\frac{1}{\overline{\gamma}_{1,t}} + \frac{1}{\overline{\gamma}_{2,t}} + \frac{1}{\overline{\gamma}_{3,t}}\right)^{-1}
\end{aligned} \tag{9-43}$$

$$\begin{aligned}
I_2 &= \Pr\left(\frac{1+\gamma_{1,t}}{1+\gamma_{3,t}} < 2^{2R_{\mathrm{S}}}, \gamma_{1,t} < \gamma_{2,t}, \gamma_{1,t} > \gamma_{3,t}\right) \\
&= \left\{\left(\frac{1}{\overline{\gamma}_{1,t}} + \frac{1}{\overline{\gamma}_{2,t}} + \frac{1}{\overline{\gamma}_{3,t}}\right)^{-1} - \left(\frac{2^{2R_{\mathrm{S}}}}{\overline{\gamma}_{1,t}} + \frac{2^{2R_{\mathrm{S}}}}{\overline{\gamma}_{2,t}} + \frac{1}{\overline{\gamma}_{3,t}}\right)^{-1} \exp\left[-\left(\frac{1}{\overline{\gamma}_{1,t}} + \frac{1}{\overline{\gamma}_{2,t}}\right)^{-1}(2^{2R_{\mathrm{S}}}-1)\right]\right\} \\
&\quad \cdot \frac{1}{\overline{\gamma}_{1,t}\overline{\gamma}_{3,t}}\left(\frac{1}{\overline{\gamma}_{1,t}} + \frac{1}{\overline{\gamma}_{2,t}}\right)^{-1}
\end{aligned} \tag{9-44}$$

$$I_3 = \Pr\left(\frac{1+\gamma_{2,t}}{1+\gamma_{1,t}} < 2^{2R_{\mathrm{S}}}, \gamma_{1,t} > \gamma_{2,t}, \gamma_{1,t} < \gamma_{3,t}\right)$$

$$=\frac{1}{\overline{\gamma}_{1,t}}\left(\frac{1}{\overline{\gamma}_{1,t}}+\frac{1}{\overline{\gamma}_{3,t}}\right)^{-1}-\frac{1}{\overline{\gamma}_{1,t}}\left(\frac{1}{\overline{\gamma}_{1,t}}+\frac{1}{\overline{\gamma}_{2,t}}+\frac{1}{\overline{\gamma}_{3,t}}\right)^{-1} \tag{9-45}$$

$$\begin{aligned}
I_4&=\Pr\left(\frac{1+\gamma_{2,t}}{1+\gamma_{3,t}}<2^{2R_S},\gamma_{1,t}>\gamma_{2,t},\gamma_{1,t}>\gamma_{3,t}\right)\\
&=1-\frac{1}{\overline{\gamma}_{1,t}}\left(\frac{1}{\overline{\gamma}_{1,t}}+\frac{1}{\overline{\gamma}_{2,t}}\right)^{-1}\left\{1-\exp\left[-\left(\frac{1}{\overline{\gamma}_{1,t}}+\frac{1}{\overline{\gamma}_{2,t}}\right)\left(2^{2R_S}-1\right)\right]\right\}-\frac{1}{\overline{\gamma}_{1,t}}\left(\frac{1}{\overline{\gamma}_{1,t}}+\frac{1}{\overline{\gamma}_{3,t}}\right)^{-1}\\
&\quad+\frac{1}{\overline{\gamma}_{1,t}\overline{\gamma}_{3,t}}\left(\frac{2^{2R_S}}{\overline{\gamma}_{2,t}}+\frac{1}{\overline{\gamma}_{3,t}}\right)^{-1}\left(\frac{1}{\overline{\gamma}_{1,t}}+\frac{1}{\overline{\gamma}_{2,t}}+\frac{1}{2^{2R_S}\overline{\gamma}_{3,t}}\right)^{-1}\exp\left[-\left(\frac{1}{\overline{\gamma}_{1,t}}+\frac{1}{\overline{\gamma}_{2,t}}\right)\left(2^{2R_S}-1\right)\right]\\
&\quad+\frac{1}{\overline{\gamma}_{1,t}}\left(\frac{1}{\overline{\gamma}_{1,t}}+\frac{1}{\overline{\gamma}_{2,t}}+\frac{1}{\overline{\gamma}_{3,t}}\right)^{-1}-\frac{1}{\overline{\gamma}_{1,t}}\left(\frac{1}{\overline{\gamma}_{1,t}}+\frac{1}{\overline{\gamma}_{2,t}}+\frac{1}{2^{2R_S}\overline{\gamma}_{3,t}}\right)^{-1}\exp\left[-\left(\frac{1}{\overline{\gamma}_{1,t}}+\frac{1}{\overline{\gamma}_{2,t}}\right)\left(2^{2R_S}-1\right)\right]\\
&\quad-\frac{1}{\overline{\gamma}_{3,t}}\left(\frac{2^{2R_S}}{\overline{\gamma}_{1,t}}+\frac{1}{\overline{\gamma}_{3,t}}\right)^{-1}\exp\left[-\left(\frac{1}{\overline{\gamma}_{1,t}}+\frac{1}{\overline{\gamma}_{2,t}}\right)\left(2^{2R_S}-1\right)\right]
\end{aligned} \tag{9-46}$$

将式（9-43）～式（9-46）代入式（9-42），最终得到系统的保密中断概率为

$$\begin{aligned}
P(R_S)=&2-\left(\frac{1}{\overline{\gamma}_{1,t}}+\frac{1}{\overline{\gamma}_{2,t}}+\frac{1}{\overline{\gamma}_{3,t}}\right)^{-1}\left[\frac{1}{\overline{\gamma}_{2,t}}+\frac{1}{\overline{\gamma}_{3,t}}-\frac{1}{\overline{\gamma}_{1,t}\overline{\gamma}_{3,t}}\left(\frac{1}{\overline{\gamma}_{1,t}}+\frac{1}{\overline{\gamma}_{2,t}}\right)^{-1}\right]-\frac{1}{\overline{\gamma}_{1,t}}\left(\frac{1}{\overline{\gamma}_{1,t}}+\frac{1}{\overline{\gamma}_{2,t}}\right)^{-1}\\
&+\exp\left[-\left(\frac{1}{\overline{\gamma}_{1,t}}+\frac{1}{\overline{\gamma}_{2,t}}\right)\left(2^{2R_S}-1\right)\right]\left[-\frac{1}{\overline{\gamma}_{1,t}\overline{\gamma}_{3,t}}\left(\frac{1}{\overline{\gamma}_{1,t}}+\frac{1}{\overline{\gamma}_{2,t}}\right)^{-1}\left(\frac{2^{2R_S}}{\overline{\gamma}_{1,t}}+\frac{2^{2R_S}}{\overline{\gamma}_{2,t}}+\frac{1}{\overline{\gamma}_{3,t}}\right)^{-1}\right.\\
&+\frac{1}{\overline{\gamma}_{1,t}}\left(\frac{1}{\overline{\gamma}_{1,t}}+\frac{1}{\overline{\gamma}_{2,t}}\right)^{-1}+\frac{1}{\overline{\gamma}_{1,t}\overline{\gamma}_{3,t}}\left(\frac{2^{2R_S}}{\overline{\gamma}_{2,t}}+\frac{1}{\overline{\gamma}_{3,t}}\right)^{-1}\left(\frac{1}{\overline{\gamma}_{1,t}}+\frac{1}{\overline{\gamma}_{2,t}}+\frac{1}{2^{2R_S}\overline{\gamma}_{3,t}}\right)^{-1}\\
&\left.-\frac{1}{\overline{\gamma}_{1,t}}\left(\frac{1}{\overline{\gamma}_{1,t}}+\frac{1}{\overline{\gamma}_{2,t}}+\frac{1}{2^{2R_S}\overline{\gamma}_{3,t}}\right)^{-1}-\frac{1}{\overline{\gamma}_{3,t}}\left(\frac{2^{2R_S}}{\overline{\gamma}_{1,t}}+\frac{1}{\overline{\gamma}_{3,t}}\right)^{-1}\right]
\end{aligned} \tag{9-47}$$

9.5 数值仿真

无人机中继保密通信系统的仿真参数如下：AP 节点、BS 节点、UAV 节点及 EVE 节点初始位置坐标分别为(500,1000,0)、(3000,3000,0)、(500,250,400)、(4000,2000,0)；安全速率 R_S=0.3bit/s；路径损耗因子 α=1；无人机初始航向角 $\frac{2\pi}{3}$rad，飞行高度 400m，飞行速度 $v=45\text{m/s}$；AP 节点移动速度 $v=20\text{m/s}$，且在 $t=110\text{s}$ 时，AP 节点会有剧烈机动，此时 AP 节点运动角度满足 $\frac{\delta_{110}}{\delta_{109}}=-0.6923$；UAV 节点与 AP 节点的位置更新周期 $\Delta t=1\text{s}$，总仿真时间 $T=300\text{s}$。

图 9-2 显示了无人机最佳航迹。图 9-2 中，标记为实线的曲线代表所提出方法得到的无人机最佳航迹，标记为虚线的曲线代表穷举搜索法得到的无人机飞行航迹。

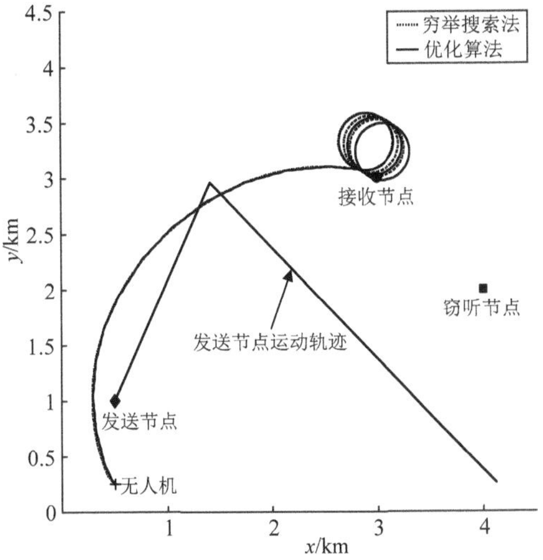

图 9-2　无人机最佳航迹（$P_{max}=17dBm$，$\delta_{max}=10°$）

由图 9-2 的航迹可观测到：

1）所提出方法得到的无人机最佳航迹与穷举搜索法得到的无人机航迹一致，验证了所提出方法的正确性。

2）存在窃听节点情况下，为了提高系统的安全性，无人机最佳航迹选择远离窃听节点的路线飞行。

图 9-3 给出了保密中断概率随仿真时间变化的曲线。图 9-3 中，标记为实线的曲线代表理论公式得到的保密中断概率，标记为虚线的曲线代表穷举搜索法得到的保密中断概率，标注“○”的曲线代表蒙特卡罗仿真法得到的保密中断概率。

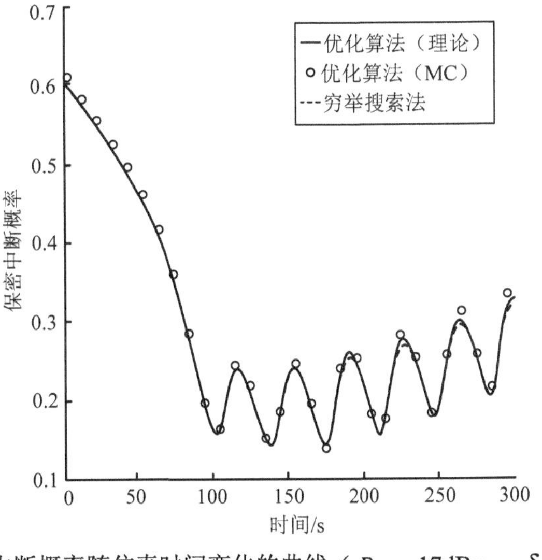

图 9-3　保密中断概率随仿真时间变化的曲线（$P_{max}=17dBm$，$\delta_{max}=10°$）

由图 9-3 的曲线可观测到：理论保密中断概率与仿真得到的保密中断概率曲线完全一致，验证了理论公式的正确性。

图 9-4 给出了不同优化准则对无人机航迹的影响。图 9-4 中，Proposed Scheme 表示所提出方法获得的无人机最佳航迹，Maximizing SNR Criterion 表示基于信噪比最大化准则得到的无人机航迹（无人机发射功率固定分配）。

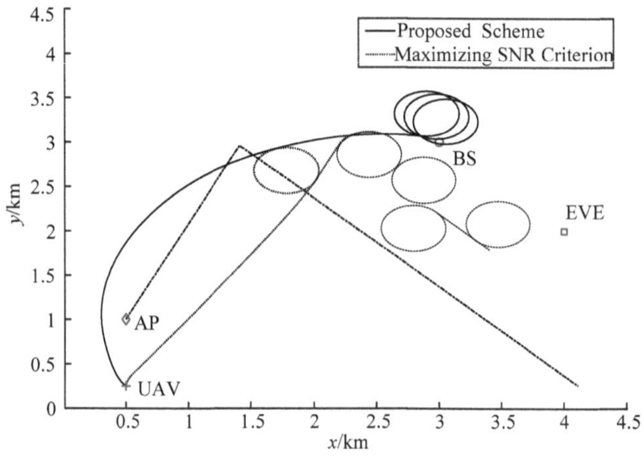

图 9-4 不同优化准则对无人机航迹的影响（$P_{max}=17\text{dBm}$，$\delta_{max}=10°$）

由图 9-4 的航迹可观测到：与基于信噪比最大化准则得到的无人机航迹相比，所提出方法获得的无人机最佳航迹选择远离窃听节点的路线飞行，从而提高了无人机中继通信系统的安全性。

图 9-5 给出了不同优化准则对保密中断概率的影响。图 9-5 中，Proposed Scheme 代表所提方法获得的保密中断概率，Maximizing SNR Criterion 代表基于信噪比最大化准则得到的保密中断概率（无人机发射功率固定分配）。

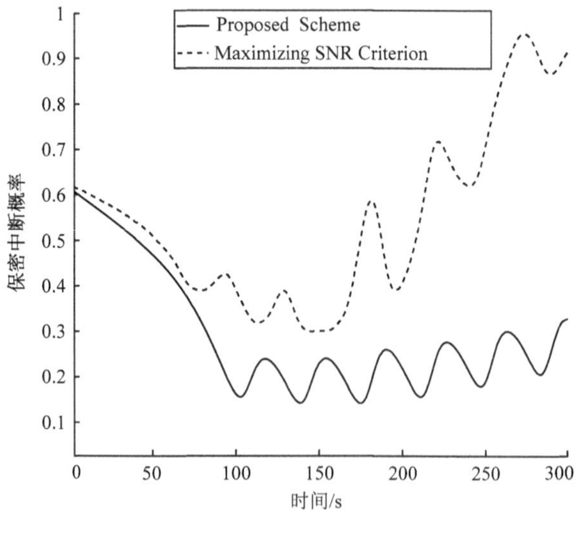

图 9-5 不同优化准则对保密中断概率的影响（$P_{max}=17\text{dBm}$，$\delta_{max}=10°$）

由图 9-5 的曲线可观测到：所提出方法获得的保密中断概率显著低于基于信噪比最

大化准则获得的保密中断概率，这进一步表明所提出方法可提高无人机中继通信系统的安全性。

图 9-6 给出了最大转弯角对无人机航迹的影响。图 9-5 中，标记为实线的曲线代表最大转弯角 $\delta_{\max} = 10°$ 时的无人机航迹，标记为虚线的曲线代表最大转弯角 $\delta_{\max} = 25°$ 时的无人机航迹。

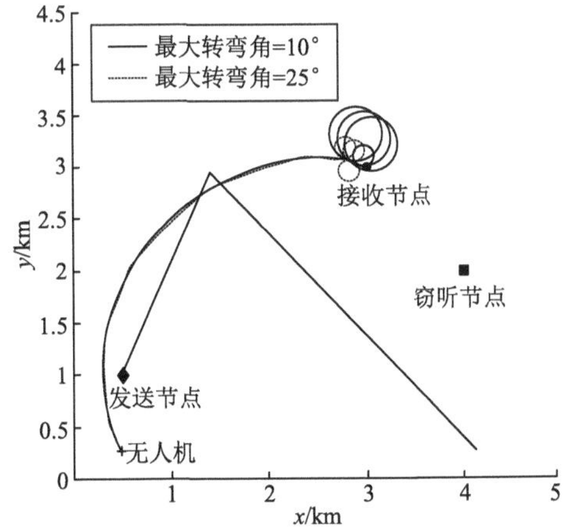

图 9-6　最大转弯角对无人机航迹的影响（$P_{\max} = 17\text{dBm}$）

由图 9-6 的航迹可观测到：

1）当无人机绕圆盘旋飞行时，会增大无人机的最大转弯角，从而使无人机绕圆盘旋的半径减小。

2）当无人机不绕圆盘旋飞行时，最大转弯角对无人机航迹几乎没有影响。

图 9-7 给出了无人机的最大转弯角对保密中断概率的影响。图 9-7 中，实线和虚线分别表示最大转弯角 $\delta_{\max} = 10°$ 和 $\delta_{\max} = 25°$ 时的保密中断概率，标注“○”和“□”的曲

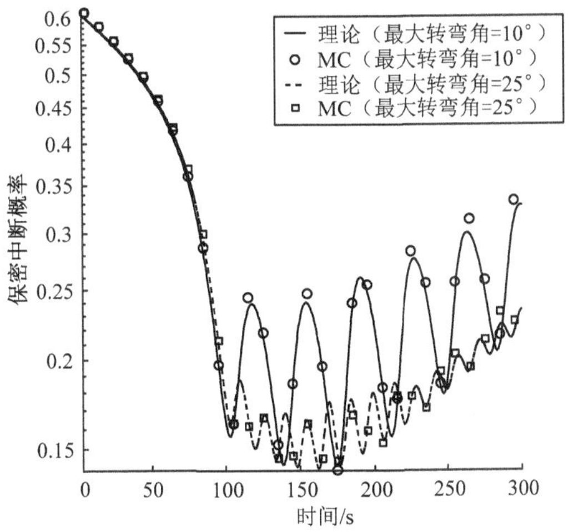

图 9-7　最大转弯角对保密中断概率的影响（$P_{\max} = 17\text{dBm}$）

线分别表示相应的蒙特卡罗仿真曲线。

由图 9-7 的曲线可观测到：

1）保密中断概率理论曲线与蒙特卡罗仿真曲线重合，验证了理论公式的正确性。

2）随着无人机最大转弯角的增加，保密中断概率降低，这表明增大无人机的最大转弯角有助于提高系统的安全性。

本 章 小 结

本章以无人机中继保密通信系统为研究对象，以保密容量最大化准则为基础，提出了一种联合无人机发射功率及无人机航迹的优化方法。

本章研究结论如下：利用中继无人机的机动特性，通过优化无人机的飞行航迹，使得无人机自动选择远离窃听节点的路线飞行，提高了无人机中继通信系统的安全性。

参 考 文 献

[1] ZHANG G C, WU Q Q, CUI M, et al. Securing UAV communications via trajectory optimization[C]// 2017 IEEE Global Communications Conference (GLOBECOM). Singapore: IEEE, 2017: 1-6.

[2] SUN X F, SHEN C, CHANG T H, et al. Joint resource allocation and trajectory design for UAV-aided wireless physical layer security[C]// 2018 IEEE Globecom Workshops (GC Wkshps). Abu: IEEE, 2018: 1-6.

[3] WANG Q, CHEN Z, LI H, et al. Joint power and trajectory design for physical-layer secrecy in the UAV-aided mobile relaying system[J]. IEEE Access, 2018(6): 62849-62855.

[4] WANG Q, CHEN Z, LI H. Energy-efficient trajectory planning for UAV-aided secure communication[J]. China Communications, 2018, 15(5): 61-70.

[5] 方晓钰. 无人机中继保密通信系统航迹规划方法研究[D]. 天津：中国民航大学，2019.

[6] 刘海涛，方晓钰，顾新宇，等. 基于保密容量最大化准则的中继无人机航迹规划方法: CN108092737A[P]. 2018-01-08.

[7] CUI M, ZHANG G C, WU Q Q, et al. Robust trajectory and transmit power design for secure UAV communications[J]. IEEE Transactions on Vehicular Technology, 2018, 67(9): 9042-9046.

[8] LI A, ZHANG W J. Mobile jammer-aided secure UAV communications via trajectory design and power control[J]. China Communications, 2018, 15(8): 141-151.

[9] CAI Y L, CUI F Y, SHI Q J, et al. Dual-UAV-enabled secure communications: joint trajectory design and user scheduling[J]. IEEE Journal on Selected Areas in Communications, 2018, 36(9): 1972-1985.

[10] OUYANG J, ZHUANG Y, LIN M, et al. Optimization of beamforming and path planning for UAV-assisted wireless relay networks[J]. Chinese Journal of Aeronautics, 2014, 27(2): 313-320.

[11] SIMON M K, ALOUINI M S. Digital communication over fading channels[M]. New Jersey: John Wiley & Sons, 2005.

[12] WYNER A D. The wire-tap channel[J]. Bell System Technical Journal, 1975, 54(8): 1355-1387.

[13] 宋国浩，黄晋英，兰艳亭. 基于 Dubins 路径的智能车辆路径规划算法[J]. 火力与指挥控制，2016，41(6): 41-45.

[14] BARROS J, RODRIGUES M R D. Secrecy capacity of wireless channels[C]// 2006 IEEE International Symposium on Information Theory. Piscataway: IEEE Press, 2006: 356-360.

[15] NGUYEN B V, KIM K. Secrecy outage probability of optimal relay selection for secure anf cooperative networks[J]. IEEE Communications Letters, 2015, 19(20): 2086-2089.